高职高专"十三五"规划教材

国家级 骨干高职院校建设 规划教材

化工工艺基础

（修订版）

■ 田莉瑛　周坤　主编
■ 丁春燕　主审

HUAGONG GONGYI JICHU

化学工业出版社

·北京·

本书着眼于化工及相关行业的职业岗位要求，根据学生的认知规律，以通俗、简易的方式介绍了"三传一反"等各单元过程，即动量传递过程、热量传递过程、质量传递过程和常用反应器知识，并简介了部分典型化工产品的生产过程，在内容层次上本着循序渐进，使学生容易掌握，并在实际生产中能够做到灵活应用的目标进行编写。

全书按照化工生产过程共同遵循的物理性规律组织教学内容和设计项目任务，内容共分十一部分，包括绪论、流体流动与输送、液体输送机械、传热操作技术、蒸馏操作技术、吸收操作技术、干燥技术、认识反应器、合成氨生产工艺增塑剂生产工艺和附录。

本书内容安排上力求体现基本职业能力与素质的培养，避免出现不必要的和实用性不强的难点，表述上浅显易懂、深入浅出。主要适用于高职高专化工技术相关专业的学生，如工业分析与检验、环境工程、化工安全、化工设备维修技术、高分子材料加工技术、过程装备及其自动化等专业；也可作为中职相关专业的教学用书、化工及相关行业的职工培训用书等。

图书在版编目（CIP）数据

化工工艺基础/田莉瑛，周坤主编．—北京：化学工业出版社，2013.8（2024.2重印）
国家级骨干高职院校建设规划教材
ISBN 978-7-122-17999-9

Ⅰ.①化… Ⅱ.①田…②周… Ⅲ.①化工过程-生产工艺-高等职业教育-教材 Ⅳ.①TQ02

中国版本图书馆 CIP 数据核字（2013）第 165067 号

责任编辑：窦　臻　　　　　　　　文字编辑：刘砚哲
责任校对：吴　静　　　　　　　　装帧设计：尹琳琳

出版发行：化学工业出版社（北京市东城区青年湖南街 13 号　邮政编码 100011）
印　　装：北京天宇星印刷厂
787mm×1092mm　1/16　印张 14½　字数 352 千字　2024 年 2 月北京第 1 版第 3 次印刷

购书咨询：010-64518888　　　售后服务：010-64518899
网　　址：http://www.cip.com.cn
凡购买本书，如有缺损质量问题，本社销售中心负责调换。

定　　价：35.00 元　　　　　　　　　　　　　　　　　版权所有　违者必究

序
PREFACE

为配合国家骨干高职院校建设，推进教育教学改革，重构教学内容，改进教学方法，在多年课程改革的基础上，河北化工医药职业技术学院组织教师和行业技术人员共同编写了与之配套的校本教材，经过3年的试用与修改，在化学工业出版社的支持下，终于正式编印出版发行，在此，对参与本套教材的编审人员、化学工业出版社及提供帮助的企业表示衷心感谢。

教材是学生学习的一扇窗口，也是教师教学的工具之一。与标准规范不同，教材没有对错之分，只有优劣之异。好的教材能够提纲挈领，举一反三，授人以渔，而差的教材则洋洋洒洒，照搬照抄，不知所云。囿于现阶段教材仍然是教师教学和学生学习不可或缺的载体，教材的优劣对教与学的质量都具有重要影响。

基于上述认识，本套教材尝试打破学科体系，在内容取舍上摒弃求全、求系统的传统，在结构序化上，从分析典型工作任务入手，由易到难创设学习情境，寓知识、能力、情感培养于学生的学习过程中，并注重学生职业能力的生成而非知识的堆砌，力求为教学组织与实施提供一种可以借鉴的模式。

本套教材涉及生化制药技术、精细化学品生产技术、化工设备与机械和工业分析与检验4个专业群共24门课程。其中22门专业核心课程配套教材基于工作过程系统化或CDIO教学模式编写，2门专业基础课程亦从编排模式上做了较大改进，以实验现象或问题引入，力图抓住学生学习兴趣。

教材编写对编者是一种考验。限于专业的类型、课程的性质、教学条件以及编者的经验与能力，本套教材不尽如人意之处在所难免，欢迎各位专家、同仁提出宝贵意见。

河北化工医药职业技术学院　院长　柴锡庆
2013年4月30日

前言

"化工工艺基础"是一门综合运用数学、物理、化学等基础知识,分析和解决化工及相关工业生产中涉及的各类单元操作及设备问题的工程学科课程。

本教材是在国家骨干高职院校建设的背景下,根据国家有关高职高专人才培养的最新精神,为培养高素质技术技能型人才而编写的。为满足企业需要,使学生了解化工生产的基本原理和基本设备,同时提高学生的职业迁移能力,教材在编写过程中广泛征求了企业、院校等各方面专家的意见;在内容上注重基础,在内涵上注重培养学生的基本方法和基本能力,如分析化工单元操作问题的基本方法,典型单元操作设备的基本操控能力,解决一般工程问题的基本思维、方法和能力等;教材中还介绍了合成氨和增塑剂等典型化工产品的生产工艺,让学生学习完各单元操作之后,及时了解各单元操作在实际化工生产中的应用情况,做到有的放矢。

教材在编写中注重学生的自主性学习,在项目内容中灵活穿插能力训练,以充分调动学生的主观能动性,让学生积极主动地思考问题,培养分析和处理工程问题的职业能力和素养。在研究各单元操作的过程中,注意引导学生抓住关键问题,把握过程实质,通过理论学习与实践训练相结合的方式,学会将复杂的问题简单化,使学习过程变得轻松而有趣。

本教材主要适用于化工相关专业且非化工技术类专业的学生,如工业分析与检验、环境工程、化工安全、化工机械与化工仪表等专业;本教材也可用于中职相关专业的教学用书、化工及相关行业的职工培训用书等。

本教材由田莉瑛、周坤主编,齐广辉副主编,李春静参编,丁春燕主审。

田莉瑛编写绪论、项目一、项目二和项目九;齐广辉编写项目四、项目五;周坤编写项目三、项目八;李春静编写项目六和项目七。

在本教材的编写过程中,得到了河北化工医药职业技术学院的院、系领导和同行的大力支持,在此致以诚挚的谢意。

由于时间仓促,编者水平所限,不妥之处在所难免,敬请各位专家、读者予以批评指正。

编者

2017 年 5 月

目录 CONTENTS

绪论 /1
  任务一　了解化工工程与化工工艺 …………………………………………………… 1
  任务二　了解化工工艺基础课程 ………………………………………………………… 3
  任务三　了解基本概念 …………………………………………………………………… 4
  任务四　了解单位制和单位换算 ………………………………………………………… 5

项目一　流体流动与输送 /8
  任务一　了解流体输送在化工生产中的应用 …………………………………………… 8
  任务二　学习流体的密度 ………………………………………………………………… 9
   一、气体的密度 ………………………………………………………………………… 9
   二、液体的密度 ……………………………………………………………………… 10
   三、液体的相对密度 d_4^{20} …………………………………………………………… 11
   四、比体积 v ………………………………………………………………………… 11
  任务三　了解流体的黏度 ……………………………………………………………… 12
   一、黏度 ……………………………………………………………………………… 12
   二、流体黏度的测定 ………………………………………………………………… 12
   三、流体黏度的影响因素 …………………………………………………………… 12
   四、运动黏度 ………………………………………………………………………… 12
  任务四　认识流体的压力及其在生产中的应用 ……………………………………… 13
   一、压力的定义 ……………………………………………………………………… 13
   二、压力的单位及单位换算 ………………………………………………………… 13
   三、压力的表达方式 ………………………………………………………………… 13
   四、化工工程中压力的测量 ………………………………………………………… 15
  任务五　学习流体静力学在化工生产中的应用 ……………………………………… 15
   一、流体静力学基本方程式 ………………………………………………………… 15
   二、静力学基本方程式的讨论 ……………………………………………………… 16
   三、静力学基本方程式在化工生产过程中的应用 ………………………………… 16
  任务六　了解流体动力学在化工生产中的应用 ……………………………………… 20
   一、流体的流量和流速 ……………………………………………………………… 20

二、稳定流动和非稳定流动 ………………………………………………… 23
三、流体稳定流动时的物料衡算——连续性方程 …………………………… 23
四、流体稳定流动时的能量衡算——伯努利方程 …………………………… 24

项目二　认识液体输送机械 /33

任务一　了解输送机械的作用 …………………………………………………… 33
任务二　了解离心泵 ……………………………………………………………… 33
　　一、离心泵的工作原理 …………………………………………………… 33
　　二、离心泵主要部件及其构造和作用 …………………………………… 34
　　三、离心泵的性能参数与特性曲线 ……………………………………… 37
　　四、离心泵的工作点与流量调节 ………………………………………… 40
　　五、离心泵的安装及操作 ………………………………………………… 42
　　六、离心泵的类型与选用 ………………………………………………… 43
任务三　了解正位移泵 …………………………………………………………… 46
　　一、往复泵 ………………………………………………………………… 46
　　二、旋转泵 ………………………………………………………………… 48
　　三、旋涡泵 ………………………………………………………………… 49
任务四　常见流体输送方式 ……………………………………………………… 51
　　一、加压输送 ……………………………………………………………… 51
　　二、真空输送 ……………………………………………………………… 52
　　三、高位槽送料 …………………………………………………………… 53
　　四、液体输送机械送料 …………………………………………………… 53

项目三　传热操作技术 /56

任务一　了解传热在化工生产中的应用 ………………………………………… 56
　　一、传热在化工生产中的应用 …………………………………………… 56
　　二、传热的基本方式 ……………………………………………………… 56
　　三、传热过程中冷热流体的接触方式 …………………………………… 57
　　四、载热体的选用 ………………………………………………………… 58
　　五、间壁式换热器简介 …………………………………………………… 59
任务二　学习热传导及热对流 …………………………………………………… 59
　　一、热传导 ………………………………………………………………… 60
　　二、对流传热 ……………………………………………………………… 61
任务三　学习传热量的计算 ……………………………………………………… 62
　　一、传热速率方程 ………………………………………………………… 63
　　二、热负荷和载热体用量的计算 ………………………………………… 63
　　三、平均温度差 …………………………………………………………… 64
任务四　学习传热系数的计算 …………………………………………………… 66

一、现场实测 …………………………………………………………… 66
　　二、采用经验数据 ……………………………………………………… 67
　　三、计算法 ……………………………………………………………… 68
　任务五　认知传热设备 …………………………………………………… 69
　　一、间壁式换热器的类型 ……………………………………………… 70
　　二、换热器的运行操作 ………………………………………………… 73
　　三、传热过程的强化途径 ……………………………………………… 73
　　四、列管式换热器设计或选用时应考虑的问题 ……………………… 74

项目四　蒸馏操作技术 /78

　任务一　了解蒸馏操作技术的基本知识 ………………………………… 79
　　一、蒸馏操作及其工业生产中的应用 ………………………………… 79
　　二、蒸馏与蒸发的比较 ………………………………………………… 80
　　三、蒸馏操作的特点 …………………………………………………… 80
　　四、蒸馏过程的分类 …………………………………………………… 80
　任务二　理解双组分溶液的气、液相平衡关系 ………………………… 81
　　一、蒸馏操作的气、液相组成表示方法 ……………………………… 81
　　二、双组分理想溶液的气、液相平衡关系 …………………………… 82
　　三、双组分非理想溶液的气、液相平衡图 …………………………… 86
　任务三　学习常用蒸馏方式及原理 ……………………………………… 87
　　一、简单蒸馏 …………………………………………………………… 87
　　二、平衡蒸馏 …………………………………………………………… 87
　　三、精馏 ………………………………………………………………… 88
　任务四　学习双组分连续精馏过程的基本计算 ………………………… 92
　　一、全塔物料衡算 ……………………………………………………… 93
　　二、操作线方程与操作线 ……………………………………………… 94
　　三、进料热状况的影响 ………………………………………………… 96
　　四、精馏塔理论板数和加料位置的确定 ……………………………… 100
　　五、回流比的确定 ……………………………………………………… 104
　　六、全塔效率和实际塔板数 …………………………………………… 106
　任务五　认知板式塔 ……………………………………………………… 108
　　一、板式塔的典型结构 ………………………………………………… 108
　　二、板式塔的主要塔板类型 …………………………………………… 109
　　三、板式精馏塔的操作特性 …………………………………………… 111

项目五　吸收操作技术 /117

　任务一　了解吸收操作技术的基本知识 ………………………………… 118
　　一、吸收操作的认知 …………………………………………………… 118

二、吸收操作在工业生产中的应用 …………………………………………………… 118
三、吸收操作的分类 …………………………………………………………………… 119
四、吸收剂的选择原则 ………………………………………………………………… 120
五、吸收操作中的相组成表示方法 …………………………………………………… 120
任务二　学习吸收过程的气液平衡关系 …………………………………………………… 121
一、气体在液体中的溶解度 …………………………………………………………… 121
二、亨利定律 …………………………………………………………………………… 122
三、相平衡和平衡线在吸收过程中的应用 …………………………………………… 123
任务三　理解吸收机理和速率 ……………………………………………………………… 124
一、吸收机理 …………………………………………………………………………… 124
二、吸收速率方程 ……………………………………………………………………… 125
任务四　吸收过程的计算 …………………………………………………………………… 127
一、全塔物料衡算与操作线方程 ……………………………………………………… 127
二、吸收剂用量的确定 ………………………………………………………………… 128
三、填料塔直径和填料层高度的计算 ………………………………………………… 130
任务五　认知填料塔 ………………………………………………………………………… 131
一、填料塔的结构与特点 ……………………………………………………………… 131
二、填料的类型及特点 ………………………………………………………………… 132
三、填料塔的附件 ……………………………………………………………………… 134
四、填料塔的流体力学特性 …………………………………………………………… 136

项目六　干燥技术　/139

任务一　认识干燥在工业生产中的应用 …………………………………………………… 140
一、去湿方法 …………………………………………………………………………… 140
二、干燥操作的分类 …………………………………………………………………… 140
三、对流传热干燥过程 ………………………………………………………………… 141
任务二　学习湿空气的性质和湿度图 ……………………………………………………… 142
一、湿空气的性质 ……………………………………………………………………… 142
二、湿空气的焓湿图（I-H 图）及其应用 …………………………………………… 147
任务三　掌握连续干燥过程的物料衡算 …………………………………………………… 150
一、湿物料中含水量的表示方法 ……………………………………………………… 150
二、空气干燥器的物料衡算 …………………………………………………………… 151
三、理想干燥过程（等焓干燥过程）………………………………………………… 153
任务四　学习干燥过程的平衡关系和速率关系 …………………………………………… 153
一、物料中所含水分的性质 …………………………………………………………… 153
二、恒定干燥条件下的干燥速率 ……………………………………………………… 155
任务五　了解工业上常用干燥器 …………………………………………………………… 156
一、厢式干燥器 ………………………………………………………………………… 156
二、滚筒式干燥器 ……………………………………………………………………… 157

三、气流式干燥器 ………………………………………………… 157
四、喷雾式干燥器 ………………………………………………… 158
五、沸腾床干燥器 ………………………………………………… 158

项目七　认识反应器　/161

任务一　了解反应器的基础知识 ………………………………………… 161
一、反应器在工业生产中的地位 …………………………………… 161
二、反应器的分类 ………………………………………………… 161
三、对反应器的要求 ……………………………………………… 163

任务二　认识典型反应器 ………………………………………………… 163
一、釜式反应器 …………………………………………………… 163
二、管式反应器 …………………………………………………… 165
三、固定床反应器 ………………………………………………… 166
四、流化床反应器 ………………………………………………… 168

项目八　合成氨生产工艺　/172

任务一　了解合成氨工艺 ………………………………………………… 172
一、合成氨工业在国民经济中的意义 ……………………………… 172
二、合成氨生产的基本过程 ………………………………………… 172

任务二　学习原料气的制备 ……………………………………………… 173
一、固体燃料气化法 ……………………………………………… 173
二、烃类蒸气转化法 ……………………………………………… 174
三、重油部分氧化法 ……………………………………………… 175

任务三　学习原料气的净化 ……………………………………………… 177
一、原料气的脱硫 ………………………………………………… 177
二、一氧化碳变换 ………………………………………………… 178
三、二氧化碳的脱除 ……………………………………………… 178
四、原料气的精制 ………………………………………………… 179

任务四　学习合成氨工艺操作条件 ……………………………………… 180
一、氨合成催化剂 ………………………………………………… 180
二、氨合成温度 …………………………………………………… 181
三、氨合成压力 …………………………………………………… 181
四、空间速度 ……………………………………………………… 181
五、合成塔进口气体组成 …………………………………………… 181

任务五　掌握合成氨系统工艺流程 ……………………………………… 182
一、合成氨系统工艺流程 …………………………………………… 182
二、氨合成反应器 ………………………………………………… 184

项目九　增塑剂生产工艺　/186

任务一　了解邻苯二甲酸二辛酯的生产工艺 …………………………… 187
一、基本物性 ………………………………………………………………… 187
二、工艺路线 ………………………………………………………………… 188
三、工艺条件和主要设备 …………………………………………………… 189
四、工艺流程 ………………………………………………………………… 189

任务二　认识钛酸四丁酯间歇法生产 DOP 的生产工艺 ……………… 192
一、反应原理 ………………………………………………………………… 192
二、工艺流程 ………………………………………………………………… 193
三、工艺条件（包括物料配比、反应参数等）…………………………… 194
四、主要设备简介 …………………………………………………………… 195
五、生产过程中不正常现象及处理方法 …………………………………… 195
六、三废排放点及控制指标 ………………………………………………… 197
七、包装规格及储运要求 …………………………………………………… 197

附录　/198

一、常用单位的换算 ………………………………………………………… 198
二、某些气体的重要物理性质 ……………………………………………… 198
三、某些液体的重要物理性质 ……………………………………………… 199
四、干空气的物理性质（101.33kPa）…………………………………… 200
五、水的物理性质 …………………………………………………………… 201
六、饱和水蒸气表（以温度为准）………………………………………… 202
七、饱和水蒸气表（以用 kPa 为单位的压力为准）……………………… 203
八、水在不同温度下的黏度 ………………………………………………… 204
九、液体的黏度共线图 ……………………………………………………… 205
十、101.33kPa 压力下气体的黏度 ………………………………………… 207
十一、液体的比热容 ………………………………………………………… 209
十二、101.33kPa 压力下气体的比热容 …………………………………… 211
十三、蒸发潜热（汽化热）………………………………………………… 213
十四、某些有机液体的相对密度（液体密度与 4℃ 水的密度之比）…… 215
十五、离心泵规格（摘录）………………………………………………… 217
十六、无机盐水溶液在 101.33kPa 压力下的沸点 ………………………… 219

参考文献　/220

绪论

▶▶▶ 任务一 了解化工工程与化工工艺

化学工业是以自然资源如煤、石油、天然气等为原材料，利用这些资源的物理及化学性质，采用一定规模的工业装置对其进行加工处理，通过物理变化和化学变化，使自然资源成为对人类有某种用途的生产资料和生活资料的加工工业。

2010年，我国石油和化学工业全行业实现工业总产值8.88万亿元，占全国工业总产值的12.6%；实现工业增加值2.24万亿元，对全国GDP的贡献率达到5.6%；实现利润约6800亿元，占全国工业行业总利润的15.5%；从业人数约1050万人，占全国工业行业从业人数的11.8%；进出口总额达到4589亿美元，占全国进出口总额的15.4%。化学工业作为我国国民经济增长最快的领域之一，已成为推动经济和社会持续发展的重要力量。

化学工业本身包括种类繁多、形态各异的各种化工生产过程，各个生产过程也由多个环节所组成。尽管如此，任何化工生产过程总要涉及两个基本内容：化学反应和原辅料的前处理过程及半成品的后处理过程。即工程与工艺。于此相对应，本课程的内容也包括化学工程和化学工艺两个部分。

化学工程研究和探讨的是化工生产过程中共同性的操作规律及其工程性质的问题。化学工艺是为了生产出相应的特定的产品而具体采用的生产方法。

化工生产过程的最核心的特征就是化学变化。为了使化学反应过程得以经济有效地进行，必须创造及保持适宜的条件，对原料进行恰当的预处理，以便创造具有一定的压力、温度、组成等适合化学反应的工艺条件；反应后的产品必须经过后处理过程进行分离、提纯，获得符合国家相应质量标准（国家标准、行业标准、企业标准等）的产品；对未完成反应的原料，还要进行循环利用；对副产品进行加工，对废水、废气、废料进行处理，实现达标排放。这些反应前的预处理和反应后的产品处理以及原料的循环处理，主要发生的是物理变化，进行的是物理操作。因此，化工生产过程无论是生产什么具体的产品，采用哪种生产工艺，都是若干个物理处理过程与化学反应过程的组合。

以苯酐（简称PA）和增塑剂之一的邻苯二甲酸二辛酯（简称DOP）生产为例，从工艺上说，这是两个截然不同的反应。苯酐生产是气液固催化反应，邻苯二甲酸二辛酯是液液催化反应，但两种产品在生产过程中总可以找到在原理上相同或相似的一些基本单元，这两种产品的流程如图0-1、图0-2所示。

从生产流程上来看，苯酐生产是典型的固定床式氧化反应，是气液间的反应，DOP生产是典型的酯化反应，是液液反应并伴随着精馏过程，两种产品有着完全不同的化学反应，但在原辅料的处理过程和产品的精制过程中又有一些共同的操作，如物料的输送都需要泵的参与、物料的加热与冷却、精馏，在尾气的处理方面都有吸收等过程，这些过程如加热冷却、流体输送、精馏等，它们遵循共同的物理学定律，所用的设备也类似，这些即化工工

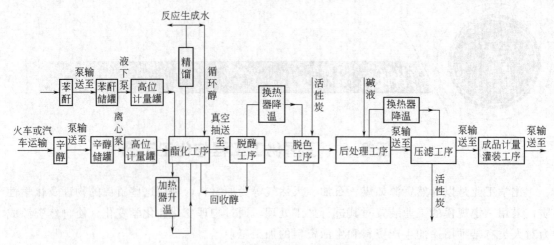

图 0-1　增塑剂生产工艺流程

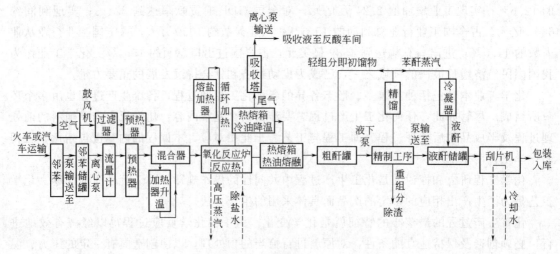

图 0-2　邻苯二甲酸酐生产工艺流程

程，我们也称其为单元操作。尽管化工生产的具体过程有着不同的生产工艺，各式各样的装置设备，但它们总可以分解归纳为原理上相同或相似的一些基本单元。即单元操作。

(1) 单元操作的概念　在化工医药生产过程中普遍采用的、遵循共同的物理学定律，所用设备类似，具有相同作用的基本操作。

(2) 单元操作的特点

① 所有的单元操作都是物理性操作，只改变物料的状态或物理性质，并不改变化学性质。

② 单元操作是化工生产过程中共有的操作，只是不同的化工生产中所包含的单元操作数目、名称与排列顺序不同。

③ 单元操作作用于不同的化工过程时，基本原理相同，所用的设备亦通用。

(3) 单元操作的名称和分类

① 按操作的目的分类

a. 物料的增压、减压和输送；

b. 物料的混合或分散；

c. 物料的加热或冷却；
d. 非均相混合物的分离；
e. 均相混合物的分离。
② 按达到相同的目的，依据不同原理分类
a. 流体输送。利用外力做功，将一定量的流体由一处输送到另一处。
b. 气力输送。固体微粒的管道输送。
c. 过滤。使液固或气固混合体系中的流体强制通过多空性过滤介质，将悬浮的固体物截留而实现非均相分离过程。
d. 沉降。对于由流体（气、液体）和悬浮物（液体或固体）组成的悬浮体系，利用其密度差分离。[液固或气固混合物（重力、离心）]。
e. 搅拌。搅动物料使之发生某种方式的循环流动，使均匀或过程加速（液液或液固）。
f. 颗粒流态化。利用流体运动使固体颗粒间发生悬浮并使之带有某些流体的表观特征[强化气（液）固两相间的接触]。
g. 加热冷却。增加或降低特定物质的温度。
h. 蒸发。使溶液中溶剂受热汽化而与不挥发的溶质分离，从而得到高浓度溶液。
i. 蒸馏。利用组分间挥发度的差异而实现均相混合物的分离。
j. 吸收。利用气体组分在吸收液中溶解度的差异以实现气体混合物的分离。
k. 吸附。利用流体中各组分在固体表面的吸附能力不同分离其中一种或几种组分。
l. 萃取。利用液体混合物中各组分在液体萃取剂中的溶解度不同而分离混合物。
m. 干燥。加热，使所含湿分（水分）汽化而得到干固体物料。
n. 结晶。从液体混合物中析出晶态物质的操作。
还有制冷、膜分离、离子交换等等共计二十余种。

随着对单元操作研究的不断深入，人们逐渐发现各个单元操作之间存在着共性，从本质上讲，按照单元操作所遵循的基本规律，归纳下列三种基本过程：动量传递过程；热量传递过程（传热）；质量传递过程（传质）。整个的化工生产过程我们可以把它总结为"三传一反"的过程。

>>> 任务二 了解化工工艺基础课程

化工工艺基础课程是学习化工生产过程基本知识和共同性操作规律即单元操作的综合性课程，在掌握化工生产共性规律基础之上，介绍几种典型的化工生产的工艺方法。

本课程介绍的单元操作过程有流体流动与输送、非均相物系的分离、传热技术、蒸馏、吸收、干燥等，通过学习掌握化工生产中典型的单元操作的基本原理、计算方法、典型设备及操作注意事项。

化工工艺是使原料进行物理或化学加工，生产出有使用价值及市场价值的物质产品。化学工艺过程要求的不仅是设备的性能优良，更重要的是全系统的工艺条件的最合理化，要求做到稳定、连续、低耗、环保、高效、安全。本课程对较为典型的化学工艺过程进行介绍，即典型的无机化工产品（合成氨生产工艺）、典型的有机化工产品（塑化剂生产工艺）。

化学工程的特点是过程影响因素多、制约条件多。学习本课程的过程中，要树立工程意识、建立工程概念。即理论上的正确性，技术上的可行性，操作上的安全性，经济上的合理性。本课程是理论性和实践性都很强的学科，强调理论知识与工程实践并重的原则，熟悉化工设备的选取和计算方法，培养基本的工程设计能力。

任务三 了解基本概念

1. 物料衡算

生产过程必须进行成本核算，要进行成本核算，必须要搞清楚生产过程中的原料、半成品以及成品、循环物料的数量，必须进行物料衡算。

物料衡算是根据质量守恒定律而来。计算步骤要求如下：

（1）根据衡算对象，选定适当的衡算范围。衡算系统可以是一个单独的工序，也可以是一个产品工艺的各个工序的整体。

（2）选定物料衡算的基准。为保证物料衡算计算的一致性，选定基准包括选定基准流体及其数量，是物料衡算的基础。例如，对间歇操作，常取每锅产品、每吨产品等；对连续生产，常取单位时间（每小时、每分钟甚至于每秒）内处理的物料量为基准。基准的选择有一定的任意性，其原则是使计算尽量简捷、直观，易于计算。

（3）列出物料衡算式。根据质量守恒定律，列出物料衡算的表达式：

进入系统的个股物料量－系统中个股物料的积累量＝离开系统的个股物料量

式中可用物质的量为度量，如 kmol/s 或 kmol/h 等，也可以采用质量流量，但必须保持式中各个量单位的一致性。

衡算时可以对一种物料进行计算，也可以对总物料进行衡算或按各物流中各组分量分别列出组分衡算式。此外，各组分的质量分数 w_i 和摩尔分数 x_i 之和均等于 1，即有

$$\sum w_i = 1 \qquad \sum x_i = 1$$

即组成归一性方程，在物料衡算中也经常用到。对于连续稳定操作系统，系统中物料的积累量为零。则有：

进入系统的个股物料量＝离开系统的个股物料量

【应用 1】 两股物料 A 和 B 混合得到产品 C，每种物料含有两种组分 1 和 2。物料 A 的质量流量为 $M_A = 6160 \text{kg/h}$，其中组分 1 的质量百分数为 $w_{A1} = 80\%$，物流 B 中组分 1 的质量分数 $w_{B1} = 20\%$；要求混合后产品 C 中组分 1 的质量分数为 $w_{C1} = 40\%$。试求：①需要加入的物流 B 的量 M_B（kg/h）；②产品量 M_C（kg/h）。

解：按题意，画出混合过程示意图，标出各物流的箭头，已知量和未知量，用闭合虚线框出需要计算的物料衡算系统。如图 0-3 所示。

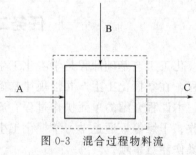

图 0-3 混合过程物料流

取 1h 为衡算基准列出衡算式。

总物料衡算：
$$M_A + M_B = M_C$$
$$6160 \text{kg/h} + M_B = M_C$$

组分 1 的衡算式
$$M w_{A1} + M w_{B1} = M w_{C1}$$
$$6160 \text{kg/h} \times 80\% + M_B \times 20\% = M_C \times 40\%$$

联立两方程，得到 $M_B = 12320 \text{kg/h}$，$M_C = 18480 \text{kg/h}$。

2. 能量衡算——能量守恒定律

利用能量传递和转化的规律，通过平衡计算能量的变化称为能量衡算。能量衡算是能量守恒定律的具体应用，也是化工计算中的一种基本计算。它不仅对生产工艺条件的确定、设备设计是不可缺少的，而且在生产中分析生产问题、评价技术经济效果也是很需要的。

热量是能量的一种形式，在化工生产中涉及的能量衡算主要是热量衡算。

能量衡算是在物料衡算的基础上进行的，首先也要画出衡算的范围示意图，确定衡算的对象，选定衡算的基准，即单位要统一，最后建立衡算式。

物流带入的热量＋外来的传入系统的热量
＝离开系统的物流的热量＋排入外界的热量＋系统内部物料的积累量

对于连续定常过程，系统内积累量为零。

3. 平衡关系

不论是物理还是化学变化过程，都有一定的方向和极限。在一定条件下，过程的变化达到了极限，即达到了平衡状态。例如：热量的传递是由于物体间存在着温度差，热量从热物体传至冷物体，当两物体温度相等，宏观上讲热量传递就停止了。用水吸收氨气至当时条件下氨在水中的溶解度为止。又如在化学反应中，当为可逆反应时，正反两向反应速度相等时，反应就达到了平衡状态。

任何一种平衡状态的建立都是有条件的。当条件发生变化时，原有的平衡状态被破坏并发生移动，直到在新的条件下建立新的平衡。可见，平衡状态具有两种属性，相对性和可变性。化工生产中常常利用它的可变性使平衡向有利于生产的方向进行，例如在邻苯二甲酸二辛酯生产中在酯化反应的过程中不断移除反应生成的水，促使反应向酯化方向进行。

在一定的条件下，过程的变化达到了极限，就形成了平衡关系。平衡关系具有相对性和可变性。

4. 过程速率

单位时间内过程的变化率称为过程速率。平衡关系只表明过程变化的极限，而过程变化的快慢由过程速率来确定。可见，过程速率比平衡关系更为重要，如果一个过程可以进行，但速率十分缓慢，该过程的化工工程价值就不存在了。

如果一个物系不是处于平衡状态，就会发生物系趋向于平衡的过程变化。通常是偏离平衡状态越远，推动力就越大，则变化过程的速率也就越大。过程速率总是与推动力成正比，与阻力成反比。

$$过程速率 = \frac{过程推动力}{过程阻力}$$

由于过程不同，其推动力与阻力的内涵也就不同。例如溶解过程的推动力是浓度差；热量传递的推动力是温度差；相间传质如吸收是气液相间实际浓度与平衡浓度的差；相内传质过程的推动力是浓度差。过程的阻力比较复杂，如传热过程的介质、传导物不同，阻力的差距就很大，如金属中银在100℃时热导率为412W/(m²·℃)，不锈钢在20℃时热导率为16W/(m²·℃)。总之，过程阻力与操作条件、物质的性质等有关，具体问题应具体分析。

▶▶▶ 任务四　了解单位制和单位换算

1. 基本量和导出量

基本量指彼此独立的物理量来表示物料所具有的某些物理性质（如长度、时间等）；导出量指通过既定的物理关系与基本量联系起来而导出的物理量(如速度)。度量这些基本量的大小所用的单位称为基本单位;由基本单位导出的单位称为导出单位。

在化工生产中,较多的化工计算,涉及多种物理量,如表示操作状态的有压力、温度等,表示物料性质的有黏度、密度、比热容等,表示设备尺寸的有长度、面积、管径等,要说明一个物理量的大小,仅有数字是不够的,还必须与单位结合起来。

2. 单位制

单位制——基本单位与导出单位的总和。最常用的单位制有以下三种。

(1) 物理单位制　长度单位[厘米]、质量单位[克]、时间单位[秒]。

注:我国采用的是以国际单位制为基准的法定单位制,根据我国的情况适当增加了一些单位构成。如:时间为小时(h)或天(d),体积为升(L),质量为吨(t)等。

(2) 国际单位制　一共采用七个物理量的单位为基本单位,其名称、代号见表 0-1。

表 0-1　国际单位制的七个基本量

基本量	单位名称	单位代号	基本量	单位名称	单位代号
长度	米	m	热力学温度	开尔文	K
质量	千克(公斤)	kg	物质的量	摩尔	mol
时间	秒	s	光强度	坎德拉	cd
电流	安培	A			

(3) 工程单位制　长度单位[米]、力的单位[千克力]、时间单位[秒]。

关于工程单位制:若物体受地球引力作用产生 $g=9.81\text{m/s}^2$ 的重力加速度,则作用于质量为 $m=1\text{kg}$ 的物体上的重力为 $F=mg=1\times9.81\text{N}$,物体在重力场中所受重力,就是物体的重量。因此,工程单位制中把 SI 单位制中的 9.81N 重量作为其重力,故有:1kgf=9.81N,由于质量为 1kg 的物体重量为 1kgf,所以工程单位制中的重量与 SI 单位制中的质量数值相等。

3. 单位换算

换算因数:彼此相等而各有不同单位的两个物理量之比。$1\text{dyn}=10^{-5}\text{N}$。

4. 单位的正确运用

理论公式:根据物理规律建立。

经验公式:根据实验结果整理。

5. 化工厂中常用的具有专门名称的导出单位

为方便后面学习,将化工厂中常用的具有专门名称的导出单位列于表 0-2。

表 0-2　化工厂中常用的具有专门名称的导出单位

物理量	专用名称	代号	与基本单位的关系
力	牛顿	N	$1\text{N}=1\text{kg}\times\text{m/s}^2$
压强、压力	帕斯卡	Pa	$1\text{Pa}=1\text{N/m}^2$
能、功、热量	焦(耳)	J	$1\text{J}=1\text{N}\times\text{m}$
功率	瓦(特)	W	$1\text{W}=1\text{J/s}$

学习要求:单元操作和设备操作和调节能力,工程设计能力等。

学好本课程应注意的问题:①要理论联系实际;②过程原理与设备并重;③着重培养自学能力、创新能力;④先做人,后做事(诚实、肯干、刻苦、勤奋、好学、多问、持之以恒)。

能 力 训 练

几个非常有用的单位换算：
1kcal＝427kgf·m＝4.187kJ；
1N·m＝____J；1J/s＝____W；
1N/m²＝____Pa；
1atm（标准大气压）＝_____Pa＝_____mH₂O＝_____mmHg。

项目一 流体流动与输送

【知识目标】
◎ 了解流体输送的基础知识、基本原理；
◎ 掌握连续性方程和伯努利方程的应用计算。

【能力目标】
◎ 能够根据工艺条件选取合适的管子；
◎ 能够根据生产任务确定外加机械能的大小或确定高位槽的安装高度。

>>> 任务一 了解流体输送在化工生产中的应用

流体即气体和液体。流体内部会发生相对运动，使流体变形，这种连续不断的变形就形成流动。即流体具有流动性。

【生产实例1】 输送机械送料

化工和制药生产中，大多数的物料输送都是通过流体输送机械完成的，如制药生产中制冷系统中冷液的循环，盐水通过泵输送至各个车间的发酵罐，以保证发酵的温度；又如邻苯二甲酸酐生产的原料之一氧气取自空气，是用鼓风机来完成空气输送的。

【生产实例2】 高位槽送料

化工生产中定量投料，往往将物料先定量计量至高位储罐，然后投放至反应釜，高位储罐称之为高位槽（高位罐）。高位槽送料是一种由高处向低处送料的操作，是利用容器、设备之间的位能差，将处在高位设备内的液体物料输送到低位设备内的操作。输送时，只要在两个设备之间用阀门和管道连接即可控制。高位槽的高度与流体的流量有直接关系，对于相同的输送管路，高位槽的高度越高，输送流体的流量越大。另外，对于要求流体稳定流动的场合，为避免输送机械带来的波动，也常常设置高位槽。图1-1是邻苯二甲酸二辛酯生产工

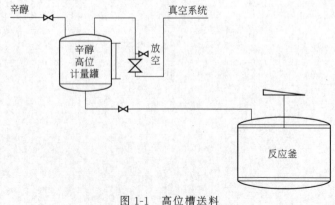

图1-1 高位槽送料

艺中用高位槽定量向反应釜中投放物料辛醇的流程图。

【生产实例3】 压缩气体送料

化工生产过程中常采用压缩空气或惰性气体代替输送机械来输送物料，这种通过压缩空气实现物料输送的操作方式称为压缩空气送料。利用压缩空气或惰性气体向待输送的物料加压，从而使被输送的物料在两设备间形成压强差，从而实现物料的输送。即通过给上游流体施加一定的压力来完成物料的输送过程。常用于腐蚀性强或不允许泄漏的物料的输送。由于达到输送的压强需要压力的积累，故在生产中更多用于间歇性的物料输送。压缩空气送料时，空气的压力必须能够保证完成输送任务；两设备间的压差与输送料液的流速相关；另外，对被输送流体盛装的设备承压也有一定的要求。

【生产实例4】 真空抽料

通过真空系统造成的负压来实现流体输送的操作称为真空抽料。真空抽料是一种利用设备的低压强，使物料在液面压强和输送设备间形成压强差，从而实现物料的输送。即通过给下游设备抽真空造成上下游设备之间的压力差来完成流体的输送过程。真空抽料具有结构简单、操作方便、输送设备间没有运转部件的优点；同时，压强降低，物料的沸点亦随之降低，可用于物料的分离等单元操作，但不适用于输送挥发性较强的流体。

化工生产中，流体流动问题的地位非常重要，除了纯粹地流体输送外，多数化工过程的实现都会涉及储罐液位测量、流体流量及流速的测定、流体输送机械功率的计算及选型问题等。要解决这些问题，必须掌握流体流动的基本原理、基本规律和有关的实际实际应用情况。流体的流动状态对化工生产有着很大的影响，几乎所有的化工产品的生产过程如传热、传质以及化学反应等，都是在流体的流动中完成的。

>>> 任务二　学习流体的密度

流体的密度是指单位体积流体的质量，用符号 ρ 来表示，SI 单位制是 kg/m^3。用公式表示为：

$$\rho = \frac{m}{V} \tag{1-1}$$

式中　m——流体的质量，kg；
　　　V——流体的体积，m^3。

一、气体的密度

1. 气体密度的计算方法 1

在工程计算中，当温度不太高、压力不太低时，气体可以看作理想气体，由理想气体状态方程可以得到气体密度的计算式：

$$\rho = \frac{pM}{RT} \tag{1-2}$$

式中　ρ——气体的密度，kg/m^3；
　　　p——气体的绝对压力，kPa；

M——气体的摩尔质量，kg/kmol；

R——通用气体常数，$R=8.314\text{kJ}/(\text{kmol}\cdot\text{K})$；

T——气体的温度，K。

2. 气体密度的计算方法 2

$$\rho = \rho_0 \frac{pT_0}{p_0 T} \tag{1-3}$$

式中　ρ——气体的密度，kg/m³；

ρ_0——标态下气体的密度，kg/m³；

T——气体的实际温度（热力学温度），K；

T_0——标态下气体的温度 $T_0=273.15\text{K}$。

3. 气体密度的计算方法 3

$$\rho = \frac{M}{22.4\text{m}^3/\text{kmol}} \cdot \frac{pT_0}{p_0 T} \tag{1-4}$$

式中　22.4——标态下 1kmol 气体的体积，m³；

M——气体的摩尔质量，kg/kmol。

4. 混合气体密度的计算方法

$$\rho_m = \frac{pM_m}{RT} \tag{1-5}$$

式中　M_m——混合气体的平均相对分子质量，kg/kmol，可由式(1-6)进行计算。

$$M_m = y_1 M_1 + y_2 M_2 + \cdots + y_n M_n \tag{1-6}$$

式中　M_1、M_2、$\cdots$、M_n——混合气中各组分的摩尔质量，kg/kmol；

y_1、y_2、$\cdots$、y_n——混合气中各组分的摩尔分数（理想气体各组分的摩尔分数等于体积分数）。

则

$$\rho_m = \rho_1 y_1 + \rho_2 y_2 + \cdots + \rho_n y_n \tag{1-7}$$

【讨论】　气体密度的影响因素

$$\rho = f(p, T)$$

影响气体密度的因素有温度和压力，气体密度随压力的增大而增大、随温度的增大而减小。即：$p\uparrow$；$\rho\uparrow$；$T\uparrow$；$\rho\downarrow$。

【应用1】　空气中氮气的体积分数约为 79%、氧气的体积分数为 21%，当其压力为常压，温度为 20℃时，该混合气的密度是多少？

分析：理想气体各组分的摩尔分数等于体积分数，则有 $y_1=0.79$，$y_2=0.21$，根据式(1-5)、式(1-6)即可解决本应用。

解决：由式(1-6)　$M_m = y_1 M_1 + y_2 M_2 = 28 \times 0.79\text{kg/kmol} + 32 \times 0.21\text{kg/kmol} = 28.84\text{kg/kmol}$

再由式(1-5)　$\rho_m = \frac{pM_m}{RT} = \frac{101.3 \times 28.84}{8.314 \times (20+273.15)}\text{kg/m}^3 = 1.20\text{kg/m}^3$

【能力训练】　试计算合成氨生产的原料之一的氢气在 1.0atm、373K 时的密度。

二、液体的密度

液体的密度可以通过现场实测或查取相关资料、手册等获取。通常，密度是化工生产物料检测的必测指标之一,一般用密度计配合温度计进行现场实测,然后校正为室温20℃标准值。另,本教材在附录中给出了20℃下部分常见液体的密度值,及部分常见液体在不同温度下的密度值。工程上常从《化工工艺设计手册》查取相关数据。

【能力训练】 查取下列液体的密度:20℃甲苯的密度为_____;4℃水的密度为_____。

前面讨论的主要为纯液体的密度,而混合液体的密度的准确值要用实验方法求取。如液体混合后的体积变化不大,其密度的近似值可由下式求得:

$$\frac{1}{\rho_{混}}=\frac{w_1}{\rho_1}+\frac{w_2}{\rho_2}+\cdots+\frac{w_n}{\rho_n} \tag{1-8}$$

式中　　$\rho_{混}$——液体混合液的密度;

ρ_1、ρ_2、$\cdots$、ρ_n——混合液中各纯组分的密度;

w_1、w_2、$\cdots$、w_n——混合液中各纯组分的质量分数。

三、液体的相对密度 d_4^{20}

液体的相对密度为所研究的20℃的流体密度 ρ 与4℃水的密度 $\rho_水$ 之比,用符号 d_4^{20} 表示,习惯称为比重。即

$$d_4^{20}=\frac{\rho}{\rho_水} \tag{1-9}$$

可见,相对密度是一个比值,没有单位。因为水在4℃时的密度为1000kg/m³,所以:

$$\rho=1000d_4^{20} \tag{1-10}$$

影响液体密度的因素有压力和温度。压力的变化对液体密度的影响很小(压力极高时除外),故液体常被称作不可压缩性流体,工程上常忽略压力对液体密度的影响;液体的密度是温度的函数,即 $\rho=f(T)$,温度变化时,绝大多数液体的密度会有所变化,温度升高时,液体密度略有下降。例如,4℃时,纯水的密度是1000kg/m³,20℃时是998.2kg/m³,100℃时是958.4kg/m³。

【应用2】 增塑剂生产中需要加入催化剂,配制催化剂的主要原料为二乙基己醇。已知在一内径为500mm,高1.2m 的圆筒型储罐内盛满二乙基己醇。已知二乙基己醇的相对密度为0.834,则二乙基己醇的加入量为多少千克?

分析:由式 $\rho=m/V$,得 $m=V\rho$

二乙基己醇的密度　$\rho=1000d_4^{20}=1000\times0.834\text{kg/m}^3=834\text{kg/m}^3$

二乙基己醇的体积　$V=\frac{\pi}{4}d^2h=0.785d^2h=0.785\times0.5^2\times1.2\text{m}^3=0.236\text{m}^3$

二乙基己醇的质量　$m=\rho V=834\times0.236\text{kg}=196.8\text{kg}$

四、比体积 v

单位质量流体所具有的体积称为流体的比体积,用符号 v 表示,习惯称为比容。比体积即为密度的倒数,其单位为 m³/kg。表达式为:

$$v = \frac{V}{m} = \frac{1}{\rho} \tag{1-11}$$

上述这些物理量是表明流体的质量与体积的换算关系。如果已知流体的质量及密度（或相对密度、比容），即可求得流体的体积。反之亦然。

>>> 任务三　了解流体的黏度

一、黏度

实际流体流动时流体内部分子之间都会产生内摩擦力的特性称为流体的黏性。黏性越大的流体，流动时分子间的内摩擦力越大，流动阻力越大，反映在流动性上就越差；反之则流动阻力越小，流动性越好。

衡量流体黏性大小的物理量称为黏度（又称为动力黏度或绝对黏度），用符号 μ 表示。黏度是流体本身的一种属性。

只有实际流体才具有黏性。理想流体不具有黏性，因而流动时不产生摩擦阻力，也没有能量损失。

二、流体黏度的测定

化工工业生产中，流体的黏度多是用品氏黏度计测量而得，或通过图表查取。

在国际单位制中，黏度的单位用 Pa·s 或（N·s/m²）表示；物理单位制中为 dyn·s/cm²，专用名称为泊（用符号 P 表示），泊的单位太大，通常用厘泊（cP）表示。它们之间的换算关系为：

$$1Pa·s = 10P = 1000cP = 1000mPa·s \text{ 或 } 1cP = 1mPa·s$$

【能力训练】　通过附录查取下列液体的黏度。

20℃时，水的黏度是_____；50℃时，水的黏度是_____。
20℃时，空气的黏度是_____；50℃时，空气的黏度是_____。

三、流体黏度的影响因素

流体的黏度随温度而变化，液体的黏度随温度的升高而降低，气体的黏度随温度的升高而增大。压力对液体黏度的影响可以忽略不计，气体的黏度当压力极高或极低时才有变化，一般情况下不予考虑。

四、运动黏度

有时流体的黏度还可以用运动黏度 ν 来表示，其单位为 m^2/s，表达式为：

$$\nu = \frac{\mu}{\rho} \tag{1-12}$$

当用物理单位制表达时，其单位为 cm^2/s，称为"沲"，则有 1 沲 $= 10^{-4} m^2/s$，其专用名称为斯托克斯，符号 St。

》》》任务四 认识流体的压力及其在生产中的应用

一、压力的定义

垂直作用于流体单位面积上的力，称为流体的静压力，也称为静压强，简称为压力或压强。用符号 p 表示。表达式为：

$$p = \frac{F}{A} \tag{1-13}$$

式中　p——流体的压力，Pa（称为帕斯卡）或 N/m^2；
　　　F——垂直作用于流体表面面积 A 上的力，N；
　　　A——流体的面积，m^2。

压力单位的大小可以用生活中的例子来帮助理解，如三粒芝麻放在 $1cm^2$ 的面积上形成的压力就是 1Pa，一个成年人对地面的压力约为 $1.05×10^5$ Pa。

二、压力的单位及单位换算

在 SI 单位制中，压力的法定计量单位是 Pa（帕）或 N/m^2，工程上常使用 MPa（兆帕）作为压力的计量单位。

另外，还有标准大气压（物理大气压，atm）；工程大气压（at 或 kgf/cm^2）；米水柱（mH_2O）；毫米汞柱（mmHg）；巴（bar，英制单位）。

各种压力单位的换算关系如下：

1atm=101.3kPa=1.033kgf/cm^2=760mmHg=10.33mH_2O=1.013bar

1at=98.1kPa=1kgf/cm^2=735.6mmHg=10mH_2O=0.9807bar

1bar=10^5Pa

实际生产中还经常采用以某液体的液柱高度 h 表示流体压力的方法。它的原理是作用在液柱单位底面积上的液体重力。设 h 为液柱高度，A 为液柱的底面积，ρ 为液体的密度，则由 h 液柱高度所表示的流体压强为

$$p = \frac{F}{A} = \frac{mg}{A} = \frac{\rho V g}{A} = \frac{\rho A h g}{A} = \rho g h \tag{1-14}$$

由此可见，流体液柱的压强 p 等于液柱高度 h 乘以液体的密度 ρ 和重力加速度 g。

反之，如果已知流体的压强为 p，密度为 ρ，与它相当的液柱高度 h 可由下式求得

$$h = \frac{p}{\rho g} \tag{1-15}$$

由推导过程可知，因为各种液体的密度不同，用液柱的高度表示液体压强时，必须注明流体的名称。

三、压力的表达方式

压力的表达存在两个基准，故而形成了三种表达方式，即：绝对压强、表压强和真空度。

① 绝对压强（简称绝压）。指流体的真实压强。是以绝对真空为基准测得的流体压强。

②表压强（简称表压）。以当时、当地大气压强为基准，工程中用测压仪表测得的流体压强值。它是流体的真实压强与外界大气压强的差值。

③真空度。当被测流体内的绝对压强小于当时、当地（外界）大气压强时，用真空表测量的数值称为真空度。即实际压强比大气压强小的那部分数值。在这种条件下，真空度值相当于负的表压值。

$$表压 = 绝对压强 - （外界）大气压强$$
$$真空度 = （外界）大气压强 - 绝对压强$$

由此可知，表压是设备内部实际压力比大气压力高出的值，而真空度则是设备内部实际压力比大气压力低的值。三种压力的关系，可以用图1-2和图1-3表示。

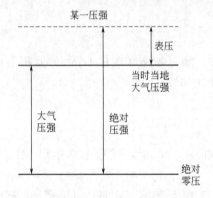

图1-2 绝对压强和表压强的关系

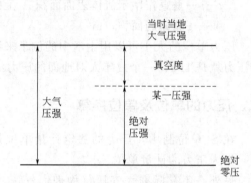

图1-3 绝对压强和真空度的关系

需要注意的是，不同地区、不同时间的大气压强不同，故由压力表或真空表上测得出的读数必须根据当时、当地的大气压强进行校正，才能得到测点的绝对压强。

为了避免绝对压强、表压与真空度三者关系混淆，在以后的讨论中规定，对表压和真空度均加以标注，如果没有注明，即为绝压。例如：200kPa（表压）表示系统的表压力、0.090MPa（真空度）表示系统的真空度。600mmHg表示绝对压力。在生产中，用压力表测得的值即为表压，用真空表测得的即为真空度，不再标示。

【应用3】 某真空精馏塔在大气压力为100kPa的地区工作，其塔顶的真空表读数为90kPa，当此塔在大气压力为80kPa的地区工作时，若维持原来的绝对压力，则真空表的读数变为多少？

分析：解决案例的步骤如下。

①该精馏塔的绝对压力是不变的。

②在大气压为100kPa的地区工作时的绝对压力为：$p_绝 = p_a - p_真 = 100\text{kPa} - 90\text{kPa} = 10\text{kPa}$

③在大气压为80kPa的地区工作时的绝对压力为：$p_绝 = p_a - p_真 = 80\text{kPa} - p_真 = 10\text{kPa}$

则：$p_真 = 70\text{kPa}$

可见，不同地区的大气压强值是不同的，同样的绝压在不同地区用真空度表达时的值是不同的，表压亦然。

【应用4】 装在离心泵进口的真空表和出口的压强表的读数分别为0.01MPa和0.03MPa，试求此设备的进出口之间的压强差，用kPa表示。设当时设备外的大气压强为0.1MPa。

分析：由绝对压强＝大气压强＋表压强

已知：大气压强 $p=0.1$ MPa；进口真空表 $p_{真}=0.01$ MPa；出口表压 $p_{表}=0.03$ MPa

则有：压强差＝出口的绝对压强－进口的绝对压强

$$=(p+p_{表})-(p-p_{真})$$

$$=p_{表}+p_{真}=0.03\text{MPa}+0.01\text{MPa}=0.03\text{MPa}=30\text{kPa}$$

可知，计算两处压力表与真空表测定的压强差值时，压差就等于表压与真空度数值之和。应当注意，在计算时表压与真空度的单位必须一致。

四、化工工程中压力的测量

在化工生产中，压力通常是由仪表来测量得到的，通常所用的有压力表［图 1-4(a)］、真空表［图 1-4(b)］、压力真空表等，除此而外，还有远传型数字式压力表［图 1-4(c)］，可以将压力的大小以数字的形式直接反映出来并远距离传输，这样测量压力时，直接将仪表安装在所要测量的设备或管道上，操作人员在控制室就可以直接观察压力的变化情况。

(a)

(b)

(c)

图 1-4　各种形式的压力表

【能力训练】

1. 读取压力表、真空表的读数。

2. 了解压力表的测量原理，用压力表测定流体实训装置的反应釜在流体输送初期、中期、末期间的压力，然后关闭放空阀再测定两次，试比较压力变化情况，并说明。

▶▶▶ 任务五　学习流体静力学在化工生产中的应用

一、流体静力学基本方程式

在重力场中，流体在重力和压力的作用下达到静力平衡，因而处于相对静止状态。由于重力就是地心引力，其值是不变的，但静止的流体内部各点的压力是不同的。即处在不同深度的水平面上，流体的静压力是不同的。

如图 1-5 所示，敞口容器内盛有密度为 ρ 的静止流体，液面上方受外压强 p_0 的作用（当容器敞口时，p_0 即为外界大气压强）。取任意一个垂直流体液柱，上下底面积均为 A（m²）。任意选取一个水平面作为基准水平面，今选用容器的底为基本水平面。并设液柱上、下底与基准面的垂直距离分别为 z_1 和 z_2（m）。作用在上、下端面上并指向此两端面的压强分别为 p_1 和 p_2。

在重力场中，该液柱在垂直方向上受到的作用力有：

① 作用在液柱上端面上的总压力 F_1（方向向下）
$$F_1 = p_1 A$$
② 作用在液柱下端面上的总压力 F_2（方向向上）
$$F_2 = p_2 A$$
③ 作用于整个液柱的重力 G（方向向下）
$$G = mg = \rho Vg = \rho g A(z_1 - z_2)$$

由于液柱处于静止状态，在垂直方向上的三个作用力的合力为零，即
$$F_1 + G - F_2 = 0$$
则有：$p_1 A + \rho g A(z_1 - z_2) - p_2 A = 0$
整理上式，并令 $h = (z_1 - z_2)$，得到：
$$p_2 = p_1 + \rho g h \tag{1-16}$$

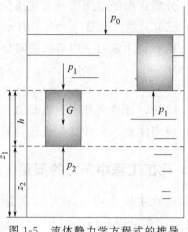

图 1-5 流体静力学方程式的推导

式中 h——液柱的高度，m。

若将液柱上端液面上方的压强为 p_0，液柱高度为 h，则式(1-16)可变为：
$$p_2 = p_0 + \rho g h \tag{1-17}$$

式(1-16)和式(1-17)均称为流体静力学基本方程式，它表明了静止流体内部压力变化的规律。即：静止的液体内部任一点的压力等于液面上方的压力加上液柱自身所产生的压力。

二、静力学基本方程式的讨论

（1）在静止的液体中，液体内任一点的压力与液体密度和其所处的深度有关。液体密度越大，深度越深，则该点的压力越大。

（2）在静止的、连续的同一种液体内，处于同一水平面上的各点压力相等。此压力相等的截面称为等压面。（等压面的概念对静力学方程式的应用意义重大）

（3）当液体上方的压力 p_0 或液体内部任一点的压力 p_1 有变化时，液体内部各点的压力 p 也发生同样大小的变化。

（4）静力学方程式是以液体为例推导出来的，液体的密度可视为常数，而对于气体，其密度除了随温度变化外还随着压强而改变，因此，也随它在容器内的位置高低而变化，但在化工容器中这种变化一般可以忽略。因此，静力学方程式对压力变化不大的气体及均相混合物都是适用的，因此称之为流体静力学方程式。

三、静力学基本方程式在化工生产过程中的应用

流体静力学基本方程式在化工生产过程中应用广泛，通常用于测量流体的压力或压差、液体的液位高度等。

（1）测量流体的压力或压差

① U形管压差计。U形管压差计的结构如图 1-6 所示，系由两端开口的 U 形玻璃管，中间配有读数标尺所构成。使用时管内装有指示液，指示液要与被测流体不互溶，不起化学作用，且其密度 $\rho_{指}$ 应大于被测流体的密度 ρ。通常采用的指示液有水、油、四氯化碳或汞等。

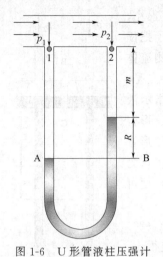

图 1-6 U 形管液柱压强计

图 1-6 所示，当 U 形管压差计两支管分别与管路（或设备）中两个不同压力的测压口相连接，流体即进入两支管内，指示液的上面为流体所充满。设流体作用在两支管口的压力为 p_1 和 p_2，且 $p_1 > p_2$，则左支管内的指示液面必下降，而右支管内的指示液液面必上升，稳定时显示出指示剂的液面差 R，由读数 R 可求出 U 形管两端的流体压差（$p_1 - p_2$）。

在图 1-6 中，水平面 A—B 以下的管内都是指示液，设 B 液面上作用的压力分别为 p_A 和 p_B，因为在相同流体的同一水平面上，所以 p_A 与 p_B 应相等。即：$p_A = p_B$

根据流体静力学基本方程式分别对 U 形管左侧和 U 形管右侧进行计算、整理得：

$$p_1 - p_2 = (\rho_{指} - \rho) R g \tag{1-18}$$

由式(1-18)可知，压差（$p_1 - p_2$）的大小只与指示液的位差读数 R 及指示液同被测流体的密度差有关。

【应用 5】 如图 1-7 所示，敞口容器内盛有不互溶的油和水，油层和水层的厚度分别为 700mm 和 600mm。在容器底部开孔与玻璃管相连。已知油与水的密度分别为 800kg/m³ 和 1000kg/m³。

（1）判断 B 与 B′、A 与 A′点的压力是否相等；
（2）计算玻璃管内水柱的高度。

分析：

（1）判断题给出的两关系式是否成立

$p_A = p_A'$ 的关系成立。因 A 与 A′两点在静止的连通着的同一流体内，并在同一水平面上。所以截面 A—A′称为等压面。

$p_B = p_B'$ 的关系不能成立。因 B 及 B′两点虽在静止流体的同一水平面上，但不是连通着的同一种流体，即截面 B—B′不是等压面。

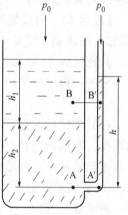

图 1-7 应用 5 示意图

（2）计算玻璃管内水的高度 h

由上面讨论知，$p_A = p_A'$，而 $p_A = p_A'$ 都可以用流体静力学基本方程式计算，即 $p_A = p_0 + \rho_1 g h_1 + \rho_2 g h_2$

$p_A' = p_0 + \rho_2 g h$

于是：

$$p_0 + \rho_1 g h_1 + \rho_2 g h_2 = p_0 + \rho_2 g h$$

简化上式并将已知值代入，得

$$800 \times 0.7 \text{m} + 1000 \times 0.6 \text{m} = 1000 h$$

解得

$$h = 1.16 \text{m}$$

若被测流体是气体，气体的密度比液体的密度小得多，即 $(\rho_{指} - \rho) \approx \rho_{指}$，于是上式可简化为：

$$p_1 - p_2 = \rho_{指} R g \tag{1-19}$$

U 形管压差计所测压差或压力一般在 1atm 的范围内。其优点是：构造简单，测压准确，价格便宜。不足之处是玻璃管易碎，不耐高压，测量范围狭小，读数不便。通常用于测量较低的表压、真空度或压差。

② 微差压差计。由式(1-19)可以看出，若所测量的压力差很小，U形管压差计的读数 R 也就很小，有时难以准确读出 R 值。为了把读数 R 放大，除了在选用指示液时，尽可能地使其密度 $\rho_{指}$ 与被测流体的密度 ρ 相接近外，还可采用如图 1-8 所示的微差压差计。其特点是：压差计内装有两种密度相近、且互不相溶的指示液 A 和 C，而指示液 C 与被测流体亦应不互溶；且 $\rho_A > \rho_C > \rho_B$。为了读数方便，在 U 形管的两侧臂顶端各装有扩大室，俗称"水库"。扩大室的截面积比 U 形管的截面积大很多，即使 U 形管内指示液 A 的液面差 R 很大，仍可认为两扩大室内的指示液 C 的液面维持等高。于是压力差（$p_1 - p_2$）便可由下式计算，即

$$p_1 - p_2 = (\rho_A - \rho_C)gR \qquad (1-20)$$

由式(1-20)可知，适当选取 A、C 两种指示液，使其密度差很小，其读数便可比普通 U 形管压差计大若干倍。U 形管压差计主要用于测量气体的微小压力差。工业上常用的双指示液有石蜡油与工业酒精；苯甲醇与氯化钙溶液等。

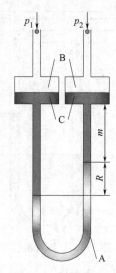

图 1-8 微差压差计

【应用6】 测量催化剂填装的均匀性。即测量催化剂管路进出口两点的压力差。用 $4m^3$（标态）的风通入装填好的催化剂管路，然后用普通 U 形管压差计连接进出口，指示液为汞，其密度为 $13600 kg/m^3$，测定读数 R 为 150mm。问催化剂进出管的压差为多少？

分析：由于所测压力差未变，故：

$$p_1 - p_2 = \rho_{指} Rg = 13600 \times 0.15 \times 9.81 Pa = 20 kPa$$

(2) 液位的测量 在化工生产过程中，经常需要掌握和控制各类容器中的储液量和液位的高度。利用液位计对容器中的液位进行测量，是实际生产中常见的工作。一般常用的液面计有玻璃管液面计和液柱压差计等。

① 玻璃管液位计。图 1-9 所示为玻璃管液面计，多用于容积较小的储罐。其主要构造为一玻璃管，管的上下两端分别与容器内气、液相相通，罐内液面的高低就在玻璃管内显现出来。这种液面计构造简单、测量直观、使用方便，缺点是玻璃管易破损，且不便于夜间和远处观测，更不能传输液位信号。

② 液柱压差计。图 1-10 所示为液柱压差计。连通管中放入的指示液，其密度 $\rho_{指}$ 远大于容器内液体密度 ρ。这样可利用较小的指示液液位读数来计量大型容器内储藏的液体高度。

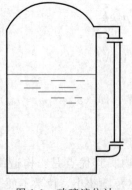

图 1-9 玻璃液位计

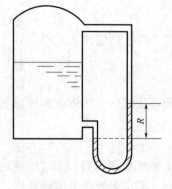

图 1-10 液柱压差计

因为液体作用在容器底部的静压强和容器中所盛液体的高度成正比,故由连通玻璃管中的读数 R,便可推算出容器内的液面高度 h。即:

$$h = \frac{R\rho_{指}}{\rho} \tag{1-21}$$

【应用 7】 掌握储罐液位高度的测量方法。如图 1-10 所示容器内存有密度为 800kg/m^3 的物料,U 形管压差计中的指示液为水银,读数 200mm。求容器内物料的液面高度。

分析:设容器上方气体压力为 p_0,物料液面高度为 h,则

$$p_0 + \rho_{料} gh = p_0 + \rho_{指} gR$$

即

$$h = R\rho_{指}/\rho_{料}$$

已知

$$\rho_{物料} = 800\text{kg/m}^3, \rho_{指} = 13600\text{kg/m}^3$$

故

$$h = 0.2 \times 13600/800 \text{m} = 3.4\text{m}$$

比较:3.4m 高的料液,用指示剂水银表达,高度仅为 0.2m。

(3) 液封高度的计算 用流体静力学基本方程式确定制药生产中设备的液封高度,是这一方程式的又一工程应用。现用实例说明。

【应用 8】 安全液封问题的解决方法。如图 1-11 所示:某厂为了控制乙炔发生炉内的压力不超过 10.7kPa(表压),在炉外装一安全液封(习惯称为水封)装置。液封的作用是,当炉内压力超过规定值时,气体便从液封管排除。试求此炉的安全液封管应插入槽内水面下的深度 h。

分析:以水封管口作为基准水平面 0—0,在其上取 1、2 两点,其压力

$$p_1 = 炉内压力 = 大气压力 + 10.7 \times 10^3 \text{Pa}$$

$$p_2 = 大气压力 + h\rho_{水} g$$

因 1、2 两点在同一静止液体的同一水平面上,所以

$$p_1 = p_2$$

$$9.81\text{m/s}^2 \times 1000\text{kg/m}^3 \times h = 10.7 \times 10^3 \text{Pa}$$

得到:

$$h = 1.09\text{m}$$

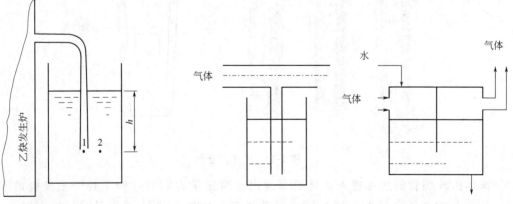

图 1-11 应用 8 示意图　　　　图 1-12 几种简单的液封装置

在应用流体静力学基本方程式时,应当注意以下几点:
① 正确选择等压面。等压面必须在连续、相对静止的同种流体的同一水平面上。
② 基准面的位置可以任意选取,选取得当可以简化计算过程,而不影响计算结果。计

算时,方程式中各项物理量的单位必须一致。

生产中常用的液封装置如图 1-12 所示。

任务六　了解流体动力学在化工生产中的应用

一、流体的流量和流速

1. 流量

流量是指单位时间内流经管道任一截面的流体量。常用的表达方法为体积流量和质量流量。

(1) 质量流量 (q_m) 是指单位时间内流经管道任一截面流体的质量。

$$q_m = \frac{m}{\tau}, \text{单位为 kg/h（或 kg/s）}$$

(2) 体积流量 (q_V) 是指单位时间内流经管道任一截面流体的体积。

$$q_V = \frac{V}{\tau}, \text{单位为 m}^3/\text{h（或 m}^3/\text{s）}$$

(3) 质量流量和体积流量间的关系

$$q_m = \rho q_V \tag{1-22}$$

(4) 流体流量的测量

在化工生产过程中,常常需要测量流体的流量。测量流体流量的仪表很多,常用的有转子流量计、孔板流量计、文丘里流量计等。下面主要介绍转子流量计。

转子流量计的构造如图 1-13 所示,转子流量计的外管是略呈圆锥形、带刻度的、下细上粗的倒锥形玻璃管,内部有直径略小于玻璃管直径的转子（浮子）,转子材料的密度应大于被测流体的密度。

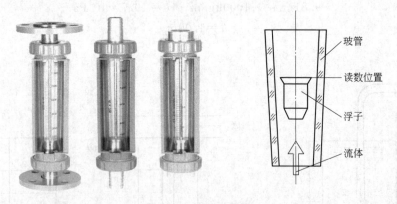

图 1-13　转子流量计

流体由玻璃管的底部进入,从顶部流出。当流量为零时,转子处于玻璃管的底部；当一定流量的流体自下而上通过转子与玻璃管的间隙,流体流动所产生的上升力大于转子在流体中的净重力时,转子就会上升,直到在某一位置合力为零时,转子静止。此时,转子最大截面处所对应的刻度就是被测流体的流量。故读数时应读取最大端面对应的流量数据。

流体通过管壁与转子之间管的环隙时,由于流通通道变窄,截面积减小,所以流体的流速增大,静压力降低,使转子上下产生压力差 Δp。当作用于转子的上升力(包括由压力差产生的向上净压力和流体对转子的浮力)等于转子的净重力时,转子在流体中处于平衡状态。即静压力差 $=\Delta p \cdot A_R$,方向向上;转子自身重力 $=V_R \rho_R g$,方向向下;流体对转子的浮力 $=V_R \rho g$,方向向上。则有:

$$\Delta p \cdot A_R = V_R \rho_R g - V_R \rho g$$

式中　Δp——转子上下流体的压力差,Pa;

V_R——转子的体积,m³;

A_R——转子最大横截面积,m²;

ρ_R——转子材料的密度,kg/m³;

ρ——流体的密度,kg/m³。

可见,转子流量计属于恒压差、变截面积的流量计,它具有读数方便、阻力损失小、测量范围较宽的优点,在生产中应用非常广泛。但由于玻璃管不能承受高温高压及易碎的缺点,使得其在使用过程中受到一定的限制。

一般情况下,转子流量计的刻度是在出厂前用20℃的清水(液体流量计)或20℃、101.3kPa的空气(气体流量计)进行标定的,若用来测量其他介质,则应进行校核或重新标定。

转子流量计必须垂直安装在管路上,如图1-14所示,而且流体必须下进上出,操作时应该缓慢开启阀门,以免转子突然升降击碎玻璃管。

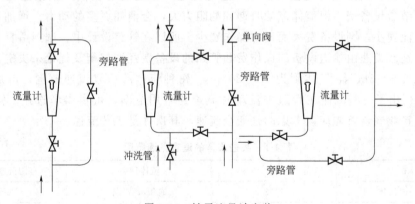

图1-14　转子流量计安装

转子的材料有不锈钢、塑料、玻璃和铝等,可根据流体性质和测量范围选择。转子流量计可用于DN50以下的管道系统中,耐压可达0.3~0.4MPa。

2. 流速

(1) 流速　单位时间内流体在流动方向上流过的距离,其单位为m/s。

(2) 平均流速　实验证明,如图1-15所示,当流体在通道内流动时,通道任一界面上径向流动的各点的流速不相等。由于管壁上流体对管壁的浸润作用或者说流体对管路壁面的附着力,使这部分流体留在管壁上,那么它的流速就为零,而由于流体间分子作用力的存在,这部分流体对相邻的流体流动就产生了阻碍力,距离管壁越远,这种阻碍力就越小,因而使流体内部产生速度差,管路中心处的流体速度最高,越

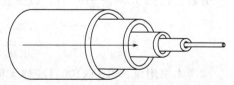

图1-15　流体在圆管内分层流动

靠近管壁流速越小，管壁处流体速度最小。

因此，在工程计算中常使用通道截面积的平均流速，其表达式为

$$u = \frac{q_V}{A} \tag{1-23}$$

式中　q_V——流体的体积流量，m^3；

　　　A——垂直于流体流向的管路径向截面积，m^2。

当流体在内径为 d 的圆形直管内以速度 u 流过时，其流量可以表示为：

$$q_V = uA = \frac{\pi}{4}d^2 u \tag{1-24}$$

$$q_m = \frac{\pi}{4}d^2 u\rho \tag{1-25}$$

3. 流量和流速——流量方程式

描述流体流量、流速和流通截面积相互关系的公式称为流量方程式，利用流量方程式可以计算流体在管道中的流量、流速或管道的直径。输送管道的截面一般情况下均为圆形，若 d 为管子的内直径，则管子截面积 $A = \frac{\pi}{4}d^2$，代入流量方程式，得

$$d = \sqrt{\frac{4q_V}{\pi u}} = \sqrt{\frac{q_V}{0.785u}} \tag{1-26}$$

由上式可知，当流量为定值时，必须选定流速，才能确定管径。流速越大，则管径越小，这样可节省设备费，但流体流动时遇到的阻力大，会消耗更多的动力，增加日常操作费用；反之，流速小，则设备费大而日常操作费少。所以在管路设计中，选择适宜的流速是十分重要的，适宜流速由输送设备的操作费和管路的设备费经济权衡及优化来决定。通常，液体的流速取 0.5~3m/s，气体则为 10~30m/s。每种流体的适宜流速范围，可从手册中查取。表 1-1 列出了一些流体在管道中流动时流速的常用范围，可供参考选用。需要注意的是，对于生产物料，首先应该考虑的是安全流速，其次才是工艺流速。

表 1-1　某些流体的适宜流速范围

流体种类	范围流速/(m/s)	流体种类	范围流速/(m/s)
水及一般液体	1~3	饱和水蒸气：	20~40
黏性液体，如油	0.5~1	<0.3kPa(表压) <0.8kPa(表压)	40~60
常压下一般气体	10~20	<3.6kPa(表压)	80
压强较高的气体	15~25	过热蒸气	30~50

由于管径已经标准化，所以经计算得到管径后，应按照标准选定。可参看附录。

通常钢管的规格以外径和壁厚来表示，即：ϕ 外径×壁厚。

【应用 9】　水管的流量为 $45m^3/h$，试选择水管的型号。

分析： 已知 $q_V = \frac{45}{3600} m^3/s$，取适宜流速 $u = 1.5m/s$，代入公式，则

$$d = \sqrt{\frac{q_V}{0.785u}} = \sqrt{\frac{45}{3600 \times 0.785 \times 1.5}} m = 0.103m = 103mm$$

参考本书附录，选 DN100（或称 4 英寸）水管，其外径为 114mm，壁厚为 4mm，内径为（114−2×4）mm = 106mm。因选定的管子内径比计算值大，则流速比原选值小。如果需

要确认流速的实际值是否还在合适的范围之内,可用下式校核,即

$$u=\frac{q_V}{A}=\frac{q_V}{\frac{\pi}{4}d^2}$$

式中　d——最后选定的管子内径,m。

本应用的实际流速为

$$u=\frac{q_V}{\frac{\pi}{4}d^2}=\frac{45}{3600\times0.785\times0.106^2}\text{m/s}=1.42\text{m/s}$$

仍在适宜流速范围内。

二、稳定流动和非稳定流动

1. 稳定流动

流体在管内或通道内流动时,任一截面(与流体的流动方向相垂直)处流体的流速、压力、密度等有关物理量仅随位置而改变,不随时间而变,这种流动称为稳定流动,也称为定常流动。如图1-16(a)所示,1—1截面与2—2截面处压力 p、流速 u 等均不相同,但由于溢流,使槽内液位高度保持不变,p、u 均不随时间而改变,为稳定流动。

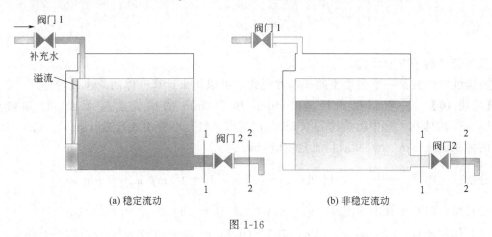

图 1-16

2. 非稳定流动

流体在流动时,任一截面处流体的流速、压力、密度等有关物理量不仅随位置而变,而且随时间而变,这种流动称为不稳定流动。如图1-16(b)所示。

在化工生产中,流体输送操作多属于稳定流动。所以本章只讨论稳定流动。

三、流体稳定流动时的物料衡算——连续性方程

当流体在密闭管路中作稳定流动时,既不向管中添加流体,也不发生漏损,则根据质量守恒定律,通过管路任一截面的流体质量流量应相等。这种现象称为流体流动的连续性。

如图1-17所示,在管路中任选一段,流体充满整个管道,流体经此管从截面1—1流入到截面2—2流出,流体在两截面间作稳定流动。流体完全充满管路。则物料衡算式为

$$q_{m1}=q_{m2}=\text{常数} \tag{1-27}$$

可得 $\quad u_1\rho_1A_1=u_2\rho_2A_2=\text{常数} \tag{1-28}$

推广至该管路系统的任意截面，
$$q_m = u\rho A = 常数$$
上式即为流体流动的连续性方程式。

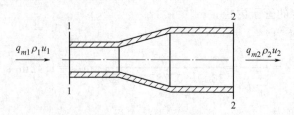

图1-17 流体的稳定流动

若流体是不可压缩性的液体，则其密度不变，即$\rho_1 = \rho_2$，则式(1-28)可写成
$$u_1 A_1 = u_2 A_2 = 常数$$
或
$$\frac{u_1}{u_2} = \frac{A_2}{A_1} \tag{1-29}$$
即流速与截面积成反比。

对于圆形截面的管子，$A = \frac{\pi}{4} d^2$，式(1-29)可改写为
$$\frac{u_1}{u_2} = \left(\frac{d_2}{d_1}\right)^2 \tag{1-30}$$
即流速与管径的平方成反比。

连续性方程式是一个很重要的基本方程式，可以用来计算流体的流速或管径。

【应用10】 一管路由内径为100mm和200mm的钢管连接而成。已知密度为1186kg/m³液体在大管中的流速为0.5m/s，试求：(1)小管中的流速(m/s)；(2)管路中液体的体积流量(m³/h)和质量流量(kg/h)。

分析： 由式$\frac{u_1}{u_2} = \left(\frac{d_2}{d_1}\right)^2$，已知：$d_1 = 0.1m$，$d_2 = 0.2m$，$u_2 = 0.5m/s$

于是得：(1) 小管中的流速 $u_1 = u_2(d_2/d_1)^2 = 0.5 \times (0.2/0.1)^2 = 2m/s$

(2) 体积流量 $q_V = u_1 A_1 = 2 \times 0.785 \times (0.1)^2 m^3/s = 00157 m^3/s = 56.52 m^3/h$

质量流量 $q_m = q_V \cdot \rho = 56.52 \times 1186 kg/h = 67032.72 kg/h$

四、流体稳定流动时的能量衡算——伯努利方程

流体在稳定流动时，应服从能量守恒定律。依据这一定律，单位时间内输入管路系统的能量应等于从管路系统中输出的能量。伯努利方程式就是依据这一定律导出的。流体流动时的能量形式主要为机械能。

1. 流体流动时所具有的机械能

(1) 位能 流体在重力场中，相对于基准面具有的能量。从物理学可知，它相当于将质量m(kg)流体自0—0截面升举至高度h，为克服重力所需要做的功。即由于流体几何位置的高低而决定的能量，称为位能。位能是一个相对值，其大小随所选基准水平面的位置而定，但位能的差值与基准面的选择无关。

$$质量为m(kg)流体的位能 = mgz \quad J$$

$$1\text{kg}(单位质量)流体的位能=\{zg\} \qquad [\text{J/kg}]$$

$$1\text{N}(单位重量)流体的位能=\{z\} \qquad [\text{m 液柱}]$$

（2）动能　由于流体以一定流速流动而具有的能量，称为动能。

$$质量为 m(\text{kg})的流体所具有的动能=\frac{1}{2}mu^2 \qquad \text{J}$$

$$1\text{kg}(单位质量)流体的动能=\left\{\frac{u^2}{2}\right\} \qquad [\text{J/kg}]$$

$$1\text{N}(单位重量)流体的动能=\left\{\frac{u^2}{2g}\right\} \qquad [\text{m 液柱}]$$

（3）静压能　静止流体内部任一处都有一定的静压强。流动着的流体内部任何位置也都具有一定的静压强。如图 1-18 所示，如果在有液体流动的管道壁面上开孔，并与一根垂直的玻璃管相接，液体便会在玻璃管内上升，上升的液体高度便是流动的流体在该截面处静压强的表现。流动流体通过某截面时，由于该处流体具有一定的压力，这就需要对流体做相应的功，以克服此压力，才能把流体推进系统。故要通过某截面的流体只有带着与所需功相当的能量时才能进入系统。流体所具有的这种能量称为静压能或流动功。

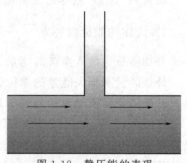

图 1-18　静压能的表现

如图 1-19 所示，截面 1—1 上具有的压强为 p_1，流体要流入 1—1，必须克服该截面上的压力而做功，称为流动功。也就是说，流体在 p_1 下进入 1—1 截面时必然带着与此流动功量相当的能量，流动流体具有的这部分能量称为压强能。

质量 m（kg）流体在 1—1 截面处的体积为 V_1，将此体积流体推过截面积为 A_1 的 1—1 截面走过的距离为 $L=\dfrac{V_1}{A_1}$，此过程的流动功，即进入该截面的压强能为：

$$FL=p_1 A_1 \frac{V_1}{A_1}=p_1 V_1=p_1 \frac{m}{\rho}$$

即：
$$质量为 m(\text{kg})流体的静压能=\frac{mp}{\rho} \qquad \text{J}$$

$$1\text{kg 流体的静压能}=\left\{\frac{p}{\rho}\right\} \qquad [\text{J/kg}]$$

$$1\text{N}(单位重量)流体的动能=\left\{\frac{p}{\rho g}\right\} \qquad [\text{m 液柱}]$$

因此，质量 m（kg）流体的总机械能（J）为

$$mgz+\frac{1}{2}mu^2+\frac{mp}{\rho}$$

1kg 流体的总机械能为

$$\left\{zg+\frac{u^2}{2}+\frac{p}{\rho}\right\} \qquad [\text{J/kg}]$$

1N 流体的总机械能为

$$\left\{z+\frac{u^2}{2g}+\frac{p}{\rho g}\right\} \qquad [\text{m 液柱}]$$

2. 流体与外部的能量交换

（1）外加能量　流体通过流动系统中的输送机械时所获得的能量，称为外加能量。如泵

将外部能量（电能、蒸汽等）转化为流体的机械能。

1kg 流体从输送机械所获得的机械能，用 $W_功$ 表示，单位为 J/kg。

质量为 m (kg) 的流体从输送机械所获得的外加能量为 $mW_功$，或用 W_e 表示，单位 J。

1N（单位重量）流体的动能 $\dfrac{W_功}{g}=H_功$，单位为 m 液柱。

(2) **损失能量** 流体流动时因克服摩擦阻力而消耗的部分能量。这部分能量在流动过程中转化为热，散失于周围的环境中或使流体温度略有升高，总之这部分能量不能回收用于输送流体而是损失掉了。

1kg 流体在输送范围内损失的能量用符号"$\sum h_损$"表示，单位为 J/kg。

质量 m (kg) 流体的能量损失为"$m\sum h_损$"，单位为 J。

1N 流体的能量损失为 $\dfrac{\sum h_损}{g}=H_损$，单位为 m 液柱。

外加能量为输入系统的能量，损失能量为输出系统的能量。

外加能量和损失能量的单位必须与机械能的单位统一。

3. 流体稳定流动时的能量衡算

在图 1-19 所示的稳态流动系统中，通过能量衡算，可以得出流体流动时的伯努利方程。

衡算范围：1—1 截面至 2—2 截面之间

基准水平面：0—0 截面

衡算基准：1kg 流体（即单位质量流体）

按照能量守恒定律，输入系统的总机械能一定等于由系统中输出的总能量（J/kg）。即

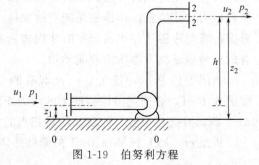

图 1-19 伯努利方程

$$z_1 g + \frac{u_1^2}{2} + \frac{p_1}{\rho} + W_功 = z_2 g + \frac{u_2^2}{2} + \frac{p_2}{\rho} + \sum h_损 \tag{1-31}$$

式(1-31)即伯努利方程式，它是以单位质量为基准的。

在伯努利方程的各种工程实际应用中，为了计算方便，常可采用不同的衡算基准，得到不同形式的衡算方程。采用时以方便工程计算和应用为原则。

4. 伯努利方程的讨论

(1) **理想流体的伯努利方程** 理想流体的特征是密度不随压力变化，没有摩擦力，不具有黏性，因而流动时亦不产生摩擦阻力。实际生产中，理想流体是不存在的，但这种假设对应用分析、解决工程实际问题具有重要意义。实际液体的可压缩性很小，热膨胀系数也不大，以水为例，压力增加 101.3kPa，其体积减小 0.0044%～0.0047%，当压力增加 10.13MPa 时，体积仅减少 1/200，从这些方面看，且当液体流动时的摩擦阻力很小时或可以忽略，实际流体接近理想流体。理想流体只是实际流体的一种抽象"模型"。但任何科学的抽象都能帮助我们更好地分析解决实际问题。

当理想流体在一密闭管路中作稳定流动时，由能量守恒定律可知，进入管路系统的总能量应等于从管路系统带出的总能量。在无其他形式的能量输入和输出的情况下，理想流体进行稳定流动时，在管路任一截面的流体总机械能是一个常数。即

$$zg + \frac{u^2}{2} + \frac{p}{\rho} = 常数$$

如图 1-20(a) 所示，也就是将流体由截面 1—1 输送到截面 2—2 时，两截面处流体的总机械能相等，但位能、动能、静压能均不相同。即有：

$$z_1 g + \frac{u_1^2}{2} + \frac{p_1}{\rho} = z_2 g + \frac{u_2^2}{2} + \frac{p_2}{\rho} \tag{1-32}$$

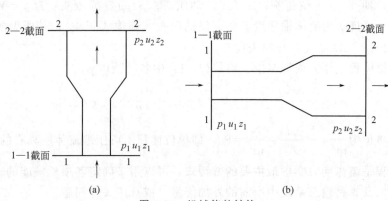

图 1-20 机械能的转换

上式是以单位质量的流体为基准，其各项的单位为 J/kg。

由伯努利方程可知，对理想流体，流体在任一截面上，各种机械能的总和为常数。但并不意味着流体在各个截面上的动能或位能或静压能是固定不变的。即：流动的流体在不同截面间每一种形式的机械能不一定相等，但各种机械能的形式可以互相转化，机械能的总和不变。我们可以用下面的能力训练来说明。

【能力训练】 判断图 1-20(b) 中机械能的转化关系。某流体在一变径管内由 1—1 截面向 2—2 截面稳定流过，若不计阻力损失，则两截面的压力（p_1 和 p_2）之间有什么关系？请将分析的依据和讨论的结果写明。

分析：某流体由 1—1 截面向 2—2 截面稳定流过，水平位置，位能不变；1—1 截面管路管径较 2—2 截面的管径小，故 1—1 截面管路内流体流速较 2—2 截面的流速大，也就是说流体流至 2—2 截面时动能减少，而依据总机械能不变的原则，那么 2—2 截面的静压能必然增大。

结论：流体由 1—1 截面向 2—2 截面稳定流过，位能不变，动能减小，静压能增大。

(2) 当 $W_{功} = 0$，而 $\sum h_{损} \neq 0$ 时

$$z_1 g + \frac{u_1^2}{2} + \frac{p_1}{\rho} = z_2 g + \frac{u_2^2}{2} + \frac{p_2}{\rho} + \sum h_{损} \tag{1-33}$$

由上式可知，只有在上游截面（1—1 截面）的能量大于下游截面（2—2 截面）的能量时，流体才能自发流动。也就是说流体在管路中流动时，只能从机械能较高处自动流向较低处，反之就必须自外界加入能量。即：两截面间的总机械能差就是流体流动的推动力。

(3) 当流体静止时，有 $W_{功}=0$，$\sum h_{损}=0$，$u_1 = u_2 = 0$，有

$$z_1 g + \frac{p_1}{\rho} = z_2 g + \frac{p_2}{\rho}$$

整理可得静力学方程式 $p_2 = p_1 + \rho g (z_2 - z_1) = p_1 + \rho g h$

由此可见，流体静止是流体流动的特殊形式。

(4) 以单位重量（1N）流体为衡算基准 将式(1-31) 中各项除以 g，得到

$$z_1 + \frac{u_1^2}{2g} + \frac{p_1}{\rho g} + H_{功} = z_2 + \frac{u_2^2}{2g} + \frac{p_2}{\rho g} + H_{损} \tag{1-34}$$

式中各项单位为 $\dfrac{J}{N}=\dfrac{N \cdot m}{N}=m$，其物理意义为每牛顿重量的流体所具有的能量，亦可理解为流体柱的某种高度。例如：$\dfrac{p_1}{\rho g}$ 可理解为压强 p_1 使密度为 ρ 的流体升起的高度，通常将其称为压头，即——z，位压头；$u^2/2g$，动压头；$p/\rho g$，静压头；$H_{功}=W_{功}/g$，外加压头，外加压头可理解为流体输送设备所提供的压头（即输入压头），其所做的功可将流体升起的高度；$H_{损}=\sum h_{损}/g$，称损失压头。

（5）以单位体积流体为衡算基准 将式(1-31)中各项乘以 ρ，得

$$\rho g z_1+\dfrac{\rho u_1^2}{2}+p_1+\rho W_{功}=\rho g z_2+\dfrac{\rho u_2^2}{2}+p_2+\rho \sum h_{损} \tag{1-35}$$

式中各项单位为 $\dfrac{J}{m^3}=\dfrac{N \cdot m}{m^3}=\dfrac{N}{m^2}=Pa$，即单位体积不可压缩流体所具有的能量。

伯努利方程是流体动力学中最主要的方程式，可以用来确定各项机械能的转换关系、计算流体的流速以及管路输送系统中所需的外加能量（或）压头等问题。

（6）伯努利方程是依据不可压缩流体的能量守恒而得出的，故只适用于液体。对于气体，当所取系统两截面之间的绝对压力变化小于原来压力的 $20\%\left(\dfrac{p_1-p_2}{p_1}<20\%\right)$ 时，仍可使用。方程中的流体密度应以两截面之间流体的平均密度 $\rho_{均}$ 代替。这种处理方法带来的误差在工程计算中是允许的。

5. 伯努利方程的应用

应用伯努利方程时应注意以下各点。

（1）截面选取 先要根据流体的流动方向，定出管路的上游截面 1—1 和下游截面 2—2，以明确所讨论的流动系统的范围。两截面应与流体流动的方向相垂直，并且流体在两截面之间是连续稳定流动的。所求的物理量应当在两截面体现，其余物理量应是已知或通过其他关系计算出来。

（2）位能基准面 基准面必须是水平面，故又称基准水平面。原则上可以任意选定，通常把基准面选在低截面处，使该截面处 z 值为零，另一个 z 值等于两截面间的垂直距离，简化计算。

（3）统一计量单位 伯努利方程中各项物理量的单位必须一致。方程两边流体的压力可以同时用绝压或表压，因为求的是压差值，但一定要统一。

（4）如果两个横截面积相差很大，如大截面容器和小管路，则可取大截面的流速为零。

（5）不同基准伯努利方程式的选用 通常依据工程应用中损失能量（J/kg）或损失压头（m 流体柱）的单位，选用相同基准的伯努利方程。

下面举几个例子说明伯努利方程式的应用。因损失能量的计算将在后面内容中讨论，所以应用中的损失能量都先给出，以便进行计算。

（1）确定流体的流速

【应用 11】 如图 1-21 所示，在管路中有相对密度为 0.9 的液体流过。大管的内径是 106mm，小管的内径是 68mm。大管 1—1′ 截面处液体的流速为 1m/s，压力为 120kPa（绝）。

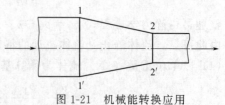

图 1-21 机械能转换应用

求小管 2—2′ 截面处液体的流速和压力。

分析： 已知 $\rho = 0.9 \times 1000 \text{kg/m}^3 = 900 \text{kg/m}^3$，$d_1 = 0.106\text{m}$，$d_2 = 0.068\text{m}$，$u_1 = 1\text{m/s}$，$p_1 = 120\text{kPa} = 1.2 \times 10^5 \text{Pa}$

根据连续性方程式，可求得小管 2—2′ 截面处液体的流速 u_2

解决： ① $u_2 = u_1 \left(\dfrac{d_1}{d_2}\right)^2 = 1 \times \left(\dfrac{0.106}{0.068}\right)^2 \text{m/s} = 2.43 \text{m/s}$

② 小管中 2—2′ 截面处液体的压力 p_2。列出 1—1′ 截面和 2—2′ 截面之间的伯努利方程式，取管中心线为基准面，则 $z_1 = z_2 = 0$。由于两截面相距很近，损失能量可略去不计，即 $\sum h_损 = 0$。此外，无外功加入，$W_功 = 0$。所以，伯努利方程简化为：

$$\frac{p_1}{\rho} + \frac{u_1^2}{2} = \frac{p_2}{\rho} + \frac{u_2^2}{2}$$

得到：
$$\frac{1.2 \times 10^5}{900} + \frac{1}{2} = \frac{(p_2)_{\text{Pa}}}{900} + \frac{2.43^2}{2}$$

得：$p_2 = 117800 \text{Pa} = 117.8 \text{kPa}$

由本题可见，部分静压能转化成为动能。

(2) 判断高位槽的安装高度 高位槽送料是利用容器、设备之间的位差，将处在高位设备内的液体输送到低位设备内的操作。另外，对于要求流体稳定流动的场合，为避免输送机械带来的波动，也常常设置高位槽。为保证输送任务所要求的流量，只需确定高位槽的高度就可以。

【应用 12】 如图 1-22 所示，高位槽内的水经内径为 $\phi 108 \times 4\text{mm}$ 的钢管被输送到某一设备，若水在输送过程中的能量损失为 20J/kg。当高位槽内水的液面距离管出口的高度为多少时，能保证水的流量为 90m³/h？

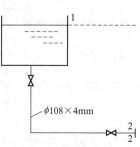

图 1-22 高位槽输送

分析： 该题是伯努利方程中位能问题的解决方向。

① 先确定能量的衡算范围。沿着流体的流动方向，上游为 1—1 截面，下游为 2—2 截面。故取高位槽液面为 1—1 截面，水管出口内侧为 2—2 截面。

② 位能的大小是和基准面有关的，而基准面必须与水平面相平行。这里取 2—2 截面所在管路的水平中心线为位能基准面。因此，2—2 截面的位能为 0，而 1—1 截面的位能取决于高位槽的高度。

③ 动能。1—1 截面、2—2 截面的流速分别用 u_1 和 u_2 表示，在稳定流动的过程中，高位槽的液面为大截面，故 $u_1 = 0$；管出口的流速 u_2 可以通过流量和管径计算出来。

④ 静压能。1—1 截面、2—2 截面的压力分别用 p_1 和 p_2 表示，由于高位槽的上方和水管出口均为常压，故 $p_1 = p_2 = 0$（表压）。

⑤ 1、2 两个截面间没有输送机械提供能量，故 $W_功 = 0$；水在流动过程中的能量损失 $\sum h_损 = 20\text{J/kg}$。

解决： 取高位槽内水的液面为 1—1 截面，管出口为 2—2 截面，以 2—2 截面为基准面，列伯努利方程：

$$z_1 g + \frac{u_1^2}{2} + \frac{p_1}{\rho} + W_功 = z_2 g + \frac{u_2^2}{2} + \frac{p_2}{\rho} + \sum h_损$$

列出方程式中的已知量和未知量

$\begin{cases} z_1=? \\ z_2=0 \end{cases}$ $\begin{cases} p_1=0 \\ p_2=0 \end{cases}$ $\begin{cases} W_{功}=0 \\ \sum h_{损}=20\text{J/kg} \end{cases}$ $\begin{cases} u_1=0 \\ u_2=\dfrac{q_V}{A}=\dfrac{q_V}{\dfrac{\pi}{4}d^2} \end{cases}$

$$u_2=\frac{q_V}{A}=\frac{q_V}{\frac{\pi}{4}d^2}=\frac{4}{3600\times\frac{\pi}{4}\times0.1^2}\text{m/s}=0.14\text{m/s}$$

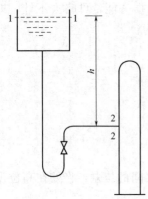

图1-23 能力训练

得到高位槽的高度:将已知量代入方程式得到 $z_1=2.04\text{m}$。

通过设置高位槽,可以提高上游流体的能量,从而确保流体以一定的方向和流量流动。当高位槽的高度确定后,所输送流体的流量也就随之而确定。

【能力训练】 如图1-23所示,密度为 850kg/m^3 的料液从高位槽送入塔中。高位槽内液面维持恒定,塔内表压为 10kPa,进料量为 $5\text{m}^3/\text{h}$。连接管为 $\phi38\times2.5\text{mm}$ 的钢管,料液连接管内流动时的损失能量为 30J/kg。问高位槽内的液面应比塔的进料口高出多少米?

解决: 取高位槽液面为 1—1 截面,出料口内侧为 2—2 截面,并以 2—2 截面出料管中心线为基准面,则

$z_1=?$,$z_2=0$,$p_1=0$(表压),$p_2=10\text{kPa}=10000\text{Pa}$(表压),$u_1=0$,$u_2=q_V/A$,$q_V=\dfrac{5}{3600}\text{m}^3/\text{s}$,$d_2=(38-2.5\times2)\text{mm}=33\text{mm}=0.033\text{m}$,$A=0.785\times0.033^2\text{m}^2$,$u_2=\dfrac{\dfrac{5}{3600}}{0.785\times0.033^2}\text{m/s}=1.62\text{m/s}$,$\sum h_{损}=30\text{J/kg}$,$W_{功}=0$

根据伯努利方程 $z_1 g+\dfrac{u_1^2}{2}+\dfrac{p_1}{\rho}+W_{功}=z_2 g+\dfrac{u_2^2}{2}+\dfrac{p_2}{\rho}+\sum h_{损}$

得: $z_1 g=\dfrac{u_2^2}{2}+\dfrac{p_2}{\rho}+\sum h_{损}=\left(\dfrac{1.62^2}{2}+\dfrac{10000}{850}+30\right)\text{J/kg}=43.1\text{J/kg}$

$z_1=\dfrac{43.1}{g}=\dfrac{43.1}{9.81}\text{m}=4.39\text{m}$

位能被用来克服管路中的全部阻力,故位能可成为流体流动的推动力。

(3)确定外加机械能 通过输送机械来实现流体输送的操作称为输送机械送料。此种操作方式具有输送机械类型多、选择范围大、调节方便的优点,故广泛应用于化工生产中。采用输送机械输送物料时,输送机械的型号及规格必须满足流体的性质及输送任务的要求。

【应用13】 如图1-24所示,用泵将储槽中的水送到尾气吸收塔,已知储槽水面的压力为 100kPa,水管与喷头连接处的压力为 300kPa,

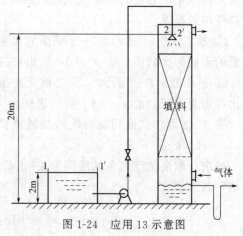

图1-24 应用13示意图

输水管的规格为 $\phi 57 \times 3.5$ mm，输水管与喷头连接处比储槽底面高 20m，储槽液面稳定且高 2m，输送系统的能量损失为 15J/kg，若要完成 $20\text{m}^3/\text{h}$ 的输送任务，选安装水泵的功率为多少？取水的密度为 $1000\text{kg}/\text{m}^3$。

分析：明确能量衡算的范围，即伯努利方程计算的两截面。取储槽内水的液面为 1—1 截面，输水管与喷头连接处为 2—2 截面，以 1—1 截面为位能基准面，列伯努利方程：

$$z_1 g + \frac{u_1^2}{2} + \frac{p_1}{\rho} + W_{功} = z_2 g + \frac{u_2^2}{2} + \frac{p_2}{\rho} + \sum h_{损}$$

解决：

① 以 1—1 截面为基准面，故：$z_1=0$，$z_2=18\text{m}$。

② 在稳定流动的过程中，储槽的液面应该不变，故 $u_1=0$，管出口的流速 u_2 可以通过流量和管径计算出来。

$$u_2 = \frac{q_V}{A} = \frac{4q_V}{\pi d^2} = \frac{\frac{4\times 20}{3600}}{3.14 \times 0.050^2}\text{m/s} = 2.83\text{m/s}$$

③ 储槽水面的压力 $p_1=100\text{kPa}$，输水管与喷头连接处的压力 $p_2=300\text{kPa}$。计算时要把它们单位变成 Pa，才能代入式中。

④ 水在流动过程中的能量损失 $\sum h_{损}=15\text{J/kg}$。输送机械所提供的能量 $W_{功}$ 是我们所要求的未知量，通过它可以得到泵的有效功率。

⑤ 整理得：$W = gz_2 + \frac{1}{2}u_2^2 + \frac{p_2-p_1}{\rho} + \sum h_{损}$

$= [9.81\times 18 + 1/2\times 2.83^2 + (300-100)\times 10^3/1000 + 15]\text{J/kg}$

$= 395.6\text{J/kg}$

⑥ 计算泵的有效功率 $P_{有}$

$$P_{有} = W_{功} q_m = W_{功} \rho q_V = \frac{395.6 \times 1000 \times 20}{3600}\text{W} = 2197.78\text{W} = 2.2\text{kW}$$

应用伯努利方程可解决流体输送中的各种问题。但是，在应用时，要注意几点：首先要画图，并按照流体的流动方向确定能量衡算范围，即公式中的 1—1 截面和 2—2 截面，要求的未知量应该在两截面上，以便于计算。其次，位能基准面的选取也非常重要，为了计算简便，通常取两个截面中位置相对低的截面为基准面。第三，计算过程中的压力要用统一的表示方法，如果截面的绝对压力为常压，可以都用表压表示，即常压为零。第四，解决案例时一定要注意各个量的单位要一致，通常均采用国际单位制。

在流体输送中，除了高位槽送料、利用输送机械送料外，还有压缩空气送料和真空抽料等送料方式。压缩空气送料时，空气的压力必须能够保证完成输送任务，该压力即为伯努利方程式中的 p_1。而真空抽料输送物料时，下游设备的真空度必须满足输送任务的要求，该压力即为伯努利方程式中的 p_2。由此可见，通过伯努利方程式的应用可以解决流体输送过程中所遇到的很多问题。

能 力 训 练

一、简答题

1. 压力有几种表示方法，它们之间有什么关系？
2. 如何判断等压面？

3. 化工管路的连接方式有几种？各有什么特点？
4. 转子流量计安装时注意什么？如何读数？

二、填空题
1. 在连续稳定流动过程中，流速与管径的_____。
2. 理想流体在流动过程中，_____守恒，但动能、静压能、位能_____是恒定不变的。
3. 转子流量计是流体流过节流口的压强差保持恒定，通过变动的_____反映流量的大小，又称_____。转子流量计应_____安装。
4. 在静止的连续的同一种流体中，_____压力相等。
5. 在连续稳定流动过程中，流体流经各个截面的_____相等。
6. 在连续稳定流动过程中，流体的流速与____成____，与____的平方成____。
7. 已知邻二甲苯的相对密度为 0.88，则邻二甲苯的密度是_____。
8. 已知 4℃水的密度是_____，则它的比体积是_____。

三、计算题
1. 20℃的水在 $\phi108mm \times 4mm$ 的无缝钢管中流过，当流速为 1.5m/s 时，水的流量为多少？（分别用体积流量和质量流量表示）
2. 流量为 $7.2m^3/h$ 的某液体在 $\phi57mm \times 3.5mm$ 和 $\phi108mm \times 4mm$ 的管子所组成的变径管中流过，试求两管内液体的流速分别是多少？
3. 普通 U 形管压差计测量 20℃辛醇通过孔板时的压降，指示液为水银，压差计上的读数为 16.2cm。计算辛醇通过孔板时的压力降，以 kPa 表示。（已知水银的密度为 $13600kg/m^3$）
4. 某车间用压缩空气输送 293K 辛醇至高位槽，且高位槽为常压。要求输送任务是 $3.6m^3/h$。输送管子规格为 $\phi57mm \times 3.5mm$，高位槽内液面距离输送管出口 20m，输送过程中的能量损失为 15J/kg，求压缩空气的压力是多少？
5. 如图 1-25 所示，高位槽水面保持稳定，水面距水管出口为 5m，所用管路为 $\phi108mm \times 4mm$ 钢管，若管路损失压头为 6.5m 水柱，求该系统每小时的送水量。

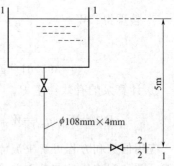

图 1-25 计算题 5 示意图

6. 密度为 $1200kg/m^3$，黏度为 $1.7mPa·s$ 的盐水，在内径为 50mm 钢管中的流量为 $25m^3/h$。最初液面与最终液面的高度差为 24m，管路中直管长为 120m，管路中有 2 个全开的截止阀和 5 个 90°标准弯头。求泵的有效功率。
7. 图 1-26 所示为一冷冻盐水的循环系统。盐水的循环量为 $45m^3/h$，管径相同。流体流经管路的压头损失自 A 至 B 的一段为 9m，自 B 至 A 的一段为 12m。盐水的密度为 $1100kg/m^3$，试求：
(1) 泵的功率，设其效率为 0.65；
(2) 若 A 的压力表读数为 $14.7 \times 10^4 Pa$，则 B 处的压力表读数应为多少 Pa？

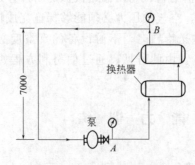

图 1-26 计算题 7 示意图

项目二　认识液体输送机械

【知识目标】
◎ 了解各种液体输送机械基本原理；
◎ 运用伯努利方程计算选取合适的离心泵。

【能力目标】
◎ 能够熟练操作离心泵；
◎ 能够根据生产任务确定选取合适的液体输送机械和输送方式。

▶▶▶ 任务一　了解输送机械的作用

在化工生产中，常常需要将一定量的流体从一个设备输送到另一个设备，从一个车间输送到另一个车间。为节省设备投资与运行费用，在产品工艺设计时尽可能地利用流体的压差和液面的位差以及生产中的自产动力如蒸汽等完成输送任务，使液体从高压区输送至低压区、从高位输送到低位等，即实现流体的自流。但当根据工艺要求，必须将一定量的流体进行远距离输送或者从低位输送至高位、从低压设备输送至高压设备时，根据伯努利方程，就必须要加入外加能量，即加入流体输送机械。也就是利用各种输送机械从外部对流体做功，把电能、高压蒸汽等能量通过输送机械转化给流体，以增加流体的机械能。

正确地选用最适合的输送机械，对于降低设备投资和运行费用，降低产品单耗是非常重要的。在化工工程实际应用中，需要输送的流体性质千差万别，如易燃易爆性、腐蚀性、毒性、挥发性以及密度、黏度等存在很大差异；流体的输送条件（如流量、温度、压强等）以及相态，是否含有颗粒状杂质等均差异很大，这样就对输送机械提出了不同的要求。在生产需求的不断刺激下，化工机械领域发明了许多结构与操作方法各不相同的流体输送机械。根据其工作原理不同，也可以分为离心式、往复式、旋转式和流体作用式。根据输送的流体不同，可分为液体输送机械和气体输送机械。输送气体的机械根据其压力不同可分为通风机、鼓风机或压缩机等；输送液体的机械常称为泵，本项目讨论液体输送机械。

▶▶▶ 任务二　了解离心泵

离心泵是化工生产中应用最为广泛的液体输送机械。它以结构简单、操作方便、流量和压头适用范围广、流量均匀、故障少、适宜输送的介质范围广等优点被广泛应用于生产过程中，据统计，化工生产中使用的泵80%左右为离心泵。

一、离心泵的工作原理

离心泵的结构如图2-1所示，它的基本构件是旋转的叶轮和固定的泵壳。叶轮上有若干片向后弯曲的叶片（相对于泵内液体的流动方向而言），叶轮紧固于泵轴上并安装于泵壳内，泵轴由电机或蒸汽带动旋转从而带动叶轮旋转。泵壳不是正圆形的，而是蜗牛形，故名蜗壳。因而泵壳与叶轮间形成的流通通道沿着液体的流动方向是逐渐变宽的。泵壳中央的吸入口与吸入管相连，排出口与出口管相连，并由出口管上的阀门控制流量。

离心泵是依靠高速旋转的叶轮产生的离心力来工作的。离心其实是物体惯性的表现，比如雨伞上的水滴，当雨伞缓慢转动时，水滴会跟随雨伞转动，这是因为雨伞与水滴的摩擦力作为给水滴的向心力使雨滴能够附着在雨伞上，但是当雨伞转动加快，那么水滴将脱离雨伞向外缘运动，沿着雨伞边缘飞出。这个就是离心力的表现。离心泵就是根据这个原理设计的。

离心泵工作前，先将泵内充满被输送的液体，然后启动离心泵，泵轴带动叶轮高速旋转，叶轮上的叶片带动叶轮间的液体转动，液体在惯性离心力作用下被甩向四周并获得能量，使流向泵壳的液体静压能增高，流速增大。被叶轮排出的液体进入泵壳后，由于流通通道逐渐扩大，流速逐渐降低，大部分动能转换成静压能，然后沿排出管路输送出去；与此同时，叶轮入口处因液体的排出而形成低压区，被输送液体在液面压力和泵中心的低压间的压力差的作用下被吸入泵内。于是，离心泵就连续不断地吸入和排出液体。

二、离心泵主要部件及其构造和作用

1. 离心泵的主要部件

离心泵的主要构件有叶轮、泵壳和泵轴和轴封。离心泵的结构如图 2-1 所示：主要包括蜗壳形的泵壳、泵轴、叶轮、吸入管、排出管、底阀、出口阀门、灌液漏斗和泵座。

在蜗牛形泵壳内，装有一个叶轮，叶轮与泵轴连在一起，可以与轴一起旋转，泵壳上有两个接管，一个在轴向，泵壳中心，连接进口管；一个在切向，连接排出管。

通常，如果泵的安装高度高于被吸入液体的液面时，必须在吸入管的入口安装有一个单向底阀、一个灌液口（满足灌泵需要），在排出管路上装有一调节阀，用来调节流量。

【能力训练】

① 为什么不在入口管路安装阀门？什么情况下能够安装？

② 泵进口管路工艺设计时应短、直、粗还是应长、弯、细，说明你的理由。

（1）叶轮　叶轮是离心泵的核心部件，是将原动机的能量传给液体的部件。叶轮的类型如图 2-2 所示，一般由 6～12 片向后弯曲（相对液体的流动方向）的叶片组成，即叶片的弯曲方向与叶轮的旋转方向相反，构成了数目相同的液体通道。

按有无盖板，叶轮可分为开式、闭式和半开

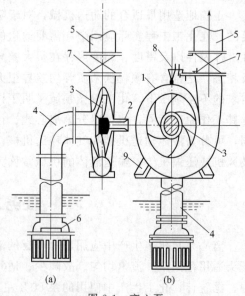

图 2-1　离心泵
1—泵壳；2—泵轴；3—叶轮；4—泵吸入口；
5—泵排出口；6—底阀；7—出口阀；
8—灌液口；9—底座

(a) 闭式　　　　　　(b) 半闭式　　　　　　(c) 开式

图 2-2　叶轮

式，如图 2-2 所示。其中开式叶轮在叶片两侧均无盖板，如图 2-2(c) 所示，适于输送含较多固体悬浮物或带有纤维等杂质的液体物料。但由于叶轮和泵壳之间间隙较大，液体易从泵壳和叶片的高压区侧通过间隙流回低压区和叶轮进口处，即产生回流，故此效率较低。但优势是制造简单，清洗方便。第二种为半闭（开）式叶轮，如图 2-2(b) 所示，半开式叶轮在吸入口一侧无盖板，也就是说只有一块后盖板，适合输送易于沉淀或含有固体悬浮物的液体。其效率也较低。闭式叶轮，如图 2-2(a) 所示，在叶片两侧有前后盖板，适用于输送不含固体杂质的清洁液体。其结构复杂，但回流较少，效率较高。一般离心泵大多采用闭式叶轮。

闭式或半闭式叶轮在运行时，离开叶轮的高压液体由于同叶轮后盖板与泵壳间的空隙处连通，使盖板后侧也受到高压作用，而叶轮前盖板的吸入口附近为低压，故液体作用于叶轮前后两侧的压力不等，便产生指向叶轮吸入口方向的轴向推力。该力引起泵轴上轴承等部件处于不均等的受力状态，将叶轮推向入口侧，使叶轮与泵壳接触而产生摩擦，严重时造成泵的振动和运转不正常。为了减小轴向推力，常常在叶轮后盖板上钻一些小孔称为平衡孔，如图 2-3 中 1，使部分高压液体漏到低压区，以减小叶轮两侧的压差，从而减小轴向推力，但泵的效率也会因此有所降低。

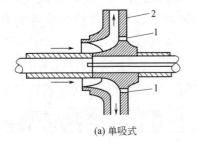

(a) 单吸式　　　　　　　　　　　(b) 双吸式

图 2-3　吸液方式

1—平衡孔；2—后盖板

按吸液方式的不同，叶轮可分为单吸式和双吸式两种，如图 2-3 所示。单吸式叶轮的构造简单，液体只能从叶轮一侧被吸入。双吸式叶轮可同时从叶轮两侧对称地吸入液体。显然，双吸式叶轮具有较大的吸液能力，这种叶轮可以消除轴向推力，但叶轮本身和泵壳的结构较复杂。

(2) 泵壳　离心泵的泵壳是蜗壳状的，叶轮与泵壳形成了一个截面逐渐扩大的蜗壳形的通道，如图 2-4 所示。叶轮在壳内顺着蜗形通道逐渐扩大的方向旋转，越接近液体出口，通道截面积越大。因此，液体从叶轮外缘以高速被抛出后，沿泵壳的蜗形通道向排出口流动，流速便逐渐降低，减少了能量损失，且使大部分动能有效地转化为静压能。一般液体离开叶

图 2-4 泵壳与叶轮

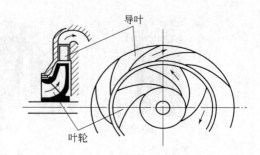

图 2-5 叶轮与导轮

轮进入泵壳的速度可达 15~25m/s 左右，而到达出口管时的流速仅为 1~3m/s 左右。所以泵壳不仅作为一个汇集由叶轮抛出液体的部件，而且本身又是一个转能装置。

对于大型离心泵，为了减少液体直接进入蜗壳时的碰撞造成的能量损失，可在叶轮与泵壳之间装有如图 2-5 中所示的导轮。导轮是一个固定在泵壳内不动的、带有前弯形叶片的圆盘，由于导轮具有很多逐渐转向的通道，使高速液体流过时均匀而缓和地将动能转变为静压能，从而减少了能量损失。

(3) 轴封装置 旋转的泵轴与固定的泵壳之间的密封称为轴封。其作用是防止高压液体从泵壳内沿轴漏出，或者在低压区外界空气吸入泵壳。常用的轴封装置有填料密封和机械密封两种。

① 填料密封。填料密封是离心泵中最常见的密封结构，如图 2-6 所示。主要由填料函壳、软填料和填料压盖等组成。软填料一般采用浸油或涂石墨的石棉绳，将石棉绳缠绕在泵轴上，然后将压盖均匀上紧。填料密封主要靠填料压盖压紧填料，并迫使填料产生变形，来达到密封的目的，故密封程度可由压盖的松紧加以调节。填料不可压得过紧，过紧虽能制止泄露，但机械磨损加剧，功耗增大，严重时造成发热、冒烟，甚至烧坏零件；也不可压得过松，过松则起不到密封的作用。合理的松紧度为液体慢慢从填料函中呈滴状渗出为宜。

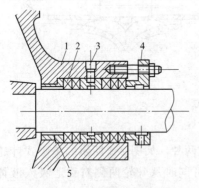

图 2-6 填料密封装置
1—填料函壳；2—软填料；3—液封圈；
4—填料压盖；5—内衬套

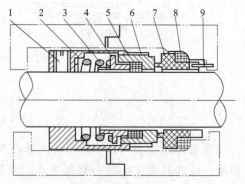

图 2-7 机械密封装置
1—螺钉；2—传动座；3—弹簧；4—推环；
5—动环密封圈；6—动环；7—静环；
8—静环密封圈；9—防转销

② 机械密封。机械密封又称端面密封，其结构如图 2-7 所示。主要密封元件是装在轴上随轴转动的动环和固定在泵体上的静环所组成，密封是靠动环与静环端面间的紧密

贴合来实现的。两端面之所以能始终紧密贴合，是借助于压紧弹簧，通过推环来达到的。动环一般用硬质材料制成，静环用酚醛塑料等非金属材料制成。在正常操作时，通过调整弹簧的压力，可使动、静两环端面间形成一层薄薄的液膜，达到较好的润滑和密封的作用。

2. 离心泵工作时的不正常现象

（1）气缚现象　如果离心泵在启动前没有灌满被输送液体，由于气体密度比液体密度小得多，叶轮旋转过程中产生的离心力就很小，从而不能在泵的吸入口产生需要的真空度，也就是说在吸入液面与泵吸入口之间不能形成足够大的压差，于是就不能将液体吸入泵内，此时，泵内液体被排出后由于不能吸入液体，叶轮只能空转，这种现象称为气缚现象。所以，离心泵在启动前为了保证能正常运转，必须先灌满被输送液体。

（2）汽蚀现象　汽蚀现象与泵的安装高度有关。离心泵的安装高度即吸入液体液面至泵入口中心处的垂直距离。众所周知，液体的沸点随液面压强降低而降低。如水在101.3kPa下，沸点为100℃，但在24.3kPa时20℃就沸腾了。在一定流量下，泵的安装高度越高，泵吸入口的压力就越低。

如果泵的安装位置达到一定高度，使得泵吸入口的压力低到等于或小于泵输送液体在该温度下的饱和蒸气压时，液体会汽化而产生气泡，同时溶解在液体中的气体也会随压强的降低而逸出形成气泡。这些气泡随着液体进入泵内的高压区后，瞬间被挤碎形成局部真空，周围的液体以极大的速度冲向原气泡所占据的空间，相互碰撞，使它的动能立刻转化成静压能，在瞬间造成很高的局部冲击力，不可避免地会冲击到叶轮表面及泵壳表面，造成撞击和振动，并发出很大的噪声，不仅使泵不能正常运转，严重时会使叶轮表面腐蚀形成蜂窝状，时间长了表面的金属会成块脱落，影响泵的使用寿命。此时，泵的流量、扬程和效率都急剧下降，这种现象称为离心泵的汽蚀现象。为避免汽蚀现象发生，必须限制泵的安装高度。

【能力训练】　如何判断离心泵发生的是气缚现象还是汽蚀现象。

三、离心泵的性能参数与特性曲线

泵的主要性能包括流量、扬程、功率和效率等，这些性能表明泵的特征。

1. 性能参数

（1）流量　离心泵的流量是指泵在单位时间内排到出口管路的液体体积，用符号"q_V"表示，单位为"m^3/h"或"m^3/s"。其大小主要取决于泵的结构、尺寸和转速以及密封装置的可靠程度等。泵的铭牌上标注的流量是在泵设计时作为依据的流量，是在标态下测定的，称为设计流量或额定流量。

（2）扬程　离心泵的扬程又称为泵压头，它是指离心泵对单位重量（1N）的液体所能提供的有效能量，一般用"H"表示，其单位为"m液柱"。扬程的大小与泵的结构、尺寸（如叶片的弯曲情况、叶轮直径等）、转速和流量有关。对于一定的泵，在一定的转速下，压头和流量之间存在一定关系，用实验测定。

（3）有效功率　泵在单位时间内对输出液体所做的功，即液体从叶轮获得的能量，称为有效功率，用符号 $P_有$ 表示，单位为 W 或 kW。

$$P_有 = q_m W_功 = q_V \rho g H \tag{2-1}$$

式中　$W_{功}$——单位质量流体所吸纳的外加能量,J/kg;
　　　$P_{有}$——泵的有效功率,W;
　　　q_m——泵的实际流量,kg/s;
　　　q_V——泵的实际流量,m³/s;
　　　ρ——液体密度,kg/m³;
　　　H——泵在输送条件下的压头,m;
　　　g——重力加速度,m/s²。

（4）轴功率和效率　离心泵的轴功率是指泵轴所需要的功率。当泵直接由电动机带动时,泵从电动机所获得的功率即为轴功率。用符号 $P_{轴}$ 表示,单位为 W 或 kW。

还应注意,泵铭牌上注明的轴功率是以常温 20℃ 的清水为测试液体,其密度 ρ 为 1000kg/m³ 计算的。出厂的新泵一般都配有电机,如泵输送液体的密度较大,应看原配电机是否适用。若需要自配电机,为防止电机超负荷,常按实际工作的最大流量 q_V 计算轴功率,取（1.1～1.2）$P_{轴}$ 作为选电机的依据。

在输送液体过程中,当外界能量通过叶轮传给液体时,总会有能量损失,即由原动机提供给泵轴的能量不能全部为液体所获得,致使泵的有效压头和流量都比理论值要低,通常用效率表示。

泵的有效功率与轴功率之比,称为离心泵的总效率,以 η 表示,

$$\eta = \frac{P_{有}}{P_{轴}} \times 100\% \tag{2-2}$$

$$P_{轴} = \frac{q_V \rho H g}{\eta} \tag{2-3}$$

离心泵的能量损失包括以下几项:

① 容积损失。容积损失是指泵的液体泄漏所造成的损失。

② 机械损失。由泵轴和轴承之间、泵轴与填料函、叶轮盖板外表面与液体之间产生摩擦而引起的能量损失为机械损失。

③ 水力损失。流经叶轮通道和泵的蜗壳时产生的摩擦阻力以及在泵局部处因流速和方向改变引起的环流和冲击而产生的局部阻力造成的损失。

离心泵的效率反映了上述能量损失的总和,故又称为总效率。

η 值由实验测得。离心泵效率与泵的尺寸、类型、构造、加工精度、液体流量和所输送液体性质有关,一般小型泵效率为 50%～70%,大型泵可高达 90% 左右。

2. 特性曲线

离心泵的主要性能参数是流量、扬程、轴功率和效率,它们之间的关系即离心泵的流量 q_V 与扬程 H、轴功率 $P_{轴}$ 及效率 η 之间的关系由实验测得,测出的一系列关系曲线称为离心泵的特性曲线,如图 2-8 所示。由于泵的特性曲线随泵转速而改变,故其数值通常是在额定转速和标准试验条件（20℃,常压 101.33kPa,清水）下测得,由泵的制造厂家提供。

（1）H-q_V 曲线　表示泵的扬程和流量的关系。离心泵的扬程即压头一般随流量的增大而下降。（流量极小时可有例外）。

（2）$P_{轴}$-q_V 曲线　表示泵的轴功率和流量的关系。离心泵的轴功率随流量的增大而增大,流量为零时轴功率最小（不为零）。所以离心泵在启动时,应在泵的出口阀门关闭的前提下启动,即流量为零、轴功率最小的状态下启动,减小启动瞬间载荷,保护电机。

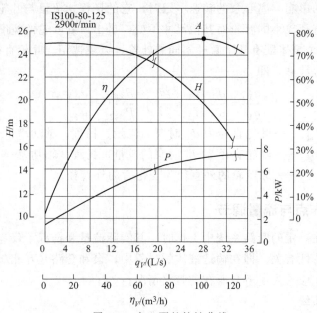

图 2-8 离心泵的特性曲线

（3）η-q_V 曲线　表示泵的效率和流量的关系。由图 2-8 看出，当流量为零时，效率为零；随着流量的增大，离心泵的效率开始随流量的增大而增大，达到一最大值后，效率随流量的增大而下降。说明离心泵在一定转速下有一最高效率点，通常称之为设计点。泵在设计点相对应的流量及扬程下工作最为经济，所以与最高效率点对应的 q_V、H 和 $P_{轴}$ 称为最佳工况参数，即离心泵铭牌上标注的性能参数。根据输送时的实际工艺条件，离心泵往往不可能在最佳工况下运行，因此规定在最高效率的±92%范围内，为泵的高效率区。选用离心泵时，应尽可能使泵在最高效率点附近工作。

3. 离心泵特性曲线的影响因素探讨

离心泵特性曲线都是在一定的转速下输送常温水时测得的。而实际生产中所输送的液体是多种多样的，即使采用同一泵输送不同的液体，由于被输送液体的物理性质（密度、黏度）不同，泵的性能亦随之发生变化。此外，若改变泵的转速和叶轮直径，泵的性能也会发生变化。因此，需要根据使用情况，对厂家提供的特性曲线进行重新换算。

（1）密度的影响　离心泵的压头、流量与流体的密度无关，故离心泵特性曲线中的 H-q_V 和 η-q_V 曲线保持不变。但泵的轴功率随液体密度而改变，$P_{有}=q_m W_{功}=q_V \rho H g$，即随着密度的增大而升高，特性曲线不再适用。

（2）黏度的影响　若被输送液体的黏度增大，则液体在泵内的能量损失增大，因而泵的流量、扬程都要减小，效率下降，而轴功率增大，即泵的特性曲线发生改变。

（3）离心泵转速的影响　离心泵的特性曲线都是在一定转速下测定的，转速改变，泵的扬程（压头）、流量、效率和轴功率也随之改变。对同一台离心泵当仅叶轮转速变化且转速变化小于 20% 时，转速对泵性能的影响，可以近似地用比例定律进行计算，即

$$\frac{q_{V1}}{q_{V2}} \approx \frac{n_1}{n_2} \quad \frac{H_1}{H_2} \approx \left(\frac{n_1}{n_2}\right)^2 \quad \frac{P_{轴1}}{P_{轴2}} \approx \left(\frac{n_1}{n_2}\right)^3 \tag{2-4}$$

式中　q_{V1}、H_1、$P_{轴1}$——转速为 n_1 时泵的流量、扬程、轴功率；

q_{V2}、H_2、$P_{轴2}$——转速为 n_2 时泵的流量、扬程、轴功率。

（4）叶轮直径的影响　离心泵的转速一定时，它的扬程、流量与叶轮直径有关。对同一型号的泵，可换用直径较小的叶轮而其他尺寸不变，进出口处叶轮的宽度稍有变化，称之为叶轮的"切割"。一个泵体配有几个直径不同的叶轮，以供选用。叶轮直径对泵性能的影响，可用切割定律作近似计算，即

$$\frac{q_{V1}}{q_{V2}} \approx \frac{d_1}{d_2} \quad \frac{H_1}{H_2} \approx \left(\frac{d_1}{d_2}\right)^2 \quad \frac{P_{\text{轴}1}}{P_{\text{轴}2}} \approx \left(\frac{d_1}{d_2}\right)^3 \tag{2-5}$$

式中　q_{V1}、H_1、$P_{\text{轴}1}$——叶轮直径为 d_1 时泵的流量、扬程、轴功率；

　　　q_{V2}、H_2、$P_{\text{轴}2}$——叶轮直径为 d_2 时泵的流量、扬程、轴功率；

　　　d_1、d_2——原叶轮的外直径和变化后的外直径。

四、离心泵的工作点与流量调节

当离心泵安装在一定的管路系统中工作时，其实际流量和扬程不仅与离心泵本身的性能有关，还与管路的特性有关。即在输送液体的过程中，泵和管路是互相制约的。所以，讨论泵的工作情况之前，应首先了解泵所在的管路情况。

1. 管路的特性曲线

管路特性曲线表示流体通过某一特定管路所需要的压头与流量的关系。假定利用一台离心泵把水池的水抽送到水塔上去，如图2-9所示，水从吸水池流到上水池的过程中，若两液面皆维持恒定，则流体流过管路所需要的压头为

$$H_{\text{功}} = \Delta z + \frac{\Delta p}{\rho g} + \frac{\Delta u^2}{2g} + H_{\text{损}}$$

因为

$$H_{\text{损}} = \lambda \left(\frac{l + \sum l_e}{d}\right)\left(\frac{u^2}{2g}\right) = \left(\frac{8\lambda}{\pi^2 g}\right)\left(\frac{l + \sum l_e}{d^5}\right) q_V^2$$

式中，l 为管长；l_e 为当量长度。

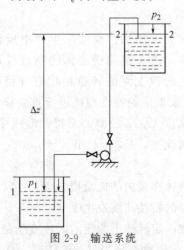

图2-9　输送系统

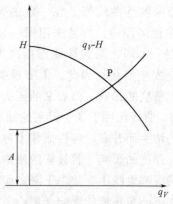

图2-10　离心泵的工作点

对于固定的管路和一定的操作条件，$\Delta z + \frac{\Delta p}{\rho g}$ 为固定值，与管路中的流体流量无关，管径不变，$u_1 = u_2$、$\frac{\Delta u^2}{2g} = 0$，令

$$A = \Delta z + \frac{\Delta p}{\rho g}$$

所以上式可写成
$$B=\left(\frac{8\lambda}{\pi^2 g}\right)\left(\frac{l+\sum l_e}{d^5}\right)$$
$$H_e = A + Bq_V^2 \tag{2-6}$$

式(2-6)就是管路特性曲线方程。对于特定的管路，式中 A 是固定不变的，当阀门开度一定且流动为完全湍流时，B 也可看作是常数。将式(2-6)绘于图 2-10 得管路特性曲线。管路特性曲线的形状由管路布局与操作条件来确定，与泵的性能无关。

2. 离心泵的工作点

离心泵在管路系统中实际运行的工况点称为工作点，将管路特性曲线与所配用泵的特性曲线标绘在同一图上，如图 2-10 所示，两曲线相交处的 P 点，即为泵的工作点。泵的工作点对应的流量和扬程既是泵实际工作时的流量和扬程，也是管路的流量和所需的外加压头，表明泵装配在这条管路中，只能在这一点工作。

3. 离心泵的流量调节

在实际操作中，管路中的液体流量需要经常调节，流量调节实质上是改变泵的工作点。泵的工作点由管路特性和泵的特性所决定，因此，改变一种特性曲线就可达到调节流量的目的。

(1) 改变管路特性　最简单易行的办法是在离心泵的出口管上安装调节阀，通过改变阀门的开度来调节流量。若阀门开度减小时，阻力增大，管路特性曲线变陡，如图 2-11(a) 中的曲线所示，工作点由 P 移到 P_1，相应地流量变小；当开大阀门时，则局部阻力减小，工作点移至 P_2，从而增大流量。由此可见，通过调节阀门开度可使流量在设置的最大（阀门全开）和最小值（阀门关闭）之间变动。

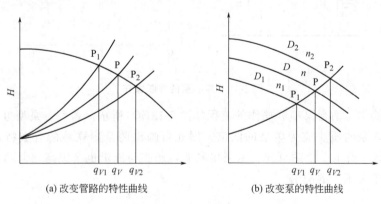

(a) 改变管路的特性曲线　　(b) 改变泵的特性曲线

图 2-11　离心泵的流量调节

用阀门调节流量迅速方便，且流量可以连续变化，适合化工连续生产的特点，所以应用十分广泛。其缺点是当阀门关小时，流体阻力加大，要额外多消耗一部分动力，不很经济。

特别注意，不能用关小泵入口阀门的方法来减小流量，因为这样可能导致汽蚀现象的发生。

(2) 改变泵的特性　改变泵特性曲线的方法有两种，即改变泵的转速和叶轮的直径。如图 2-11(b) 所示，当转速 n 减小到 n_1 时，工作点由 P 移到 P_1，流量就相应地减小；当转速 n 增大到 n_2 时，工作点由 P 移到 P_2，流量就相应地增大。此外，改变叶轮直径的办法，所能调节流量的范围不大，所以常用改变转速来调节流量。特别是近年来发展的变频无级调速装置，利用改变输入电机的电流频率来改变转速，调速平稳，也保证了较高的效率，这种调节也将成为一种调节方便且节能的流量调节方式。

五、离心泵的安装及操作

1. 离心泵的并联和串联操作

在实际生产中，如果单台离心泵不能满足输送任务要求时，可将几台泵并联或串联成泵组进行操作。

（1）并联操作　两台泵并联操作的流程如图 2-12(a) 所示。设两台离心泵型号相同，并且各自的吸入管路也相同，则两台泵的流量和压头必相同。因此，在同一压头下，并联泵的流量为单台泵的两倍。据此可画出两泵并联后的合成特性曲线，如图 2-12(b) 中曲线 2 所示。图中，单台泵的工作点为 A，并联后的工作点为 B。两泵并联后，流量与压头均有所提高，但由于受管路特性曲线制约，管路阻力增大，两台泵并联的总输送量小于原单泵输送量的两倍。

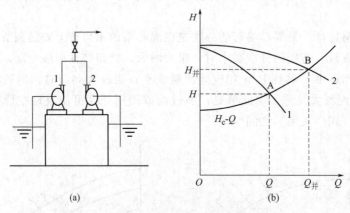

图 2-12　离心泵的并联操作

（2）串联操作　两台泵串联操作的流程如图 2-13(a) 所示。若两台泵型号相同，则在同一流量下，串联泵的压头应为单泵的两倍。据此可画出两泵串联后的合成特性曲线，如图 2-13(b) 中曲线 2 所示。由图可知，两泵串联后，压头与流量也会提高，但两台泵串联的总压头仍小于原单泵压头的两倍。

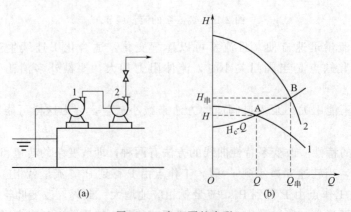

图 2-13　离心泵的串联

必须指出，泵的并联与串联操作是根据生产要求来选择的，并联操作是为了增大流量，串联操作是为了提高扬程。但一般来说，其操作要比单台泵复杂，所以通常并不随意采用。多台泵串联，相当于一台多级离心泵，而多级离心泵比多台泵串联，结构要紧凑，安装维修都更方便，故当需要时，应尽可能使用多级离心泵。双吸泵相当于两台泵的并联，也宜采用双吸泵代替两泵的并联操作。

2. 离心泵的安装

① 离心泵安装地点要靠近液体储罐，场地应干燥宽敞，便于检修拆装。

② 安装地基应坚实，用混凝土打地基并预埋地脚螺栓用于紧固泵体。

③ 泵轴和电机轴应严格调节水平。

④ 与生产关系密切的泵应同时安装两台，一台备用。

⑤ 安装时应严格控制安装高度，尽量减少弯头、阀门等以减少吸入管路的阻力，防止气蚀现象的发生。泵吸入管管径不应小于泵排出口管径，尽量避免进口管路变径，减少管件使用，防止气体在进口管内积存或吸入，防止气缚现象的发生。

3. 离心泵的操作

① 检查离心泵各部件是否完好，特别是顶部排气丝堵和泵体底部放净丝堵是否安装复位，然后加入润滑油至泵油窗的 $1/2 \sim 2/3$。

② 启动前用手盘车，检查泵内有无异常，泵轴和电机轴转动是否轻快灵活，若阻力过大，应通知维修人员检查。

③ 灌泵。启动泵前必须使泵进口管路及泵内灌满待输送液体。灌满后，在出口阀关闭的前提下，立即启动离心泵。

④ 启动后观察电流稳定、电流值正常、电机运转平稳、泵出口压力表指示正常后，再缓慢打开出口阀门，调节流量至指定工艺参数。注意，关闭出口阀泵的运转时间不宜过长，以 $2 \sim 3 \text{min}$ 为限，以免液体温度升高导致汽蚀或其他不良后果。

⑤ 离心泵在运转中要经常检查润滑油情况是否良好（泵体润滑油窗油位在 $1/2 \sim 2/3$，电机在使用前加入适量的黄油润滑），检查轴承和电机是否过热，注意观察填料或机械密封是否泄漏、发热。

⑥ 停泵时，先关闭离心泵出口阀门，再停电机。防止出口管路中的较高压强的液体回落砸到叶轮和泵体上，不仅使泵叶轮倒转、松脱，且使叶轮和泵体受到冲击而被损坏。高压管路应在出口管路安装止逆阀，出现停电等异常时自动关闭保护泵。

⑦ 在严寒季节泵停止运行后必须将泵内液体排放干净，防止冻结涨坏泵壳或叶轮。

⑧ 长期停车，应将泵体和出口管路内液体放净，并将泵拆开擦净，涂抹黄油保护。

4. 离心泵常见故障及排除方法

离心泵常见故障及排除方法见表 2-1。

六、离心泵的类型与选用

1. 离心泵的类型与规格

根据实际生产需求，离心泵有不同的类型，按输送液体性质和使用条件的不同分为清水泵、油泵、耐腐蚀泵、屏蔽泵、杂质泵等；按安装方式不同可分为卧式泵、立式泵、液下泵、管道泵等；按叶轮数目分为单级泵和多级泵；按吸液方式不同可分为单吸泵（小流量和中等流量）和双吸泵（大流量）。本节介绍几种常用泵。

(1) 清水泵　清水泵是化工生产中最常用的泵型，适用于输送清水以及黏度与水相近且无腐蚀性、不含固体杂质的液体。

最普通的清水泵是单级单吸式，其系列代号为"IS"，如图2-14所示。全系列流量范围为 $6.3 \sim 400 m^3/h$，扬程范围为 $5 \sim 125 m$。

以 IS65-50-160 说明泵型号中各项意义：
IS——国际标准单级单吸清水离心泵；
65——吸入管内径，mm；
50——排出管内径，mm；
160——叶轮直径，mm。

图 2-14　IS型单级单吸离心泵

表 2-1　离心泵常见故障及排除方法

故障现象	产生故障的原因	排除方法
启动后不出水，出口压力表指针剧烈摆动或压力表无压力显示	启动前泵内灌水不足 压力表处或吸入管路漏气 吸入管浸入深度不够 底阀漏水，进口管未灌满	停车重新灌水 检查不严密处，消除漏气现象 降低吸入管，使管口浸没深度大于 $0.5 \sim 1m$ 修理或更换底阀
运转过程中输水量减少	转速降低 叶轮阻塞 密封环磨损 吸入空气 排出管路阻力增加	检查电压是否太低 检查并清洗叶轮 更换密封环 检查吸入管路，压紧或更换填料 检查所有阀门及管路中可能阻塞之处
轴功率过大	泵轴弯曲，轴承磨损、损坏 平衡盘与平衡环磨损过大，使叶轮盖板与中段磨损 叶轮前盖板与密封环、泵体相磨 填料压得过紧 泵内吸进泥沙及其他杂物 流量过大，超出使用范围	矫直泵轴，更换轴承 修理或更换平衡盘 调整叶轮螺母及轴承压盖 调整填料压盖 拆卸清洗 适当关闭出口阀
振动过大，声音不正常	叶轮磨损或阻塞，造成叶轮不平衡 泵轴弯曲，泵内旋转部件与静止部件有严重摩擦 两联轴器不同心 泵内发生汽蚀现象 地脚螺栓松动	清洗叶轮并进行平衡找正 矫正或更换泵轴，检查摩擦原因并消除 找正两联轴器的同心度 降低吸液高度，消除产生汽蚀的原因 拧紧地脚螺栓
轴承过热	轴承损坏 轴承安装不正确或间隙不适当 轴承润滑不良(油质不好，油量不足) 泵轴弯曲或联轴器没找正	更换轴承 检查并进行修理 更换润滑油 矫直或更换泵轴，找正联轴器

在泵的功能表或样本上列出了该泵的流量、扬程、转速、允许汽蚀余量、效率、功率(轴功率与电机功率)、叶轮直径等参数。

(2) D、DG型多级离心泵　如果要求扬程较高，可采用多级离心泵，其系列代号为"D"，结构如图2-15所示，在一根轴上串联多个叶轮，使被输送液体在串联的叶轮中多次接受能量，最后达到较高的扬程。级数越多，扬程越高。全系列有 $2 \sim 12$ 级，流量范围为 $10.8 \sim 850 m^3/h$，扬程范围为 $14 \sim 351 m$。适合输送低于 $80 ℃$ 的清水和类似清水的液体，不含固体颗粒，属于小流量、高扬程的泵。

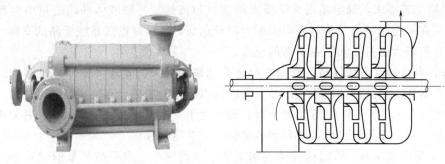

图 2-15 多级离心泵

（3）S 型（原 Sh 型）单级双吸离心泵　若输送液体扬程不高而流量较大时，可以选用单级双吸式离心泵，其系列代号为"S"。双吸式叶轮的厚度较大，且有两个吸入口，可以完成较大的输送量任务。全系列流量范围为 120～12500m^3/h，扬程范围为 9～140m。以 100S90A 为例，100 代表泵入口直径，mm；S 代表单级双吸式；90 为设计点扬程，m；A 代表叶轮经第一次切割。

（4）F 型耐腐蚀泵　输送酸、碱等腐蚀性液体时，可选用耐腐蚀泵，其系列代号为"F"。该泵的主要特点是耐腐蚀泵中所有与腐蚀性液体接触的部件都要用耐腐蚀材料制造。各种材料制备的耐腐蚀泵结构上基本相同，在 F 后面加一个字母表示材料的代号，以示区别。F 型为单级单吸悬臂式耐腐蚀泵，全系列流量范围为 2～400m^3/h，扬程范围为 15～105m，适合于输送不含固体颗粒、有腐蚀性的液体，输送介质温度在 -20～105℃。以 150F-35 为例，150 为泵入口直径，mm；F 代表悬臂式耐腐蚀离心泵；35 为设计点扬程，m。

（5）Y 型油泵　油泵用于输送不含固体颗粒、无腐蚀性的油类及石油产品。输送介质温度 -20～400℃，当输送 200℃以上的热油时，还需有冷却装置，一般在热油泵的轴封装置和轴承处均装有冷却水夹套，运转时先通冷水冷却后启动泵。由于油品易燃易爆，因此对油泵的一个重要要求是密封性能良好。全系列流量范围为 6.25～500m^3/h，扬程范围为 60～600m。以 80Y100 为例，80 为泵入口内径，mm；Y 代表油泵；100 为设计点扬程，m。

（6）杂质泵　输送悬浮液及稠厚的浆液等常用杂质泵。系列代号为 P，又细分为污水泵 PW、砂泵 PS、泥浆泵 PS 等。对这类泵的要求是：不易被杂质堵塞、耐磨、容易拆洗。所以杂质泵的特点是叶轮流道宽，叶片数目少，常采用半闭式或开式叶轮。

另外还有垂直安装于液体储槽内浸没在液体中的液下泵，因为不存在泄漏问题，故常用于腐蚀性液体或油品、需要保温输送的液体等的输送；叶轮与电机连为一体密封于同一壳内无轴封装置的屏蔽泵，用于输送有易燃易爆性或有剧毒的液体等，用时可参阅有关专著亦可咨询厂家。

2. 离心泵的选用

化工工艺技术人员的任务并不是去设计一台泵，而是根据工艺需要，选用合适的输送机械（泵）。

① 总结各种工艺数据。如输送液体的性质（输送条件下的液体密度、黏度、蒸气压、毒性、燃爆等级和腐蚀性等）和操作条件（输送时物料的温度、压强、输送量及可能变动的范围）、管路系统的情况（如距离）、管路特性、泵的安装条件、安装方式等，确定离心泵的

类型。

② 根据工艺要求，确定输送系统要求的流量和扬程。一般液体的输送量由生产任务决定，若流量在一定范围内变化，应根据最大流量选泵，并根据输送系统管路的安排，利用伯努利方程计算最大流量下的管路所需的压头。

③ 选择合适的泵型和规格。根据物料性质和输送要求，先选泵型，再根据输送液量和管路所要求的压头，从泵的样本或产品目录中选出合适的规格。在确定泵的型号时，所选泵所能提供的流量 q_V 和压头 H 应留有余地，即稍大于管路需要的流量和压头，并使泵在高效范围内工作。泵的型号选出后，应列出该泵的各种性能参数。

④ 核算泵的轴功率。若输送液体的密度大于水的密度，则要核算泵的轴功率，以选择合适的电机。

⑤ 重要岗位设置备用泵。为保证生产连续稳定运行，一般情况下用一备一。

>>> 任务三　了解正位移泵

正位移泵为容积式泵，往复泵、齿轮泵、螺杆泵等均属于正位移泵，因此，在操作上有着共同的要求。

一、往复泵

往复泵是一种容积式泵，应用较为广泛。它是利用往复运动的活塞或柱塞将机械能以静压能的形式直接传给液体，属正位移泵。适用于小流量、高扬程、不含杂质的黏性液体。

1. 往复泵的结构及工作原理

图 2-16 是往复泵的装置简图。它主要由泵缸 1、活塞 2、活塞杆 3、吸入单向阀（吸入活门）4、排出单向阀（排出活门）5 等组成。活塞杆通过曲柄连杆机构将电机的回转运动转换成直线往复运动。工作时，活塞在外力推动下做往复运动，由此改变泵缸的容积和压强，交替地打开吸入和排出阀门，达到输送液体的目的。活塞在泵缸内移动至左右两端的顶点叫"死点"，两死点之间的活塞行程叫冲程。

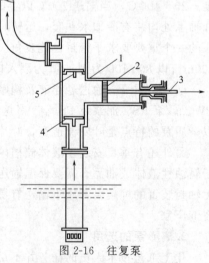

图 2-16　往复泵
1—泵缸；2—活塞；3—活塞杆；
4—吸入阀；5—排出阀

2. 往复泵的类型

往复泵按照作用方式的不同可分为以下几种。

(1) 单动往复泵　如图所示，活塞往复一次，吸液和排液各完成一次。由图 2-19(a) 可以看出，单动泵在排液过程中不仅流量不均匀，而且排液间断进行。

(2) 双动往复泵　其主要构造和原理如图 2-17 所示，与单动泵相似，但活塞在泵缸的两侧，活塞往复一次，吸液和排液各两次。由图 2-19(b) 可以看出，双动泵虽然排液是连续的，但是流量仍是不均匀的。

(3) 三联泵 由三台单动泵并联构成。在同一根曲轴上安有三个互成 120°的曲拐,分别推动三个缸的活塞,如图 2-18 所示。当曲轴每转一周时,三个泵缸分别进行一次吸液和排液,合起来有三次排液。由图 2-19(c) 可以看出,三个缸排液时间是错开的,这样互相补充,其总排液量较为均匀。

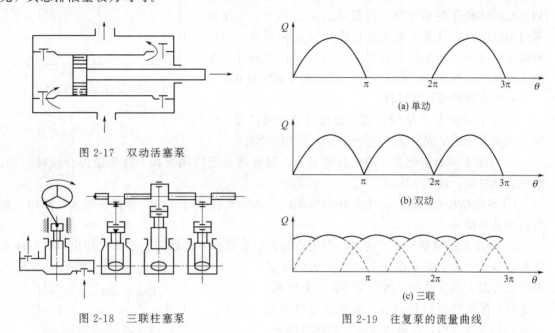

图 2-17 双动活塞泵

图 2-18 三联柱塞泵

图 2-19 往复泵的流量曲线

3. 往复泵的主要性能

往复泵的主要性能参数包括流量、扬程、功率及效率等,其定义与离心泵相同。

(1) 流量 往复泵的理论流量 $q_{V理}$ 等于单位时间内活塞在泵缸中扫过的体积,单位为 m^3/s。

单缸、单动往复泵　　　　　　　　$q_{V理} = Asn$ 　　　　　　　　(2-7)

式中　$q_{V理}$——往复泵理论流量,m^3/min;

A——活塞截面积,m^2;

s——活塞的冲程,m;

n——活塞每分钟的往复次数,min^{-1};

往复泵的流量只与泵本身的几何尺寸和活塞的往复次数有关。但实际上,由于液体经过活门、活塞、填料函等处有泄漏,吸入或排出活门启闭不及时,以及泵体内存在空气等原因,往复泵的实际流量 q_V 小于理论流量 $q_{V理}$,即

$$q_V = \eta_容 q_{V理} \tag{2-8}$$

式中　$\eta_容$——往复泵容积效率,由实验测定。

对一般大型泵,$\eta_容$ 为 $0.95 \sim 0.97$;对于 q_V 为 $20 \sim 200 m^3/h$ 的中型泵,$\eta_容$ 为 $0.90 \sim 0.95$;对于 $q_V < 20 m^3/h$ 的小型泵,$\eta_容$ 为 $0.85 \sim 0.90$。

(2) 扬程和特性曲线 往复泵的扬程与泵的几何尺寸无关,只要泵的机械强度及原动机的功率允许,输送系统要求多高的压头,往复泵就能提供多大的扬程。实际上,因泄漏,往复泵的流量随压头升高而略微减小,如图 2-20 所示。

（3）功率与效率　往复泵功率与效率的计算与离心泵相同。往复泵效率通常在 0.72～0.93 之间。

往复泵主要适用于低流量、高扬程的场合，输送高黏度液体时效果也较离心泵好，但不宜输送腐蚀性液体和含有固体粒子的悬浮液。往复泵为正位移泵。液体在泵内不能倒流，只要活塞往复运动就吸入和排出一定体积流量的液体。如果将泵的出口堵塞而泵还在运转，泵内压力便会急剧升高，造成泵体、管路和电机的损坏。

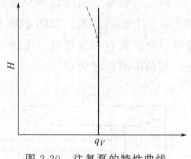

图 2-20　往复泵的特性曲线

4. 往复泵的操作及运转

① 泵启动前应严格检查进、出口管路、阀门等，给泵体内加入清洁的润滑油，使泵各运动部件保持润湿。

② 往复泵有自吸能力，但在启动泵前，最好还是先灌满泵体，排出泵内存留的空气，缩短启动时间，避免干摩擦。

③ 在启动往复泵时，首先全开出口阀门，然后全开旁路阀门，再打开进进口阀门，最后启动电动机。

④ 往复泵的流量调节。往复泵为代表的正位移泵都不能像离心泵那样用出口阀门的开度来调节流量，必须在排出管与吸入管之间安装回流旁路，用旁路阀（亦称支路阀、近路阀、回路阀）配合进行流量调节。液体经进口管路上的阀门进入泵内，经出口管路上的阀门排出，并有一部分经旁路阀流回进口管路。排出流量由旁路阀调节。若下游压力超过一定限度时，安全阀门即自动开启，泄回一部分液体，以减轻泵和管路所承受的压力，保证往复泵安全运行。如图 2-21 所示。

⑤ 停泵时，先全打开旁路阀门，在阀门全部开启的状态下，关闭电动机。然后关闭进口阀、旁路阀，最后关闭出口阀门。

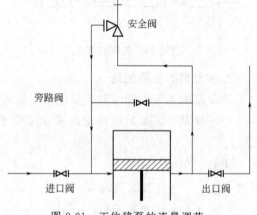

图 2-21　正位移泵的流量调节

⑥ 泵运转中经常检查有无碰撞声，必要时立即停车查找原因或维修。

二、旋转泵

旋转泵是靠泵内一个或多个转子的旋转吸入和排出液体，又称转子泵，属容积泵类，是正位移泵的另一种类型。旋转泵的形式很多，操作原理却是大同小异，都是依靠转子转动造成工作室容积改变对液体做功。最常用的有齿轮泵和螺杆泵。

1. 齿轮泵

齿轮泵的结构如图 2-22 所示，泵壳内有两个齿轮，其中一个为主动齿轮，固定在与电动机直接相连的泵轴上；另一个为从动齿轮，安装在另一轴上。当主动齿轮启动后，从动齿轮被啮合着以相反的方向旋转。两齿轮与泵体间形成吸入和排出两个空间。当齿轮向相反的方向旋转时，吸入空间内两轮的齿互相拨开，空间增大形成低压区而将液体吸入，然后分为两路沿壳壁被齿轮嵌住，并随齿轮转动而达到排出空间。排出空间内两轮的轮齿互相合拢，空间减小,形成高压而将液体排出。

齿轮泵扬程高而流量小,流量比往复泵均匀。因为它没有活门,所以适用于输送黏稠液体和膏状物料,但不能用于输送含颗粒的混悬液。

2. 螺杆泵

螺杆泵的结构如图 2-23 所示,主要是依靠螺杆一边旋转一边啮合,液体被一个或几个螺杆上的螺旋槽带动沿着轴向排出。螺杆泵的螺杆越长,转速越高,则扬程越高。

图 2-22 齿轮泵

(a) 单螺杆泵

(b) 双螺杆泵

图 2-23 螺杆泵

螺杆泵结构紧凑,效率高,被输送介质沿着轴向移动,流量连续均匀,脉冲小。自吸能力强,效率较齿轮泵高。在高压下输送高黏度液体较为适用。

三、旋涡泵

旋涡泵又叫涡流泵、再生泵等。它是靠叶轮旋转使液体产生旋涡运动作用而吸入和排出液体的,所以称为旋涡泵。目前,一般旋涡泵的流量为 $0.2\sim27\mathrm{m}^3/\mathrm{h}$。

1. 旋涡泵的工作原理

当原动机通过轴带动在泵内叶轮旋转时,液体由吸入口进入流通通道,受到旋转叶轮的离心力作用,被甩向四周环形流道内,使液体在流道内转动。因每一个液体质点都受到离心力的作用,叶轮内侧液体受离心力的作用大,而在流道内液体受离心力的作用小,由于两者所受的离心力大小不同,因而引起液体作纵向旋涡运动。液体依靠纵向旋涡在流道内周而复始地多次流经叶片间的通道(图 2-24)。液体每经过一次叶片间的通道,扬程就增加一次,最后将液体压出排出口。液体排出后,叶片间通道内便形成局部真空,液体就不断从吸入口进入叶轮,并重复上述运行过程。就这样旋涡泵一面吸入液体,一面排出液体,从而不断地工作。

从一般旋涡泵的工作原理可以看出,它好像多级离心泵的作用一样,每一个叶片通道相当于一级,液体每通过通道一次,能量就增加一次,因此,一般旋涡泵的扬程比离心泵在相等叶轮直径下要大 2~5 倍,所以它是一种小流量、高扬程的泵。它与同样性能的离心泵相比，旋涡泵的体积小、重量轻；它与相同扬程的容积泵相比，尺寸更小得多，结构也简单得多。所以一般旋涡泵具有结构简单紧凑、体积小、重量轻、造价低等优点。

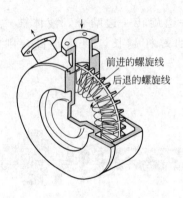  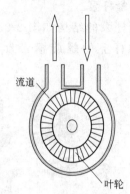

图 2-24　旋涡泵

2. 旋涡泵的特性曲线

旋涡泵的特性曲线如图 2-25 所示。由曲线可以看到，流量为零时，轴功率最大。故在启动旋涡泵时，出口阀必须全开。当流量增大时，扬程迅速减小，轴功率也随之下降。效率当流量为零时也为零，随着流量的增大一开始也随之增大，到一定值后随着流量的增大而减小，这一点与离心泵相同，都存在效率的最高点。旋涡泵是离心泵，但操作要点与正位移泵相同，但由于液体在叶片与通道之间的反复迂回是靠离心力的作用，故旋涡泵启动前仍需灌泵，以避免发生气缚现象。由于泵内液体的旋涡流作用，液体在泵内能量损失较多，所以旋涡泵的效率较低，一般不超过 45%，通常为 30%～40% 左右。

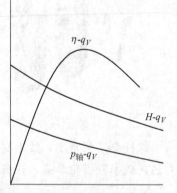

图 2-25　旋涡泵特性曲线

【能力训练】　分析下述各种泵的结构及操作特性，完成表 2-2。

表 2-2　各种泵的结构及操作特性

项　目		离心泵	往复泵	旋涡泵	流体作用泵
工作原理					
流量	均匀性				
	恒定性				
	范围				
开车前是否需要灌泵					
流量调节的方式					
适用场合					

各种类型泵的性能比较见表 2-3。

表 2-3　各种类型泵的性能比较

类型	离心泵	往复泵	旋转泵	旋涡泵	流体作用泵
流量	均匀、量大、范围广、随管路情况而变	不均匀、输送量恒定、不随扬程变化	比较均匀、输送量小而恒定	输送量小而均匀、随管路情况而变	输送量小、间歇输送
压头	不易达到高压头	高压头	高压头	压头较高	压头不高
效率	一般在70%左右，偏离设计点越远，效率越低	较高，一般在80%左右	较高，因泄漏，扬程高时效率低	效率较低，一般在25%～50%间	效率较低，仅15%～20%
结构及造价	结构简单，造价低	结构复杂，振动大，体积庞大，造价高	结构紧凑，制造精度高，造价高	结构紧凑，制造精度高，造价稍高	无活动部件，结构简单，造价低
操作	小范围调节可改变出口阀开度；大范围一次性调节可改变转速、改变叶轮直径等方法来调节流量	小范围调节可用旁路调节，大范围一次性调节可改变叶轮直径等方法来调节流量	可用旁路调节	可用旁路调节	可用出口阀门调节，注意稳定压力
自吸作用	无	有	有	无	无
启动	灌泵，关闭出口阀	也应灌泵，出口阀全开	也应灌泵，出口阀全开	灌泵，出口阀全开	
维护	简便	繁琐	较简便	简单	简单
适用范围	流量、扬程使用范围宽，除高黏度液体外，可输送各种物料	流量小而扬程高	适合小流量、高扬程黏稠性的物料	适合小流量、高扬程、清水样物料的输送	适用于腐蚀性物料的输送

任务四　常见流体输送方式

流体得以流动的条件是机械能差。流体能自动地由高处流到低处，低处流体输送到高处需要外加机械能。

高位槽输送、加压输送、真空输送是化工生产中常用的输送方法。

利用一种流体的作用，或利用流体在运动中能量的转换，使流动系统中局部的压强增高或降低造成真空，而达到输送另一种流体的目的，称为流体作用泵。如酸蛋、真空输送、喷射泵等，这类泵无活动部件，结构简单，且可用耐腐蚀材料制成。

一、加压输送

采用加压输送是化工生产中常用的方法。图 2-26 是流体作用泵中一种常见的形式——压缩空气输送，由于通入压缩空气的设备承压，故两侧用圆弧形标准封头，使得设备外形如蛋，俗称酸蛋。酸蛋的典型结构如图示水罐。

压缩空气输送整个过程中没有运转部件，故更适合用来输送如强酸、弱酸、强碱一类的腐蚀性液体，与使用耐腐蚀泵相比，不仅费用较少，而且运行更可靠，整个生产工艺更为经济合理。

压缩空气送料时，空气的压力必须满足输送任务对扬程的要求。压缩空气输送物料不能用于易燃和可燃液体物料的压送，因为压缩空气在压送物料时可以与液体蒸气混合形成爆炸性混合系，同时又可能产生静电积累，很容易导致系统爆炸。若输送的液体遇空气有燃烧或爆炸危险时，则使用氮气和二氧化碳之类的惰性气体。压缩空气送料方式的不足是流量小且调节不易，目前多用于间歇流体输送。

二、真空输送

1. 真空输送操作

真空输送是指通过真空系统的负压来实现输送液体。如图 2-27 所示，真空输送也是化工生产中常用的一种流体输送方法，结构简单，操作方便，故在广泛采用。但流量调节不方便，且不适于输送易挥发的液体，主要用在间歇输料场合。

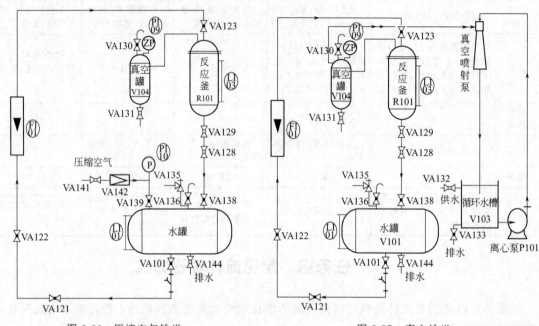

图 2-26　压缩空气输送　　　　　　图 2-27　真空输送

有机溶剂采用桶装真空抽料时，由于输送过程有可能产生静电积累，因此输送系统必须有良好的接地保护系统，输送系统的管线应当采用金属材料，不能用非金属管线。在连续真空抽料时，下游设备的真空度必须满足输送任务的流量要求，还要符合工艺条件对压力的要求。

真空输送如果是易燃液体，需注意输送过程的密闭性，系统和易燃蒸气形成爆炸性混合系，在点火源的作用下就会引起爆炸。另外，恢复常压时应小心，一般应待温度降低后再缓缓放进空气，以防氧化燃烧。生产上主要将氮气输入，以恢复常压，保证安全和产品质量。负压操作的设备不得漏气，以免空气进入设备内部形成爆炸性混合物而增加燃烧爆炸危险。此外，设备强度应符合要求，以免抽瘪而发生事故。

2. 真空泵

从设备中或系统中抽出气体，使其处于绝对压力低于外界大气压的状态，所用的输送机械称为真空泵。常用的有水环真空泵、喷射泵等。

(1) 水环真空泵　水环真空泵的外形呈圆形，如图 2-28 所示，外壳内有一个偏心安装的叶轮，壳内注有一定量的水，在离心力的作用下，将水甩至壳壁形成水环。水环具有密封作用，使叶片间的空隙形成大小不同的密封室，当小室增大时，压力降低，气体从吸入口吸入；当小室变小时，压力增大，气体从排出口排出。

水环真空泵结构简单，紧凑，易于制造和维修，但效率较低，一般为 30%～50%。该

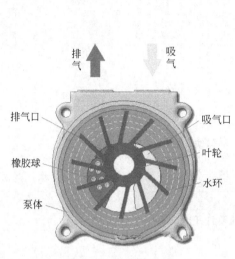

图 2-28 水环真空泵

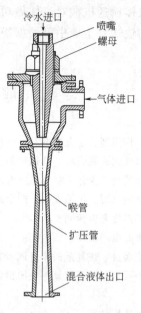

图 2-29 水喷射真空泵

泵产生的真空度受水温的限制。

（2）喷射泵　喷射泵是利用流体流动时，在一定条件下静压能与动能的相互转化原理来吸入和排出流体的，工作流体可以是气体、蒸汽或液体，被吸入流体可以是气体或液体。图 2-29 为单级水喷射泵。工作时，水经泵打入水喷射真空泵，经喷嘴处以很高的速度喷出，动能增大，静压能减小，即静压能转化为动能，因而在吸入口处形成一个低压区，将所输送的流体吸入，吸入气体与之混合后进入扩大管，流速逐渐降低，压力增大排出。单级喷射泵可产生的绝压较低，当需要得到更高的真空度时，常将单级喷射泵串联起来成为多级喷射泵。

喷射泵的结构简单，没有运动部件，无须任何基础工程和传动设备，能输送高温、腐蚀性及含固体微粒的流体，适应性强。但效率低，且工作流体消耗量大，在用来造成较高真空时却比较经济。

三、高位槽送料

俗话说：水往低处流。利用位能差，流体能自发地由高处流向低处。生产中，当液体需要定量投入且为间歇生产时，常常采用高位槽投料方式。先将物料定量打入高位槽，然后利用位能差，将高位槽内的物料投入反应釜中。另外，在流量要求特别稳定的场合，也常常设置高位槽，以避免输送机械带来的波动。高位槽送液时，高位槽的高度必须能够保证输送任务所要求的流量。

高位槽的液体一般需通过泵压送到高位槽，在输送的过程中由于流体的摩擦，很容易在高位槽产生静电火花而引燃物料，因此，在往高位槽输送液体时，除控制流速之外，还应将液体入口管插入液下。

四、液体输送机械送料

实现流体输送的基本条件是机械能差。机械能差包括动能、静压能和位能差，生产中更多是通过流体输送机械对流体做功,将电能或高压蒸汽转变增加流体的静压能或动能,从而实现流体的输送。生产中可根据物料性质、安全条件、工艺条件等要求来采取不同的流体输送方式。

能 力 训 练

一、简答题
1. 离心泵的工作原理、主要构造及各部件的作用。
2. 离心泵的泵壳制成蜗壳状,其作用是什么?
3. 离心泵的叶轮叶片为什么制成向后弯曲状的?
4. 何谓离心泵的气缚、汽蚀现象?产生的主要原因是什么?如何防止?
5. 扬程和升扬高度是否相同?
6. 如何确定离心泵的工作点?
7. 离心泵、旋涡泵、往复泵的流量调节方法及各自的特点。
8. 为什么离心泵启动前要灌泵并关闭出口阀,旋涡泵启动前要打开出口阀?

二、填空题
1. 离心泵的主要部件有_____、_____和_____。
2. 离心泵的泵壳制成蜗壳状,其作用是_____。
3. 离心泵的特性曲线包括_____、_____和_____三条曲线。
4. 离心泵的工作点是_____曲线与_____曲线的交点;离心泵启动前需要向泵内充满被输送的液体,否则将可能发生_____现象;离心泵的安装高度超过允许安装高度时,离心泵发生_____现象。
5. 离心泵流量调节方法为_____、_____、_____。
6. 离心泵启动前应_____出口阀;旋涡泵启动前应_____出口阀;往复泵启动前应_____出口阀。
7. 离心泵通常采用____阀门调节流量;往复泵采用_____阀门调节流量。

三、选择题
1. 离心泵(   )灌泵,是为了防止气缚现象发生。
   A. 停泵前   B. 停泵后   C. 启动前   D. 启动后
2. 离心泵吸入管路中(   )的作用是防止启动前灌入泵内的液体流出。
   A. 底阀   B. 调节阀   C. 出口阀   D. 旁路阀
3. 离心泵最常用的调节方法是(   )。
   A. 改变吸入管路中阀门开度   B. 改变排出管路中阀门开度
   C. 改变旁路阀门开度   D. 车削离心泵的叶轮
4. 离心泵的工作点(   )。
   A. 由泵的特性所决定   B. 是泵的特性曲线与管路特性曲线的交点
   C. 由泵铭牌上的流量和扬程所决定   D. 即泵的最高效率所对应的点

四、计算题
1. 某离心泵用20℃清水进行性能试验,如图2-30所示。测得其体积流量为560m^3/h,出口压力表读数为0.25MPa,吸入口真空表读数为0.02MPa,两表间垂直距离为230mm,吸入管和压出管内径分别为50mm和40mm,试求对应此流量的泵的扬程。
2. 实验室按图2-9所示,以水为介质进行离心泵特性曲线的测定,在转速为2900r/min时测得一组数据为:流量3600m^3/h,泵出口处压力表读数为0.35MPa,入口处真空表读数为0.01MPa。电动机的输入功率为0.80kW,泵由电动机直接传动,电动机效率为60%。已知泵吸入管路和排出管路内径相等,压力表和真空表的二测压孔间的垂直距离为200mm,试验水温为20℃。试求该泵在上述流量下的压头、轴功率和效率。

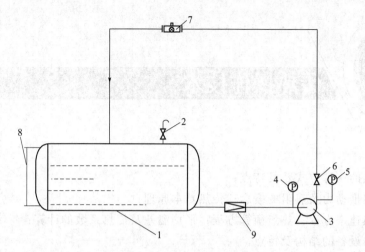

图 2-30 离心泵特性曲线测定
1—水罐；2—放空阀；3—离心泵；4—进口真空表；5—出口压力表；6—出口阀；
7—涡轮流量计；8—玻璃管液位；9—过滤器

传热操作技术

【知识目标】
◎ 了解传热的三种方式及其特点；
◎ 理解传热推动力及热阻的概念；传热基本原理；
◎ 掌握传热速率方程；热量衡算方程；平均温差及传热系数的计算；
◎ 典型换热设备的结构及特点。

【能力目标】
◎ 列管换热器的开、停车及正常运行与调节；
◎ 传热系统常见故障分析及处理。

【生产实例】 硝酸铵水溶液浓缩中的传热工艺

浓缩设备选用蒸发器，主要由加热室及分离室组成。加热室是由许多许多换热管组成的换热器，管间通入蒸汽作为加热热源，管内为溶液的逗留空间，分离室用来进行气液分离。料液经预热器预热后进入蒸发器，在加热室的换热管内受热沸腾汽化，完成液从蒸发器的底部排出，汽化后的水蒸气经气液分离后送往冷凝器，冷凝而除去。

【能力训练】 传热是什么？相关操作是如何完成呢？如何强化传热呢？

▶▶▶ 任务一 了解传热在化工生产中的应用

一、传热在化工生产中的应用

传热，即热量传递，是自然界和工程技术领域中极普遍的一种传递过程。由热力学第二定律可知，凡是有温度差存在的地方，就必然有热量传递。几乎所有的化工生产过程都伴有传热操作，进行传热的目的通常是：加热或冷却，使物料达到指定的温度；换热，以回收利用热量或冷量；保温，以减少热量或冷量的损失，如高温设备的保温，低温设备的保冷。所以，与传热有关的基础知识对于从事化工生产的人员是极其重要的。

二、传热的基本方式

热量传递是由于物体内或系统内的两部分之间的温度差而引起的，热量总是由高温处自动地向低温处传递。温度差越大，热能的传递越快，温度趋向一致，就停止传热。所以，传热过程的推动力是温度差。

根据传热机理的不同，热量传递的基本方式有三种，即热传导、热对流和热辐射。

1. 热传导

物体各部分之间不发生相对位移，仅靠分子、原子和自由电子等微观粒子的热运动而引起的热量传递称为热传导（又称导热）。热传导的条件是系统两部分之间存在温度差，此时热量将从高温部分传向低温部分，或从高温物体传向与之接触的低温物体，直至各部分温度相等。热传导在固体、液体和气体中均可进行，但它的微观机理因物态而异。

如果把一根铁棒的一端放在火中加热，另一端会逐渐变热，这就是热传导的缘故。

2. 热对流

流体在各部分间发生相对位移所引起的热传递过程称为热对流。热对流仅发生在流体中。由流体中产生对流的原因可分为自然对流和强制对流。流动的原因不同，对流传热的规律也不同，应予以指出，在同一种流体中，有可能同时发生自然对流和强制对流。

3. 热辐射

热辐射是以电磁波的形式发射的一种辐射能，当此辐射能遇到另一物体时，可被其全部或部分吸收而变为热能。因此辐射传热，不仅是能量的传递，还同时伴随有能量形式的转化。另外，辐射传热不需要任何介质，它可以在真空中传播。这是辐射传热与热传导及对流传热的根本区别。

实际上，以上三种传热方式很少单独存在，一般都是两种或三种方式同时出现。在一般换热器内，辐射传热量很小，往往可以忽略不计，只需考虑热传导和对流两种传热方式。本章将重点讨论前面两种传热方式。

三、传热过程中冷热流体的接触方式

根据冷热流体的接触情况，工业上的传热过程可分为三种基本方式，每种传热方式所用换热设备的结构也不同。

1. 直接接触式传热

对某些传热过程，例如热气体的直接水冷及热水的

直接空气冷却等，可使冷、热流体直接接触进行传热。这种接触方式传热面积大，设备简单。

如图 3-1 所示，凉水塔冷热流体直接接触进行换热，故又称之为混合式换热。该传热方式必伴有传质过程。

2. 间壁式传热

在多数情况下，工艺上不允许冷、热流体直接接触，因此直接接触式传热过程在工业上并不很多。工业上应用最多的是间壁式传热过程。间壁式换热器类型很多，其中最简单而又最典型的结构是套管换热器。

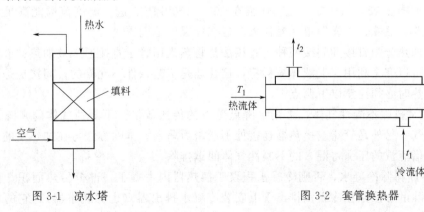

图 3-1 凉水塔　　　　　　　　图 3-2 套管换热器

如图 3-2 所示在套管式换热器中，冷热流体分别通过环隙和内管，热量自热流体传给冷流体，冷、热流体之间进行的热量传递总过程通常称为传热过程，而将流体与壁面之间的热量传递过程称为给热过程。

3. 蓄热式换热器

如图 3-3 所示，首先使热流体通过蓄热器中固体壁面，用热流体将固体填充物加热，然后停止热流体，使冷流体通过固体表面，用固体填充物所积蓄的热量加热冷流体。这样交替通过冷、热流体达到换热的目的。

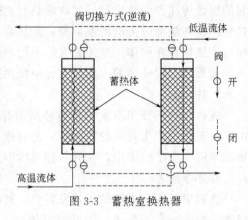

图 3-3　蓄热室换热器

由于这类换热设备的操作是间歇交替进行的，并且难免在交替时发生两股流体的混合，所以这类设备在化工生产中使用得不太多。

四、载热体的选用

参与传热的流体称为载热体。在传热过程中，温度较高而放出热能的载热体称为热载热体或加热剂；温度较低而得到热能的载热体称为冷载热体或冷却剂、冷凝剂。

在化工生产中，若要加热一种冷流体，同时又要冷却另一种热流体，只要两者温度变化的要求能够达到，就应尽可能让这两股流体进行换热。利用生产过程中流体自身的热交换，充分回收热能，对于降低生产成本和节约能源都具有十分重要的意义。但是当工艺换热条件不能满足要求时，就需要采用外来的载热体与工艺流体进行热交换。

载热体有许多种，应根据工艺流体温度的要求，选择一种合适的载热体。载热体的选择可参考下列几个原则：①载体温度必须满足工艺要求；②载热体的温度调节应方便；③载热体应具有化学稳定性，不分解；④载热体的毒性小，对设备腐蚀性小；⑤载热体不易燃、不易爆；⑥载热体价廉易得。

目前生产中使用得最广泛的载热体是饱和水蒸气和水。

（1）饱和水蒸气　由于饱和水蒸气冷凝时放出大量的热，加热均匀，不会有局部过热的现象，依据饱和温度与蒸汽压力的对应关系，通过调节压力能很方便、准确地控制加热温度。饱和水蒸气加热的缺点是加热温度不太高，因为水蒸气的饱和蒸汽压随温度升高而增大，对锅炉、管路和设备的耐压、密闭要求也大大提高，带来许多困难。所以，一般水蒸气加热的温度范围在 120～180℃，绝对压强在 200～1000kPa。这一温度范围能满足大部分化工工业的需要，蒸发、干燥等单元操作大多也在此温度范围内进行。

水蒸气加热分为直接和间接两种。直接法是将蒸汽用管子直接通入被加热的液体中，蒸汽所含热量可以完全利用，但液体被稀释，这往往是工艺条件不允许的；间接法是在换热器中进行，加热时必须注意以下两点。

① 要经常排除不凝性气体，否则会降低蒸汽的传热效果。不凝性气体的来源为溶于原来水中的空气，另外是管路或换热器连接处不严密而漏入。排除方法可在加热室的上端装一放空阀门，借蒸汽的压强将混入的不凝性气体间歇排除。

② 要不断排除冷凝水，否则冷凝水积聚于换热器内占据了一部分传热面积，使传热效果降低。排除的方法是在冷凝水排出管上安装冷凝水排出器（也称疏水器），它的作用是在

排除冷凝水的同时阻止蒸汽逸出。

（2）水　水是广泛使用的冷却剂。水的初温由气候条件所决定，一般为4~25℃，因此水的用量主要决定于经过换热器之后的出口温度；其次水中含有一定量的污垢杂质，当沉积在换热器壁面上时就会降低换热器的传热效果。所以冷却水温的确定主要从温度和流速两个方面考虑：

① 水与被冷却的流体之间一般应有5~35℃的温度差；

② 冷却水的温度不能超过40~50℃，以避免溶解在水中的各种盐类析出，在传热壁面上形成污垢；

③ 水的流速不应小于0.5m/s，否则在传热面上易产生污垢。

如果需要把物料加热到180℃以上，就不用饱和水蒸气而需要用其他的载热体，这类载热体工业上称为高温载热体。如果把物料冷却到5~10℃或更低的温度，就必须采用低温冷却剂。

五、间壁式换热器简介

用来实现冷、热流体之间热量交换的设备都可称为热交换器或换热器。在换热器内可以是单纯地进行物料的加热或冷却；也可以进行有相变化的沸腾和冷凝等过程。间壁式换热器的种类很多，下面仅简单介绍列管式换热器。

列管式换热器主要由壳体、管束、管板（花板）和封头等部件组成。一种流体由封头处的进口管进入分配室空间（封头与管板之间的空间）分配至各管内（称为管程），通过管束后，从另一封头的出口管流出换热器。另一种流体则由壳体的进口管流入，在壳体与管束间的空隙流过（称为壳程），从壳体的另一端出口管流出。图3-4所示流体在换热器管束内只通过一次，称为单（管）程列管式换热器。

若在换热器的分配室空间设置隔板，将管束的全部管子平均分成若干组，流体每次只通过一组管子，然后折回进入另一组管子，如此反复多次，最后从封头处的出口管流出换热器。这种换热器称为多（管）程列管式换热器。图3-5所示为双管程列（管）式换热器。

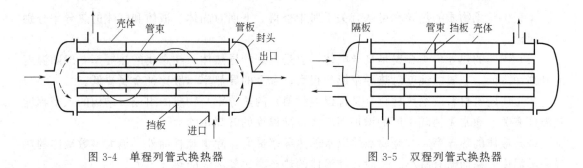

图3-4　单程列管式换热器　　　　图3-5　双程列管式换热器

任务二　学习热传导及热对流

热传导是物体内部分子微观运动的一种传热方式。但热传导的机理很复杂。固体内部的热传导是由于相邻分子在碰撞时传递振动能的结果。在流体特别是气体中，除分子碰撞外，连续而不规则的分子运动是导致热传导的重要原因。此外，热传导也可因物体内部自由电子的转移而发生。金属的导热能力很强的原因就在于此。

冷热两个流体通过金属壁面进行热量交换时，由流体将热量传给壁面或者由壁面将热量传给流体的过程称为对流传热。对流传热是层流内层的导热和湍流主体对流传热的统称。

一、热传导

1. 傅里叶定律

实践证明：单位时间内物体以热传导方式传递的热量 Q 与传热面积 A 成正比，与壁面两侧的温度差 (t_1-t_2) 成正比，而与壁面厚度 δ 成反比，引入比例系数 λ，则得

$$Q=\lambda\frac{A}{\delta}(t_1-t_2) \tag{3-1}$$

式(3-1)称为傅里叶定律，又称为热传导方程式。

2. 热导率（导热系数）

比例系数 λ 称为热导率（旧称导热系数），单位为 W/(m·K) 或 W/(m·℃)。热导率的意义是：当间壁的面积为 $1m^2$，厚度为 1m，壁面两侧的温度差为 1K 时，在单位时间内以热传导方式所传递的热量。显然，热导率 λ 值越大，则物质的导热能力越强。所以热导率 λ 是物质导热能力的标志，为物质的物理性质之一。通常，需要提高导热速率时，可选用热导率大的材料；反之，要降低导热速率时，应选用热导率小的材料。

各种物质的热导率通常用实验方法测定。热导率数值的变化范围很大，一般来说，金属的热导率最大，非金属固体次之，液体的较小，而气体的最小。各类物质热导率的数值范围大致见表 3-1。

表 3-1　各类物质热导率大致范围

物　　质	热导率/[W/(m·K)]	物　　质	热导率/[W/(m·K)]
金属	$10^1 \sim 10^2$	液体	10^{-1}
建筑材料	$10^{-1} \sim 10^0$	气体	$10^{-2} \sim 10^{-1}$
绝热材料	$10^{-2} \sim 10^{-1}$		

工程中常见物质的热导率可从有关手册中查得。下面对固体、液体和气体的热导率分别进行讨论。

（1）固体的热导率　金属是良导电体，也是良好的导热体。纯金属的热导率一般随温度的升高而降低，金属的纯度对热导率影响很大，合金的导热率一般比纯金属要低。

非金属建筑材料或绝热材料（又称保温材料）的热导率与物质的组成、结构的致密程度及温度有关。通常 λ 值随密度的增加而增大，随温度的升高也增大。

（2）液体的热导率　非金属液体以水的热导率最大。除水和甘油外，绝大多数液体的热导率随温度升高而略有减小。一般，纯液体的热导率比其溶液的热导率大。

（3）气体的热导率　气体的热导率很小，对导热不利，但有利于绝热和保温。工业上所用的保温材料，如软木、玻璃棉等的热导率之所以很小，就是因为在其空隙中存在大量空气的缘故。气体的热导率随温度的升高而增大，这是由于温度升高，气体分子热运动增强。但在相当大的压力范围内，压力对热导率无明显影响。

应予指出，在热传导过程中，物质内不同位置的温度各不相同，因而热导率也随之而异，在工程计算中常取热导率的平均值。

二、对流传热

1. 对流传热分析

流体沿固体壁面流动时,无论流动主体湍动得多么激烈,靠近管壁处总存在着一层层流内层。由于在层流内层中不产生与固体壁面成垂直方向的流体对流混合,所以固体壁面与流体间进行传热时,热量只能以热传导方式通过层流内层。虽然层流内层的厚度很薄,但导热的热阻值却很大,因此层流内层产生较大的温度差。另一方面,在湍流主体中,由于对流使流体混合剧烈,热量十分迅速地传递,因此湍流主体中的温度差极小。

图 3-6 是表示对流传热的温度分布示意图,由于层流内层的导热热阻大,所需要的推动力温度差就比较大,温度曲线较陡,几乎成直线下降;在湍流主体,流体温度几乎为一恒定值。一般将流动流体中存在温度梯度的区域称为温度边界层,亦称热边界层。

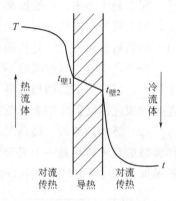

图 3-6 对流传热温度分布

2. 对流传热方程

大量实践证明:在单位时间内,以对流传热过程传递的热量 Q 与固体壁面的面积 A、壁面温度 $t_{壁}$ 和流体主体平均温度 t 的差成正比;引入比例系数即:

$$Q = \alpha A(t_{壁} - t) \tag{3-2}$$

α 称为对流传热系数,其单位为 $W/(m^2 \cdot ℃)$。α 的物理意义是,流体与壁面温度差为 $1℃$ 时,在单位时间内通过单位面积传递的热量。所以 α 值表示对流传热的强度。

式(3-2) 称为对流传热方程式,也称为牛顿冷却定律。牛顿冷却定律以很简单的形式描述了复杂的对流传热过程的速率关系,其中的对流传热系数 α 包括了所有影响对流传热过程的复杂因素。

3. 影响对流传热系数的因素

影响对流传热系数 α 的因素是很多的,凡是影响边界层导热和边界层外对流的条件都和 α 有关,实验表明,影响 α 的因素主要有:

① 流体的种类(液体、气体和蒸汽);
② 流体的物理性质(密度、黏度、热导率和比热容等);
③ 流体的相态变化(在传热过程中有相变发生时的 α 值比没有相变发生时的 α 值大得多);
④ 流体对流的状况(强制对流时 α 值大,自然对流时 α 值小);
⑤ 流体的运动状况(湍流时 α 值大,层流时 α 值小);
⑥ 传热壁面的形状、位置、大小、管或板、水平或垂直、直径、长度和高度等。

由上所述,如何确定不同情况下的对流传热系数,是对流传热的中心问题。

4. 流体有相变化时的对流传热系数

流体在换热器内发生相变化的情况有冷凝和沸腾两种。现分别将两种有相变化的传热进行介绍。

(1) 蒸汽的冷凝　当饱和蒸汽与温度较低的固体壁面接触时,蒸汽将放出大量的潜热,并在壁面上冷凝成液体。蒸汽冷凝有膜状冷凝和珠状冷凝两种方式,膜状冷凝时,冷凝液容易润湿冷却面,珠状冷凝时,冷凝液不容易润湿冷却面。

在膜状冷凝过程中,壁面上形成一层完整的液膜,蒸汽的冷凝只能在液膜的表面进行。而珠状冷凝过程,冷凝液在壁面上形成珠状,液滴自壁面滚转而滴落,蒸汽与重新露出的壁面直接接触,因而珠状冷凝的传热系数比膜状冷凝的传热系数大得多。

在工业生产中,一般换热设备中的冷凝可按膜状冷凝考虑。冷凝的传热系数一般都很大,如水蒸气作膜状冷凝时的传热系数 α 通常为 $5000\sim15000\text{W}/(\text{m}^2\cdot\text{℃})$。因而传热壁的另一侧热阻相对得大,是传热过程的主要矛盾。

当蒸汽中有空气或其他不凝性气体存在时,则将在壁面上生成一层气膜。由于气体热导率很小,使传热系数明显下降。例如,当蒸汽中不凝性气体的含量为 1% 时,α 可降低 60% 左右。因此冷凝器应装有放气阀,以便及时排除不凝性气体。

(2) 液体的沸腾　高温加热面与沸腾液体间的传热在工业生产中是十分重要的。由于液体沸腾的对流传热是一个复杂的过程,影响液体沸腾的因素很多,最重要的是传热壁与液体的温度差 Δt。现以常压下水沸腾的情况为例,说明对流传热的情况。

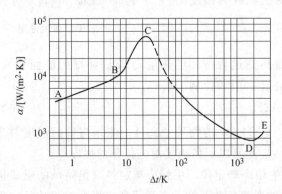

图 3-7　常压下水沸腾时 α 与 Δt 的关系曲线

图 3-7 所示是常压下水在铂电热丝表面上沸腾时 α 与 Δt 的关系曲线。当温度差 Δt 较小,为 5K 以下时,传热主要以自然对流方式进行,如图中 AB 线段所示,α 随 Δt 的增大而略有增大。此阶段称为自然对流区。

当 Δt 逐渐升高越过 B 点时,在加热面上产生许多蒸气泡,由于这些蒸气泡的产生、脱离和上升使液体受到剧烈的扰动,使 α 随 Δt 的增大而迅速增大,在 C 点处达到最大值。此阶段称为核状沸腾。C 点的温度差称为临界温度差。水的临界温度差约为 25K。

当 Δt 超过 C 点继续增大时,加热面逐渐被气泡覆盖,由于传热过程中的热阻大,α 开始减小,到达 D 点时为最小值。此时,若再继续增加 Δt,加热面完全被蒸气泡层所覆盖,通过该蒸气泡层的热量传递是以导热和热辐射方式进行。此阶段称为膜状沸腾。

一般的传热设备通常总是控制在核状沸腾下操作,很少发生膜状沸腾。由于液体沸腾时要产生气泡,所以一切影响气泡生成、长大和脱离壁面的因素对沸腾对流传热都有重要影响。如此复杂的影响因素使液体沸腾的传热系数计算式至今都不完善,误差较大。但液体沸腾时的 α 值一般都比流体不相变的 α 值大,例如,水沸腾时 α 值一般在 $1500\sim30000\text{W}/(\text{m}^2\cdot\text{℃})$。如果与沸腾液体换热的另一股流体没有相变化,传热过程的阻力主要是无相变流体的热阻,在这种情况下,α 值不一定要详细计算,例如,水的沸腾 α 值常取 $5000\text{W}/(\text{m}^2\cdot\text{℃})$。

任务三　学习传热量的计算

在传热系统中温度分布不随时间而改变的传热过程称为稳定传热。连续生产过程中的传热多为稳定传热。化工生产中应用最广的是间壁式换热器。本章只讨论间壁式换热器稳定传热。

一、传热速率方程

在换热器中传热的快慢用传热速率表示。传热速率 Q 是指单位时间内通过传热面的热量，单位为 W。在间壁式换热器中，热量是通过两股流体间的壁面传递的，这个壁面称为传热面，其面积为 A，单位是 m^2。两股流体间所以能有热量交换，是因为它们有温度差。如果以 T 表示热流体的温度，t 表示冷流体的温度，那么温度差（$T-t$）就是热量传递的推动力，用 Δt 表示，单位为 K 或℃。实践证明：两股流体单位时间所交换的热量 Q 与传热面积 A 成正比，与温度差 Δt 成正比，引入比例常数 K，则得

$$Q = KA\Delta t \tag{3-3}$$

式(3-3) 称为传热速率方程式。式中 K 称为传热系数，单位 $W/(m^2 \cdot K)$ 或 $W/(m^2 \cdot ℃)$。

传热系数的意义是：当温度差为 1K 时，在单位时间内通过单位面积所传递的热量。显然，K 值的大小是衡量换热器性能的一个重要指标，K 值越大，表明在单位传热面积上在单位时间内传递的热量越多。

将式(3-3) 改写为

$$\frac{Q}{A} = \frac{\Delta t (传热推动力)}{\frac{1}{K}(传热总阻力)} \tag{3-4}$$

式中 $1/K$ 表示传热过程的总阻力，简称热阻，用 R 表示。即：$R = \frac{1}{K}$

由式(3-4) 可知，单位传热面积上的传热速率与传热推动力成正比，与热阻成反比。因此，提高换热器传热速率的途径为提高传热推动力和降低传热阻力。

下面我们以传热速率方程式为中心来阐述有关传热的各种问题。

二、热负荷和载热体用量的计算

1. 热负荷的计算

由能量守恒定律，在换热器保温良好，无热损失的情况下，单位时间内热流体放出的热量 $Q_热$ 等于冷流体吸收的热量 $Q_冷$。即 $Q_热 = Q_冷 = Q$，称为热量衡算式。

生产上的换热器内，冷、热两股流体间单位时间内所交换的热量是根据生产上换热任务的需要提出的，热流体的放热量或冷流体的吸热量，称为换热器的热负荷。热负荷是要求换热器具有的换热能力。

一个能满足生产换热要求的换热器，必须使其传热速率等于（或略大于）热负荷。所以，我们通过计算热负荷，便可确定换热器的传热速率。

必须注意，传热速率和热负荷虽然在数值上一般看作相等，但其含意却不同。热负荷是由工艺条件决定的，是对换热器的要求；传热速率是换热器本身的换热能力，是设备的特征。

热负荷的计算有以下三种方法。

（1）焓差法　利用流体换热前、后焓值的变化计算热负荷的计算式如下

$$Q = q_{m热}(H_1 - H_2) \quad 或 \quad Q = q_{m冷}(h_2 - h_1) \tag{3-5}$$

式中　Q——热负荷，W；

$q_{m热}$、$q_{m冷}$——热、冷流体的质量流量，kg/s；

H_1、H_2——热流体进、出口的比焓，J/kg；

h_1、h_2——冷流体进、出口的比焓，J/kg。

焓的数值决定于流体的物态和温度。通常取0℃为计算基准，规定液体和蒸气的焓均取0℃液态的焓为0J/kg，而气体则取0℃气态的焓为0J/kg。

(2) 显热法　此法用于流体在换热过程中无相变化的情况。计算式如下

$$Q = q_{m热} c_{热}(T_1 - T_2) \quad 或 \quad Q = q_{m冷} c_{冷}(t_2 - t_1) \tag{3-6}$$

式中　$c_{热}$、$c_{冷}$——热、冷流体的平均定压比热容，J/(kg·℃)；

　　　T_1、T_2——热流体进、出口温度，℃；

　　　t_1、t_2——冷流体进、出口温度，℃。

(3) 潜热法　此法用于流体在换热过程中仅发生相变化（如冷凝或汽化）的情况。

$$Q = q_{m热} r_{热} \quad 或 \quad Q = q_{m冷} r_{冷} \tag{3-7}$$

式中　$r_{热}$、$r_{冷}$——热流体和冷流体的相变热（蒸发潜热），J/kg。

2. 载热体消耗量

换热器中当物料需要冷却时，它所放出的热量由冷流体带走；当物料需要加热时，必须由热流体供给热量。当确定了换热器的热负荷以后，载热体的流量可根据热量衡算确定。

【应用1】　生产中140kPa（绝压）的饱和水蒸气利用换热器将某水溶液从40℃加热到70℃，已知水溶液的流量为2160kg/h，平均比热容为2.9kJ/(kg·℃)，忽略热损失。试求换热器的热负荷及水蒸气消耗量？

分析：由附录查得140kPa饱和水蒸气冷凝热（也称汽化热）为2234.4kJ/kg

由公式(3-6)计算热负荷

$$Q_{热} = Q_{冷} = q_{m冷} c_{冷}(t_2 - t_1) = \frac{2160}{3600} \times 2.9 \times 10^3 \times (70-40) = 52200\text{W} = 52.2\text{kW}$$

水蒸气用量为

$$q_{m热} = \frac{Q_{热}}{r_{热}} = \frac{Q_{冷}}{r_{热}} = \frac{52.2}{2234.4} = 0.0234\text{kg/s} = 84.2\text{kg/h}$$

三、平均温度差

用传热速率方程式计算换热器的传热速率时，因传热面各部位的传热温度差不同，必须算出平均传热温度差 $\Delta t_{均}$ 代替 Δt，即

$$Q = KA\Delta t_{均}$$

$\Delta t_{均}$ 的数值与流体流动情况有关。

1. 恒温传热时的平均温度差

参与传热的冷、热两种流体在换热器内的任一位置、任一时间，都保持其各自的温度不变，此传热过程称为恒温传热。例如用水蒸气加热沸腾的液体，器壁两侧的冷、热流体因自身发生相变化而温度都不变，恒温传热时的平均温度差等于

$$\Delta t_{均} = T - t \tag{3-8}$$

流体的流动方向对 Δt 无影响。

2. 变温传热时的平均温度差

工业上最常见的是变温传热，即参与传热的两种流体（或其中之一）有温度变化。在变温传热时，换热器各处的传热温度差随流体温度的变化而不同，计算时必须取其平均值 $\Delta t_{均}$。

（1）单侧变温时的平均温度差　图 3-8 所示为一侧流体温度有变化，另一侧流体的温度无变化的传热。图 3-8(a) 热流体温度无变化，而冷流体温度发生变化。例如在生产中用饱和水蒸气加热某冷流体，水蒸气在换热过程中由汽变液放出热量，其温度是恒定的，但被加热的冷流体温度从 t_1 升至 t_2，此时沿着传热面的传热温度差 Δt 是变化的。图 3-8(b) 冷流体温度无变化，而热流体的温度发生变化。其温度差的平均值 $\Delta t_{均}$ 可取其对数平均值，即按下式计算

$$\Delta t_{均} = \frac{\Delta t_1 - \Delta t_2}{\ln \dfrac{\Delta t_1}{\Delta t_2}} \tag{3-9}$$

式中取 $\Delta t_1 > \Delta t_2$。Δt_1 和 Δt_2 为传热过程中最初、最终的两流体之间温度差。

在工程计算中，当 $\dfrac{\Delta t_1}{\Delta t_2} \leqslant 2$ 时，可近似地采用算术平均值，即

$$\Delta t_{均} = \frac{\Delta t_1 + \Delta t_2}{2} \tag{3-10}$$

算术平均温度差与对数平均温度差相比较，在 $\Delta t_1 / \Delta t_2 < 2$ 时，其误差 $<4\%$。

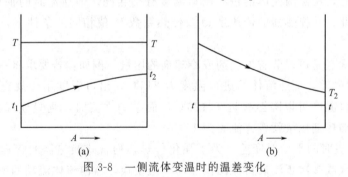

图 3-8　一侧流体变温时的温差变化

【应用 2】　一列管换热器，管外为饱和水蒸气，温度为 120℃。管内走冷空气，温度由 20℃ 升高到 80℃，蒸气与空气流向相同，试求平均温度差？若蒸气与空气流向相反，试求平均温度差？

分析：该传热过程为属单边变温传热

```
热流体    120→120      热流体    120→120
冷流体     20→80       冷流体     80←20
 Δt       ‾100  40‾     Δt       ‾40  100‾
```

所以

$$\Delta t_{均} = \frac{100 - 40}{\ln \dfrac{100}{40}} = 65.5℃$$

由上述应用可知，单边变温传热时，流体的流向对 $\Delta t_{均}$ 无影响。

（2）双侧变温时的平均温度差　工厂中常用的冷却器和预热器等，在换热过程中间壁的一侧为热流体，另一侧为冷流体，热流体沿间壁的一侧流动，温度逐渐下降，而冷流体沿间

壁的另一侧流动,温度逐渐升高。这种情况下,换热器各点的 Δt 也是不同的,属双侧变温传热。在此种变温传热中,参与热交换的两种流体的流向大致有四种类型,如图 3-9 所示。

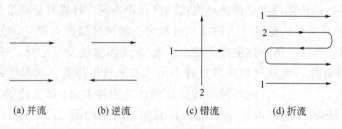

(a) 并流　　(b) 逆流　　(c) 错流　　(d) 折流

图 3-9　流体的流动类型

两者平行而同向的流动,称为并流;两者平行而反向的流动,称为逆流;垂直交叉的流动,称为错流;一流体只沿一个方向流动,而另一流体反复折流,称为折流。变温传热时,其平均温度差的计算方法因流向的不同而异。

① 并流和逆流时的平均温度差。并流与逆流两种流向的平均温度差计算式与式(3-9)完全一样,应当注意,如遇 $\Delta t_1/\Delta t_2 < 2$ 时,仍可用算术平均值计算,即 $\Delta t_{均} = \dfrac{\Delta t_1 + \Delta t_2}{2}$。当两侧流体都变温时,由于流动方向的不同,两端的温度差也不相同,因此并流和逆流时的 $\Delta t_{均}$ 是不相等的。

并流和逆流时,虽然两流体的进、出口温度分别相同,但逆流时的平均温度差 $\Delta t_{均}$ 比并流时的大。因此,在换热器的传热量 Q 及传热系数 K 值相同的条件下,采用逆流操作可节省传热面积。

逆流的另一优点是可以节省加热剂或冷却剂的用量。例如:若要求将一定流量的冷流体从 120℃ 加热到 160℃,而热流体的进口温度为 245℃,出口温度不作规定。此时若采用逆流,热流体的出口温度可以降至接近于 120℃,而采用并流时,则只能降至接近于 160℃。这样,逆流时的加热剂用量就较并流时为少。

② 错流和折流时的平均温度差。为了强化传热,列管式换热器的管程或壳程常常为多程,流体经过两次或多次折流后再流出换热器,这使换热器内流体流动的型式偏离纯粹的逆流和并流,因而使平均温度差的计算更为复杂。错流或折流时的平均温度差是先按逆流计算对数平均温度差 $\Delta t_{逆}$,再乘以温度差修正系数 $\varphi_{\Delta t}$,即:

$$\Delta t_{均} = \varphi_{\Delta t} \Delta t_{逆} \tag{3-11}$$

由于 $\varphi_{\Delta t}$ 的值小于 1,故折流和错流时的平均温度差总小于逆流。采用折流和其他复杂流动的目的是为了提高传热系数,但使其平均温度差相应减小。综合利弊,一般在设计时最好使 $\varphi_{\Delta t} > 0.9$,至少也不应低于 0.8,否则经济上不合理。

>>> 任务四　学习传热系数的计算

传热系数的确定主要有以下三种方法。

一、现场实测

根据传热速率方程可知,只需从现场测得换热器的传热面积 A、平均温度差 $\Delta t_{均}$ 及热

负荷 Q 后，传热系数 K 就很容易计算出来。其中传热面积 A 可由设备结构尺寸算出，$\Delta t_{均}$ 可从现场测定两股流体的进出口温度及它们的流动方式而求得，热负荷 Q 可由现场测得流体的流量，由流体在换热器进出口的状态变化而求得。制成新型换热器后，为了检验其传热性能，也需通过实验，测定其 K 值。

【应用 3】 实训室要试制一台新型热交换器，制成后对其传热性能进行实验。为了测定该换热器的传热系数 K，用水蒸气与冷空气进行热交换。

现场测得：冷空气的流量为 0.15kg/s，进口温度 20℃，出口温度 82℃。饱和水蒸气的压力为 200 kPa（绝压），逆流，传热面积为 1.8m²。

分析：由附录查得 200kPa 饱和水蒸气温度为 120.2℃，近似等于 120℃。空气的平均比热容为 1.0 kJ/(kg·℃)。

由传热速率方程得

$$K = \frac{Q}{A \Delta t_{均}}$$

热负荷 Q

$$Q = q_{m冷} c_{冷}(t_2 - t_1) = 0.15 \times 1.0 \times 10^3 \times (82-20) = 9300\text{W}$$

平均温度差 $\Delta t_{均}$　　逆流

$$\begin{array}{ll} \text{热流体} & 120 \to 120 \\ \text{冷流体} & 82 \leftarrow 20 \\ \Delta t & 38 \quad 100 \end{array}$$

所以 $\Delta t_{均} = \dfrac{100-38}{\ln \dfrac{100}{38}} = 64℃$

传热面积 A　　$A = 1.8 \text{m}^2$

传热系数 K

$$K = \frac{9300}{64 \times 1.8} = 80.7 \text{W/(m}^2 \cdot ℃)$$

二、采用经验数据

在进行换热器的传热计算时，常需要先估计传热系数。表 3-2 列出了常见的列管式换热器的传热系数 K 经验值的大致范围。

表 3-2　列管式换热器中传热系数 K 的经验值

冷流体	热流体	传热系数 /[W/(m²·℃)]	冷流体	热流体	传热系数 /[W/(m²·℃)]
水	水	850~1700	气体	水蒸气冷凝	30~300
水	气体	17~280	水	低沸点烃类冷凝	455~1140
水	有机气体溶剂	280~850	水	高沸点烃类冷凝	60~170
水	轻油	340~910	水沸腾	水蒸气冷凝	2000~4250
水	重油	60~280	轻油沸腾	水蒸气冷凝	455~1020
有机溶剂	有机溶剂	115~340	重油沸腾	水蒸气冷凝	140~425
水	水蒸气冷凝	1420~4250			

由表可见，K 值变化范围很大，化工技术人员应对不同类型流体间换热时的 K 值有一

数量级概念。

三、计算法

传热系数 K 的计算公式可利用串联热阻叠加原则导出。对于间壁式换热器,两流体通过间壁的传热包括以下过程:

① 热流体在流动过程中把热量传给间壁的对流传热;
② 通过间壁的热传导;
③ 热量由间壁另一侧传给冷流体的对流传热。

显然,传热过程的总阻力应等于两个对流传热阻力与一个导热阻力之和。前已述及,K 是传热总阻力 R 的倒数,故可通过串联热阻的方法计算总阻力,进而计算 K 值。

设 α_1 和 α_2 分别表示从热流体传给壁面以及从壁面传给冷流体的对流传热系数,而固体壁面的热导率为 λ,壁厚为 δ。

1. 传热面为平壁

则
$$K=\frac{1}{\frac{1}{\alpha_1}+\frac{\delta}{\lambda}+\frac{1}{\alpha_2}} \tag{3-12}$$

① 若壁面为多层平壁,分母中的 $\frac{\delta}{\lambda}$ 可以写成 $\sum\frac{\delta}{\lambda}=\frac{\delta_1}{\lambda_1}+\frac{\delta_2}{\lambda_2}+\cdots+\frac{\delta_n}{\lambda_n}$;

② 若固体壁面为金属材料,固体金属的热导率大,而壁厚又薄,则式(3-12)还可写成

$$K=\frac{1}{\frac{1}{\alpha_1}+\frac{1}{\alpha_2}}=\frac{\alpha_1\alpha_2}{\alpha_1+\alpha_2} \tag{3-13}$$

③ 两个 α 值相差很悬殊时,则 K 值与小的 α 值很接近,如果 $\alpha_1\gg\alpha_2$,则 $K\approx\alpha_2$;$\alpha_1\ll\alpha_2$,则 $K\approx\alpha_1$。当两个 α 值相差较大时,提高大的 α 值对传热系数 K 值的提高影响甚微;而将值小的 α 值增大一倍时,K 值几乎也增加了一倍。由此可见,传热系数 K 是由最大热阻所控制。因此,在传热过程中要提高 K 值,必须对影响 K 的各项进行具体分析,设法提高最大热阻中的 α 值,才会有显著的效果。

④ 稳定传热过程中热流体对壁面的对流传热量及壁面对冷流体的对流传热量均相等,即

$$\frac{Q}{A}=\alpha_1(T-t_{壁1})=\alpha_2(t_{壁2}-t)$$

由上式可以看出,对流传热系数 α 值大的那一侧,其壁温与流体温度之差就小。换句话说,壁温总是比较接近 α 值大的那一侧流体的温度。这一结论对设计换热器是很重要的。

2. 传热面为圆筒壁

当传热面为圆筒壁时,两侧的传热面积不相等。对于圆管沿热流方向传热面积变化的换热器,其传热系数必须注明是以哪个传热面为基准。由于计算圆筒壁公式复杂,故一般在管壁较薄时,可以简化为使用平壁计算式(3-12),因此,平壁 K 计算式应用很广泛。

3. 污垢热阻

实际生产中的换热设备,因长期使用在固体壁面上常有污垢积存,对传热产生附加热阻,使传热系数 K 降低。因此,在设计换热器时,应预先考虑污垢热阻问题,由于污垢层厚度及其热导率难以测定,通常只能根据污垢热阻的经验值作为参考来计算传热系数 K。

若管壁内、外侧表面上的污垢热阻分别为 $R_内$ 和 $R_外$,式(3-12)可变为

$$K=\cfrac{1}{\cfrac{1}{\alpha_{内}}+R_{内}+\cfrac{\delta}{\lambda}+R_{外}+\cfrac{1}{\alpha_{外}}} \tag{3-14}$$

式(3-14)表明,间壁两侧流体间传热总热阻等于两侧流体的对流传热热阻、污垢热阻及管壁热阻之和。

一般垢层的热导率都比较小,即使是很薄的一层也会形成比较大的热阻。在生产上应尽量防止和减少污垢的形成;如提高流体的流速,使所带悬浮物不致沉积下来;控制冷却水的加热程度,以防止有水垢析出;对有垢层形成的设备必须定期清洗除垢,以维持较高的传热系数。

【应用4】 一单程列管式换热器,由直径为 $\Phi 25\times 2.5\text{mm}$ 的钢管束组成,管束为15根。苯在换热器的管内流动,流量为800kg/h,由80℃冷却到35℃,冷却水在管间和苯呈逆流流动,流量为600kg/h,进口水温为20℃。已知水侧和苯侧的对流传热系数分别为1.70kW/($m^2\cdot$℃)和0.85kW/($m^2\cdot$℃),污垢热阻、管壁热阻和换热器的热损失可忽略,苯的平均比热容为1.8kJ/(kg·℃),冷水的平均比热容为4.17kJ/(kg·℃)。求①冷却水的终温;②传热系数 K;③换热器的传热面积;④所需每根钢管的长度。

分析:

① 冷却水的出口温度 t_2 由热量衡算得

$$Q=q_{m热}c_{热}(T_1-T_2)=q_{m冷}c_{冷}(t_2-t_1)$$
$$=\frac{800}{3600}\times 1.8\times 10^3\times(80-35)=\frac{600}{3600}\times 4.17\times 10^3\times(t_2-20)$$

∴ $t_2=46$℃

② 传热系数 K

$$K=\cfrac{1}{\cfrac{1}{\alpha_1}+\cfrac{1}{\alpha_2}}=\cfrac{\alpha_1\alpha_2}{\alpha_1+\alpha_2}=\cfrac{1.7\times 0.85}{1.7+0.85}=0.567\text{kW}=567\text{W}$$

③ 换热器的传热面积 A 由传热速率方程得

$$Q=q_{m热}c_{热}(T_1-T_2)==\frac{800}{3600}\times 1.8\times 10^3\times(80-35)=18000\text{W}$$

逆流   热流体 80→35

冷流体 46←20

Δt 34   15

$$\Delta t_{均}=\cfrac{34-15}{\ln\cfrac{34}{15}}=23.2\text{℃}$$

$$A=\cfrac{Q}{K\Delta t_{均}}=\cfrac{18000}{567\times 23.2}=1.37\text{m}^2$$

④ 所需每根钢管的长度

$$l=\cfrac{A}{n\pi d_{外}}=\cfrac{1.37}{15\times 3.14\times 0.025}=1.16\text{m}$$

▶▶▶ 任务五 认知传热设备

化工生产中,换热器可作为加热器、冷却器、冷凝器、蒸发器和再沸器等,应用甚为广泛。由于生产规模、物料的性质、传热的要求等各不相同，故换热器的类型也是多种多样。根据冷、热流体热量交换的原理和方式基本上可分为三大类：混合式、蓄热式、间壁式。下面对具有代表性的间壁式换热器的特征和构造进行简略说明。

一、间壁式换热器的类型

按照换热面的形式，间壁式换热器主要有管式、板式和特殊形式等类型。

1. 管式换热器

（1）沉浸式换热器　结构如图 3-10 所示：蛇管一般由金属管子弯绕而制成，适应容器所需要的形状，沉浸在容器内，冷热流体在管内外进行换热。

优点：结构简单，便于防腐，能承受高压。

缺点：传热面积不大，蛇管外对流传热系数小，为了强化传热，容器内加搅拌。

（2）套管式换热器　结构如图 3-11 所示：由不同直径组成的同心套管，可根据换热要求，将几段套管用 U 形管连接，目的是增加传热面积；冷热流体可以逆流或并流。

优点：结构简单，加工方便，能耐高压，传热系数较大，能保持完全逆流使平均对数温差最大，可增减管段数量，应用方便。

缺点：结构不紧凑，金属消耗量大，接头多而易漏，占地较大。

用途：广泛用于超高压生产过程，可用于流量不大，所需传热面积不多的场合。

（3）喷淋式换热器　结构如图 3-12 所示：冷却水从最上面的管子的喷淋装置中淋下来，沿管表面流下来，被冷却的流体从最下面的管子流入，从最上面的管子流出，与外面的冷却水进行换热。在下流过程中，冷却水可收集再进行重新分配。

优点：结构简单、造价便宜，能耐高压，便于检修、清洗，传热效果好。

缺点：冷却水喷淋不易均匀而影响传热效果，只能安装在室外。

用途：用于冷却或冷凝管内液体。

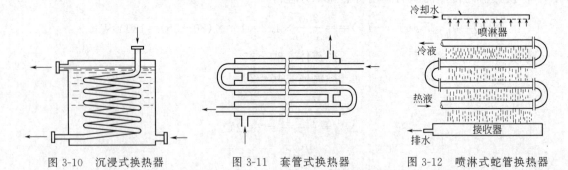

图 3-10　沉浸式换热器　　　图 3-11　套管式换热器　　　图 3-12　喷淋式蛇管换热器

（4）列管式换热器（管壳式换热器）　列管式换热器又称为管壳式换热器，是最典型的间壁式换热器。壳体内装有管束，管束两端固定在管板上。由于冷热流体温度不同，壳体和管束受热不同，其膨胀程度也不同，如两者温差较大，管子会扭弯，从管板上脱落，甚至毁坏换热器。所以，列管式换热器必须从结构上考虑热膨胀的影响，采取各种补偿的办法，消除或减小热应力。

为提高壳程流体流速，往往在壳体内安装一定数目与管束相互垂直的折流挡板。折流挡板不仅可防止流体短路、增加流体流速，还迫使流体按规定路径多次错流通过管束，使湍动程度大为增加。常用的折流挡板有圆缺形和圆盘形两种，前者更为常用。

根据所采取的温差补偿措施，列管式换热器可分为以下几个型式。

① 固定管板式。固定管板式换热器如图3-13所示，壳体与传热管壁温度之差大于50℃时，加补偿圈，也称膨胀节，当壳体和管束之间有温差时，依靠补偿圈的弹性变形来适应它们之间的不同的热膨胀。特点：结构简单，成本低，壳程检修和清洗困难，壳程必须是清洁、不易产生垢层和腐蚀的介质。

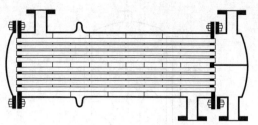

图3-13　具有补偿圈的固定管板式换热器

② 浮头式。如图3-14所示，两端的管板，一端不与壳体相连，可自由沿管长方向浮动。当壳体与管束因温度不同而引起热膨胀时，管束连同浮头可在壳体内沿轴向自由伸缩，可完全消除热应力。特点：结构较为复杂，成本高，消除了温差应力，是应用较多的一种结构形式。

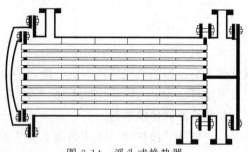

图3-14　浮头式换热器

③ U形管式。如图3-15所示，把每根管子都弯成U形，两端固定在同一管板上，每根管子可自由伸缩，来解决热补偿问题。特点：结构较简单，管程不易清洗，常为洁净流体，适用于高压气体的换热。

2. 板式换热器

进行热交换的两种流体分别在若干层重合在一起的板缝间隙流过，并通过板面交换热量的换热器。板式换热器可以紧密排列，因此各种板式换热器都具有结构紧凑、材料消耗低、

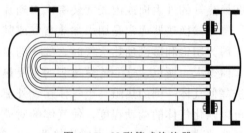

图3-15　U形管式换热器

传热系数大的特点。这类换热器一般不能承受高压和高温，但对于压力较低、温度不高或腐蚀性强而须用贵重材料的场合，各种板式换热器都显示出更大的优越性。

(1) 夹套式换热器　如图3-16所示，夹套装在容器外部，在夹套和容器壁之间形成密闭空间，成为一种流体的通道。

优点：结构简单，加工方便。

缺点：传热面积小，传热效率低。

用途：广泛用于反应器的加热和冷却。为了提高传热效果，可在釜内加搅拌器或蛇管和外循环。

(2) 螺旋板式换热器　如图3-17所示，螺旋板式换热器是由两张金属薄板卷成螺旋状而构成传热壁面，在其内部形成一对同心的螺旋形通道。换热器中央设有隔板，将两个螺旋形通道隔开。两板之间焊有定距柱以维持通道间距，在螺旋板两侧焊有盖板。冷、热流体分别由两螺旋形通道流过，通过薄板进行换热。

螺旋板换热器优点是传热系数大，结构紧凑，单位体积的传热面约为列管式的3倍；冷、热流体间为纯逆流流动，传热推动力大；由于流速较高以及离心力的作用，在较低的雷诺数下即可达湍流，使流体对器壁有冲刷作用而不易结垢和堵塞。其缺点为制造复杂，焊接

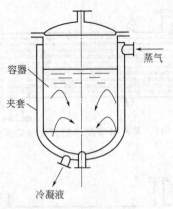

图 3-16 夹套式换热器

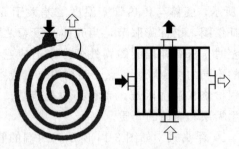

图 3-17 螺旋板式换热器

质量要求高；因整个换热器焊成一体，一旦损坏不易修复；操作压力和温度不能太高，一般压力不超过 2MPa，温度不超过 300～400℃。

3. 特殊形式的换热器

（1）翅片式换热器　在传热面上加装翅片的措施不仅增大了传热面积，而且增强了流体的扰动程度，从而使传热过程强化。翅片式换热器有翅片管式换热器和板翅式换热器两类。

① 翅片管式换热器。翅片管式换热器又称管翅式换热器，如图 3-18 所示。其结构特点是在换热管的外表面或内表面装有许多翅片，常用的翅片有纵向和横向两类。

管翅式换热器通常是用来加热空气或其他气体。

因为用饱和蒸汽加热空气时，气体的对流传热系数 α 值很小，而饱和蒸汽的对流传热系数 α 值很大。所以，这一传热过程的主要热阻便集中在气体一侧，要提高传热速率，就必须设法降低气体一侧的热阻。当气体在管外流动时，在管外增设翅片，既可以增加传热面积，又可以强化气体的湍动程度，使气体的对流传热系数提高。

② 板翅式换热器。板翅式换热器是一种更为高效紧凑的换热器，板翅式换热器的结构形式很多，但其基本结构元件相同，即在两块平行的薄金属板之间，加入波纹状或其他形状的金属片，将两侧面封死，即成为一个换热基本元件。将各基本元件进行不同的叠积和适当的排列，并用钎焊固定，制成常用的逆流或错流板翅式换热器的板束，如图 3-19 所示。把板束焊在带有流体进、出口的集流箱（外壳）上，就成为板翅式换热器。我国目前常用的翅片型式有光直型翅片、锯齿型翅片和多孔型翅片 3 种。

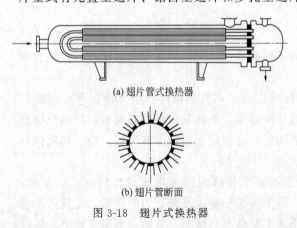

图 3-18 翅片式换热器

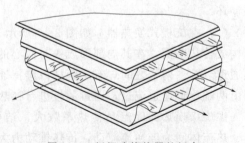

图 3-19 板翅式换热器的板束

（2）热管换热器　热管是一种新型换热元件。如图3-20所示，在一根装有毛细吸芯金属管内充以定量的某种工作液体，然后封闭并抽除不凝性气体。当加热段受热时，工作液体遇热沸腾，产生的蒸气流至冷却段凝结释放潜热，冷凝液回流至加热段再次沸腾。如此过程反复循环，热量则由加热段传至冷却段。

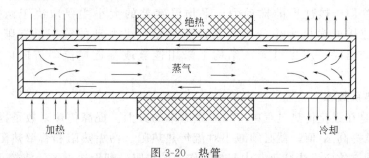

图 3-20　热管

用热管制成的换热器，对强化壁两侧对流传热系数皆很小的气-气传热过程特别有效。近年来，热管换热器广泛地应用于回收锅炉排除的废热以预热燃烧所需之空气，取得很大的经济效果。

（3）流化床换热器　通过在流体中加固体颗粒，当管程内的流体由下往上流动，使众多的固体颗粒保持稳定的流化状态，对换热器管壁起到冲刷、洗垢作用。同时，使流体在较低流速下也能保持湍流，大大强化了传热速率。

二、换热器的运行操作

① 换热器开车前应检查压力表、温度计、液位计以及相关阀门是否正常。

② 输送加热蒸汽前，先打开冷凝水排放阀门，排出积水和污垢；打开放空阀，排出空气及其他不凝性气体。

③ 换热器开车时，要先通入冷流体，缓慢或数次通入热流体，做到先预热、后加热，切忌骤冷骤热。开、停换热器时，不要将阀门开得太猛，否则容易造成管子和壳体受到冲击，以及局部骤然涨缩，产生热应力，使局部焊缝开裂或管子连接口松动、脱落。

④ 若进入换热器的流体不清洁，需提前过滤、清除，防止堵塞通道。

⑤ 换热器使用期间，需要巡回检查冷、热流体的进、出口温度和压力，控制在正常工艺指标内。

⑥ 定期分析流体的成分，以确定换热器有无内漏，以便及时处理。

⑦ 巡回检查换热器的阀门、封头、法兰连接处有无渗漏，以便及时处理。

⑧ 换热器定期进行除垢、清洗。

三、传热过程的强化途径

所谓强化传热过程，就是指提高冷、热流体间的传热速率。从传热方程 $Q=KA\Delta t_{均}$ 可以看出，提高 K、A、$\Delta t_{均}$ 中任何一个均可强化传热。但究竟哪一个因素对提高传热速率起着决定作用，则需作具体分析。

1. 增大传热面积 A

增大传热面积是强化传热的有效途径之一，但不能靠增大换热器体积来实现，而是要从设备的结构入手,提高单位体积的传热面积。当间壁两侧 α 相差很大时,增加 α 值小的那一侧的传热面积,会大大提高换热器的传热速率。如采用小直径管,用螺旋管、波纹管代替光滑管,采用翅片式换热器都是增大传热面积的有效方法。

2. 增大平均温度差 $\Delta t_{均}$

传热温度差是传热过程的推动力。平均温度差的大小主要取决于两流体的温度条件。一般来说流体的温度为生产工艺条件所规定,可变动的范围是有限的。当换热器中两侧流体都变温时,应尽可能从结构上采用逆流或接近逆流的流向以得到较大的传热温度差。

3. 增大传热系数 K

增大 K 值是在强化传热过程中应该着重考虑的方面。提高传热系数是提高传热效率的最有效途径。欲提高 K 值,就必须减小对流传热热阻、污垢热阻和管壁热阻。由于各项热阻所占比重不同,故应设法减小其中起控制作用的热阻。即设法增加 α 值较小的一方。但当两个 α 值相近时,应同时予以提高。根据对流传热过程分析,对流传热的热阻主要集中在靠近管壁的层流边界层上,减小层流边界层的厚度是减小对流传热热阻的主要途径,通常采用的措施有以下几种。

① 提高流速,流速增大 Re 随之增大,层流边界层随之减薄。例如增加列管式换热器中的管程数和壳体中的挡板数,可提高流体在管程的流速,加大流体在壳程的扰动。

② 增强流体的人工扰动,强化流体的湍动程度。如管内装有麻花铁、螺旋圈等添加物,它们能增大壁面附近流体的扰动程度,减小层流边界层的厚度,增大 α 值。

③ 防止结垢和及时清除垢层,以减小污垢热阻。例如,增大流速可减轻垢层的形成和增厚;让易结垢的流体在管内流动,以便于清洗;采用机械或化学的方法清除垢层,也可采用可拆卸结构的换热器,以便于垢层的清除。

强化传热要权衡得失,综合考虑。如通过提高流速,增加流体的湍动程度以强化传热的同时,都伴随着流体阻力的增加。因此在采取强化传热措施的时候,要对设备结构、制造费用、动力消耗、检修操作等全面考虑,加以权衡,得到经济而合理的方案。

四、列管式换热器设计或选用时应考虑的问题

1. 流体流经管程或壳程的选择原则

① 不清洁或易结垢的流体,宜走容易清洗的一侧。对于直管管束宜走管程;对于 U 形管束宜走壳程。

② 腐蚀性流体宜走管程,以免壳体和管束同时被腐蚀。

③ 压力高的流体宜走管程,以避免制造耐高压的壳体。

④ 饱和蒸汽宜走壳程,以便于排出冷凝液。

⑤ 对流传热系数明显小的流体宜走管内,以便于提高流速,增大 α 值。

⑥ 被冷却的流体宜走壳程,便于散热,增强冷却效果。

⑦ 有毒流体宜走管程,使向环境泄漏机会减少。

⑧ 黏度大的液体或流量小的流体宜走壳程,因有折流挡板的作用,流速和流向不断改变,在低 Re 数下($Re<100$)即可达到湍流。

⑨ 两流体温度差较大时,对于固定管板式换热器,宜将对流传热系数大的流体走壳程,以减小管壁与壳体的温度差,减小温度应力。

2. 流体流速的选择

流体流速的选择涉及传热系数、流体阻力及换热器结构等方面。增大流速，不仅对流传热系数增大，也可减少杂质沉淀或结垢，但流体阻力也相应增大。故应选择适宜的流速，通常根据经验选取。表 3-3～表 3-5 列出工业上常用的流速范围。选择流速时，应尽量避免在层流下流动。

表 3-3　列管换热器中常用的流速范围

流体的种类		一般流体	易结垢液体	气体
流速/(m/s)	管程	0.5～3.0	>1.0	5.0～30
	壳程	0.2～1.5	>0.5	3.0～15

表 3-4　列管换热器中不同黏度液体的常用流速

液体黏度/(mPa·s)	>1500	1500～500	500～100	100～35	35～1	<1
最大流速/(m/s)	0.6	0.75	1.1	1.5	1.8	2.4

表 3-5　列管换热器中易燃、易爆液体的安全允许速度

液体名称	乙醚、二硫化碳、苯	甲醇、乙醇、汽油	丙酮
安全允许速度/(m/s)	<1	<2～3	<10

3. 流体进、出口温度的确定

换热器内两股流体进、出口温度，常由生产过程的工艺条件所决定，但在某些情况下则应在设计时加以确定。如用冷却水冷却某种热流体，冷却水进口温度往往由水源及当地气温条件所决定，但冷却水出口温度则需要在设计换热器时确定。为了节约用水，可使水的出口温度高些，但所需传热面积加大；反之，为减小传热面积，则可增加水量，降低出口温度。据一般的经验，冷却水的温度差可取 5～10℃。缺水地区可选用较大温度差，水源丰富地区可选用较小的温度差。若用加热介质加热冷流体，可按同样的原则选择加热介质的出口温度。

4. 提高管内膜系数的方法——多程

当流体流量较小而所需传热面积较大，即管数多，管内流速较低时，为了提高流速，增大管程对流传热系数，可采用多程，即在换热器封头内装置隔板。但程数多时，隔板占去了布管面积，使管板上能利用的面积减少，导致管程流体阻力增加，平均温度差下降。设计时应综合考虑这些问题。列管换热器系列标准中管程数有 1、2、4、6 四种。采用多程时，通常应使每程的管子数相等。

5. 提高管外膜系数的方法——装置挡板

安装挡板的目的是为了加大壳程流体的速度，使湍动程度加剧，提高壳程流体的对流传热系数。常用的方式有下面两种。

（1）装置纵向挡板　当温度差校正系数 $\varphi_{\Delta t}<0.8$ 时，应采用壳方多程。壳方多程可通过安装与管束平行的纵向隔板来实现。流体在壳内经过的次数称壳程数。但由于壳程纵向挡板在制造、安装和检修方面都很困难，故一般不宜采用。常用的方法是将几个换热器串联使用，以代替壳方多程。

（2）装置横向挡板　这是提高壳程流体对流传热系数最常用的方法，即在垂直于管束的方向上装置挡板。挡板有弓形（圆缺形）、圆盘形（盘环形）等形式，挡板的形式和间距对

壳程流体的流动和传热有重要影响。其中以弓形挡板应用最多,弓形挡板的弓形缺口过大或过小都不利于传热,还会增加流体阻力。通常切去的弓形高度为 20%~25% 壳内径,板间距常在 0.2~1 倍壳内径左右。图 3-21 表示挡板切口和板间距对流体影响。总的说来,弓形过高及板间距过大,将起不到改善壳程流体对流传热的效果;弓形过低及板间距过小,壳程流体阻力将不合理地增加。

(a) 切口过小,板间距过大　　　(b) 切口适当　　　(c) 切口过大

图 3-21　挡板切口和板间距对流动的影响

能　力　训　练

一、简答题

1. 传热的基本方式有哪些?有何特点?
2. 热传导方程的应用条件?热导率 λ 的物理意义和单位。
3. 对流传热方程的应用条件?对流传热系数 α 的物理意义和单位。
4. 传热速率方程的应用条件?传热系数 K 的物理意义和单位。
5. 什么叫做热阻?最大热阻在传热过程中起何作用。
6. 在传热过程中,两种流体间的相互流向有几种?各有何特点?为什么变温传热时,大多采用逆流传热?
7. 为什么蒸汽冷凝对流传热时,要定期排放其中的不凝性气体?
8. 换热器是如何分类的,工业上常用的换热器有哪些类型,各有何特点?
9. 列管式换热器为何常采用多管程,分程的作用是什么?
10. 试述列管式换热器热补偿的作用及方法。
11. 试分析强化传热的途径。

二、填空题

1. 各种物体的热导率大小顺序为_____。
2. 当流体在管内湍流流过时,对流传热热阻主要集中在_____,为了减小热阻以提高 α 值,可采用的措施是_____。
3. 总传热系数的倒数 $1/K$ 代表_____,提高 K 值的关键是_____。
4. 在卧式管壳式换热器中,用饱和水蒸气冷凝加热原油。则原油宜在_____程流动,总传热系数 K 值接近于_____的对流传热系数。
5. 水蒸气在套管换热器的环隙中冷凝加热走管内的空气,则总传热系数 K 值接近于_____的对流传热系数;管壁的温度接近于_____的温度。

三、选择题

1. 双层平壁稳定热传导,两层厚度相同,各层的热导率分别为 λ_1 和 λ_2,其对应的温度差为 Δt_1 和 Δt_2,则 λ_1 和 λ_2 的关系为(　　)。

　　A. $\lambda_1 > \lambda_2$　　　　　　　　　　B. $\lambda_1 < \lambda_2$
　　C. $\lambda_1 = \lambda_2$　　　　　　　　　　D. 无法确定

2. 在管壳式换热器中，用饱和水蒸气冷凝加热空气，下面两项判断为（　　）。
① 传热管壁温度接近加热蒸汽温度。
② 总传热系数接近于空气侧对流传热系数。
   A. ①、②均合理　　　　　　　　　　B. ①、②均不合理
   C. ①合理，②不合理　　　　　　　　D. ①不合理，②合理
3. 对流传热速率＝系数×推动力，其中推动力是（　　）。
   A. 两流体的温度差　　　　　　　　　B. 流体温度与壁面温度差
   C. 同一流体的温度差　　　　　　　　D. 两流体的速度差
4. 某一间壁式换热器中，热流体一侧恒温，冷流体一侧变温。比较逆流和并流 $\Delta t_{逆}$ 有（　　）。
   A. $\Delta t_{逆} > \Delta t_{并}$　　　　　　　　　　B. $\Delta t_{逆} < \Delta t_{并}$
   C. $\Delta t_{逆} = \Delta t_{并}$　　　　　　　　　　D. 无法确定
5. 工业生产中，沸腾传热应设法保持在（　　）。
   A. 自然对流区　　　　　　　　　　　B. 膜状沸腾区
   C. 核状沸腾区　　　　　　　　　　　D. 过渡区

四、计算题
1. 流体的质量流量为1000kg/h，试计算以下各过程中流体放出或得到的热量。
   (1) 常压下将20℃的空气加热至160℃；
   (2) 煤油自120℃降温至40℃ [取煤油比热容为2.09kJ/(kg·℃)]；
   (3) 绝对压为120kPa的饱和蒸汽冷凝并冷却成60℃的水。
2. 在一套管换热器中，内管为 $\phi 57mm \times 3.5mm$ 的钢管，流量为2500kg/h，平均比热容为2.0kJ/(kg·℃)的热流体在内管中从90℃冷却至50℃，环隙中冷水从20℃被加热至40℃，已知传热系数 K 值为200W/(m^2·℃)，试求：(1) 冷却水用量（kg/h）；(2) 并流流动时的平均温度差（℃）及所需的套管长度（m）；(3) 逆流流动时的平均温度差（℃）及所需的套管长度（m）。
3. 房屋的砖壁厚650mm，室内空气为18℃，室外空气为－5℃。如果室内空气至壁面与室外壁面至空气的对流传热系数分别为8.12W/(m^2·℃) 和11.6W/(m^2·℃)，试求单位面积砖壁的热损失和砖壁内、外壁面的温度。砖的热导率为0.75W/(m·K)。
4. 一列管式换热器，由 $\phi 25mm \times 2.5mm$ 钢管制成。管内走流量为10kg/s的热流体，定压比热容为0.93kJ/(kg·℃)，温度由50℃冷却到40℃。流量为3.70kg/s的冷却水走管外与热流体逆流流动，冷却水进口温度为30℃。已知管内热流体的 $\alpha_1 = 50W/(m^2 \cdot ℃)$，$R_{垢1} = 0.5 \times 10^{-3}(m^2 \cdot ℃)/W$，管外水侧 $\alpha_2 = 5000W/(m^2 \cdot ℃)$，$R_{垢2} = 0.2 \times 10^{-3}(m^2 \cdot ℃)/W$。试求：(1) 传热系数 K（可按平壁面计算）；(2) 传热面积 A；(3) 忽略管壁及污垢热阻，α_1 提高一倍，α_2 不变，求传热系数；(4) 忽略管壁及污垢热阻，α_2 提高一倍，α_1 不变，求传热系数。

项目四　蒸馏操作技术

【知识目标】
◎ 了解蒸馏的基础知识、基本原理；
◎ 理解精馏原理和精馏流程；
◎ 掌握双组分连续精馏过程的基本计算；
◎ 典型精馏设备的操作要点。

【能力目标】
◎ 典型精馏设备的正常开、停车操作；
◎ 能够根据精馏生产任务确定精馏生产的初步操作方案；
◎ 能够根据精馏操作规程进行常规精馏操作。

【生产实例1】　酿酒工业中的蒸馏工艺
如图 4-1 所示，白酒的酿造过程一般离不开蒸馏工艺。

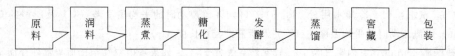

图 4-1　酿酒工艺

蒸馏是酿酒工艺的重要过程，酿酒原料的发酵只能使酒精含量达到 15％ 左右，再提纯或提高酒精含量就需要用蒸馏的方法来处理了。在经过发酵的酒液中，不但含有酒精，还有原材料物质和一部分香型物质，酒精的沸点温度为 78.3℃，将发酵过的原料加热到一定程度，就能获得酒精蒸气，冷凝后就是液体酒精。

在蒸馏过程中，酿酒师通常根据不同的温度有选择地采出产品而保证酒的质量。利用蒸馏的方法酿制的白酒一般称为蒸馏酒，如茅台、五粮液、白兰地和威士忌等烈性白酒。

【能力训练】　请在后续学习中理解酿酒师根据不同的蒸馏温度来保证酒的质量的原理。

【生产实例2】　炼油厂蒸馏分离
蒸馏是石油炼制过程中最基本的分离方法，它可将原油分离成不同沸点范围的油品（称为馏分）。

如图 4-2 所示，原油经过预处理而脱除其中的水分和盐杂质，然后在接近常压下在蒸馏设备（蒸馏塔）进行蒸馏，依次分离出汽油、煤油（或喷气燃料）、柴油等馏分，常压重油（即常压渣油）则残余在塔底，再使常压重油在减压塔中蒸馏，分离出重质馏分油作为润滑油料、裂化原料或裂解原料，塔底残余为减压渣油。

原油蒸馏所得各馏分有一些是石油化工生产的原料，有一些是二次加工的原料。石油炼

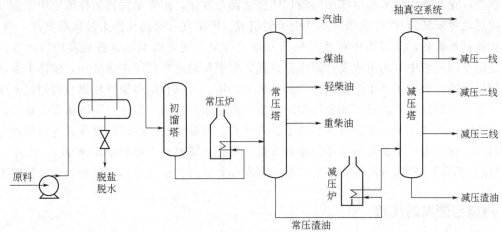

图 4-2 石油加工工艺之原油蒸馏

制中的蒸馏设备一般有多个侧线出料口，多个侧口（一般有3～4个）可以同时引出轻重不同的馏分（油品），各馏分的分离程度不像纯化合物蒸馏那么高；原油蒸馏塔底物料很重，通常在塔底通入过热水蒸气，使较轻馏分蒸发；原油各馏分的平均沸点相差较大，使蒸馏塔内蒸气负荷和液体负荷由下向上递增，则采用在塔中部抽出液体，经换热冷却回收热量后再送回塔内的中段回流取热，通常采用2～3个中段回流。

【能力训练】请在后续学习中理解将原油分离为不同油品的依据和原理。

>>> 任务一　了解蒸馏操作技术的基本知识

蒸馏操作是传质分离的典型单元操作之一，是分离均相液体混合物的重要操作技术，工业应用非常广泛。

一、蒸馏操作及其工业生产中的应用

蒸馏在炼油工业、化工、制药和轻工等领域的应用非常重要。生产中所涉及的液体物料，如原料、中间产物和初产品等，几乎都是由两个或两个以上的组分组成的均相液体混合物，为满足加工、运输、储存和使用的要求，经常将这些混合物分离为较纯净或几乎纯态的物质。前述案例中的原油、酒精-水溶液，又如苯-甲苯混合物等，此类液体混合物并没有呈现任何明显界面状态，不能用过滤、分液等简单的分离方法将其中的组分分离开来，而蒸馏却是分离和提纯均相液体混合物的典型单元操作。例如，通过蒸馏可使混合芳烃中的苯、甲苯及二甲苯等组分得以分离；也可蒸馏液态空气而得到较纯的液氧和液氮等组分。

均相液体混合物的分离是基于混合物中各组分之间某种性质的差异，蒸馏操作就是依据液体混合物中各组分挥发性能（沸点或蒸气压）的差异来实现分离的单元操作。混合液在受热部分汽化的时候，由于各组分挥发性能的差异，将会得到与原来混合液体的组成不同的混合蒸气，组分的挥发性越强，则该组分在蒸气中的含量相比原混合液体中越高。蒸馏操作分离的均相液体混合物中，沸点低的组分较易挥发，称为易挥发组分或轻组分，如酒精-水溶液中的酒精和苯-甲苯溶液中的苯；同一混合物中沸点高的组分较难挥发，称为难挥发组分或重组分，如酒精-水溶液中的水和苯-甲苯溶液中的甲苯。

例如，在容器中将苯和甲苯的溶液加热使之部分汽化，由于苯的挥发性能比甲苯强（即苯的沸点比甲苯低），汽化出来的蒸气中苯的组成（即浓度）必然比原来液体的要高。当气、液两相达到平衡后，从容器中将蒸气抽出并使之冷凝，则可得到苯含量较高的冷凝液。显然，遗留下的残液中苯的组成要比原来溶液低，即甲苯组成要比原来溶液高，液体混合物就得到初步分离。再如用来生产聚氯乙烯的单体氯乙烯，可以利用蒸馏操作提纯到超过99％。

可见，蒸馏操作是通过液相和气相间的质量传递来实现的。对于均相液体混合物系，必须要造成一个两相体系，才能将混合物系分离开来。通常将物质的转移过程称为传质过程或分离操作。化工生产中常见的传质过程有蒸馏、吸收、萃取和干燥等单元操作。

【能力训练】 蒸馏分离的物系的各组分挥发性差异的大小对分离难度和效果有何影响？

二、蒸馏与蒸发的比较

简单地说，工业蒸发过程是液体表面汽化的过程，可在任何温度下发生，但一般需要加热，其目的是将溶液提浓或将溶液中的固体溶质和液体溶剂分离开。被蒸发的溶液是由不挥发的溶质（多为固体）与可挥发的溶剂组成，工程上一般采用加热使溶液处于沸腾状态而使溶剂汽化，如蒸发氯化钠溶液分离食盐，其中溶剂具有挥发性，可以通过加热汽化而除去或回收，但溶质基本没有挥发性。

蒸馏需要通过加热或冷凝使物系造成气、液两相体系，使大量低沸点组分从溶液中汽化出来再进行冷凝而得到产品的单元操作。被蒸馏的溶液是由两种或两种以上的可挥发性液体组成，溶质和溶剂均有挥发性。

三、蒸馏操作的特点

① 均相液体混合物通过蒸馏分离可以直接获得所需要的产品（轻组分或重组分），操作流程通常较为简单。而吸收、萃取等分离方法，由于有外加的溶剂，需进一步使所提取的组分与外加组分再行分离。

② 蒸馏操作不仅可以用于分离液体混合物，还可用于气态或固态混合物的分离。例如，可将空气加压液化，再用精馏方法获得氧、氮等产品；再如，脂肪酸的混合物，可用加热使其熔化，并在减压下建立气、液两相系统，用蒸馏方法进行分离。

③ 蒸馏过程对混合物原料的浓度要求比较低，浓度适用范围广。而吸收、萃取等操作，只有当被提取组分浓度较低时才比较经济。

④ 蒸馏操作是通过加热混合液而建立气、液两相体系的，所得到的气相还需要再冷凝液化。因此，蒸馏操作耗能较大。节能、降耗是当今世界需要重视的问题之一。

【能力训练】 请在完成本项目内容后，提出精馏操作中合理的节能、降耗构想。

四、蒸馏过程的分类

工业生产中，蒸馏操作可按以下方法分类。

按蒸馏操作方式可分为简单蒸馏、平衡蒸馏（闪蒸）、精馏和特殊精馏等。简单蒸馏和平衡蒸馏为单级蒸馏过程，常用于混合物中各组分的挥发性相差较大，对分离要求又不高的场合；精馏为多级蒸馏过程，适用于混合物中各组分的挥发性相差不大或对分离要求较高的场合；特殊精馏适用于某些普通精馏难以分离或无法分离的物系。工业生产中以精馏的应用最为广泛。如果在精馏的同时又有化学反应,则称为反应精馏。

按蒸馏操作流程可分为间歇蒸馏和连续蒸馏。间歇蒸馏具有操作灵活、适应性强等优点,但生产规模较小,适用于多品种或某些有特殊要求的场合;连续蒸馏具有生产能力大、产品质量稳定、操作连续且方便等优点,适用于生产规模大、产品质量要求高的场合。间歇蒸馏为非稳态操作,连续蒸馏为稳态操作。

按被分离的物系中组分的数目可分为双组分蒸馏和多组分蒸馏。工业生产中,绝大多数为多组分精馏,但两组分精馏的原理及计算原则同样适用于多组分精馏,因此常以双组分精馏为基础。

按蒸馏操作压力可分为常压、加压和减压蒸馏。常压下为气态(如空气、轻烃类)或常压下不易液化的混合物,常采用加压蒸馏;常压汽化温度较高(150℃以上)或热敏性混合物(高温下易发生分解、聚合等变质现象),常采用减压蒸馏,以降低操作温度。

蒸馏的分类比较,见表4-1。

表 4-1 蒸馏操作的分类

分 类		特点及应用
按蒸馏方式	平衡蒸馏	平衡蒸馏和简单蒸馏,只能达到有限程度的提浓而不可能满足高纯度的分离要求。常用于混合物中各组分的挥发度相差较大,对分离要求又不高的场合
	简单蒸馏	
	精馏	精馏是借助回流技术来实现高纯度和高回收率的分离操作
	特殊精馏	特殊精馏适用于普通精馏难以分离或无法分离的物系
按操作压力	加压精馏 常压精馏 真空精馏	常压下为气态(如空气)或常压下沸点为室温的混合物,常采用加压蒸馏;对于常压下沸点较高(一般高于150℃)或高温下易发生分解、聚合等变质现象的热敏性物料宜采用真空蒸馏,以降低操作温度
按混合物中组分的数目	双组分精馏 多组分精馏	工业生产中,绝大多数为多组分精馏,多组分精馏过程更复杂
按操作流程	间歇精馏 连续精馏	间歇操作是不稳定操作,主要应用于小规模、多品种或某些特殊要求的场合,工业中以连续精馏为主

本项目主要研究常压下双组分连续精馏操作内容。

>>> 任务二 理解双组分溶液的气、液相平衡关系

气液相平衡关系是指溶液与其上方蒸气达到相平衡时,气、液两相之间组成的关系。蒸馏是气液两相之间的传质过程,而气液两相平衡则是传质的极限,气液两相的各组分浓度偏离平衡浓度的差值即是蒸馏传质的推动力。所以,气、液相平衡关系是分析蒸馏原理和进行蒸馏设备及生产过程计算的理论基础。

一、蒸馏操作的气、液相组成表示方法

在讨论蒸馏过程的双组分气、液相平衡关系时,一般用摩尔分数来表示气、液两相的组成。若A和B分别表示双组分物系的易挥发组分和难挥发组分,以 x_A、y_A 表示液相和气相中易挥发组分的摩尔分数,以 x_B、y_B 表示液相和气相中难挥发组分的摩尔分数。则有以下关系:

$$x_A + x_B = 1 \qquad y_A + y_B = 1 \tag{4-1}$$

为了方便表示双组分溶液的组成关系,常将下标 A 和 B 去掉,以 x 和 y 表示液相和气相中易挥发组分的摩尔分数,以 $1-x$ 和 $1-y$ 表示液相和气相中难挥发组分的摩尔分数。

摩尔分数 x_A 和质量分数 w_A 的关系为:

$$x_A = \frac{\dfrac{w_A}{M_A}}{\dfrac{w_A}{M_A} + \dfrac{w_B}{M_B}} = \frac{\dfrac{w_A}{M_A}}{\dfrac{w_A}{M_A} + \dfrac{1-w_A}{M_B}} \tag{4-2}$$

式中　w_A、w_B——组分 A、B 的质量分数;
　　　M_A、M_B——组分 A、B 的摩尔质量。

二、双组分理想溶液的气、液相平衡关系

溶液可以分为理想溶液和非理想溶液。依据分子模型理论,溶液中各组分的分子的大小及作用力彼此相似,当一种组分的分子被另一种组分的分子取代时,没有能量的变化或空间结构的变化,即可以作为理想溶液。反之,则为非理想溶液。理想溶液和非理想溶液在气、液相平衡关系上是有差异的。实验表明,理想溶液的气、液相平衡关系遵循拉乌尔定律。

1. 拉乌尔定律

拉乌尔定律表示理想溶液的气、液相平衡关系,理想溶液只是一种理想模型,真正的理想溶液是不存在的,但符合理想溶液分子模型的溶液均可视为理想溶液,如苯-甲苯溶液、烷烃同系物等。

实验证明,气相中各组分的分压等于该组分在溶液同温度下的饱和蒸气压与其在溶液中的摩尔分数的乘积。表达式如下:

$$p_A = p_A^0 x_A \tag{4-3}$$

$$p_B = p_B^0 x_B = p_B^0 (1 - x_A) \tag{4-4}$$

此即为拉乌尔定律的表达式。

式中　p_A、p_B——气相中组分 A、B 的分压,kPa;
　　　p_A^0、p_B^0——溶液同温度下组分 A、B 的饱和蒸气压,kPa;

当物系达到平衡状态时,可认为气相为理想气体,即服从道尔顿分压定律:

$$p = p_A + p_B = p_A^0 x_A + p_B^0 (1 - x_A) \tag{4-5}$$

去掉下标并整理得

$$x = \frac{p - p_B^0}{p_A^0 - p_B^0} \tag{4-6}$$

且

$$y = \frac{p_A^0 x}{p} \tag{4-7}$$

式中,p 为气相总压,即蒸馏操作压强,kPa。

式(4-6)和式(4-7)分别称为泡点方程和露点方程。由此可见,气、液两相达到平衡时,其组成仅与操作压强和温度有关。

【应用 1】　试求在操作压力为 101.3kPa、操作温度为 95℃时,苯-甲苯溶液的气、液相平衡组成。已知 95℃下,纯苯的饱和蒸气压为 $p_A^0 = 155.7$ kPa,纯甲苯的饱和蒸气压为 $p_B^0 = 63.3$ kPa,溶液视为理想溶液。

应用分析与解决:根据泡点方程[式(4-6)]和露点方程[式(4-7)]可得:

$$x = \frac{p - p_B^0}{p_A^0 - p_B^0} = \frac{101.3 - 63.3}{155.7 - 63.3} = 0.412$$

$$y = \frac{p_A^0 x}{p} = \frac{155.7 \times 0.412}{101.3} = 0.633$$

2. 理想溶液的气、液相平衡图

双组分理想溶液的蒸馏操作一般在恒压下进行，常用恒压下的气、液相平衡图进行过程分析。其中包括温度-组成（t-x-y）图和气-液相组成（x-y）图。

（1）温度-组成（t-x-y）图 如图4-3所示，以苯-甲苯混合液在压强为101.3kPa达到平衡时的t-x-y图为例进行分析。以温度t为纵坐标，以液相组成x或气相组成y为横坐标（x、y指易挥发组分在液相和气相中的摩尔分数）。t-x-y关系数据通常由实验测得，对理想溶液可用纯组分在溶液温度下的饱和蒸气压数据，按泡点方程和露点方程计算得出。

图中有两条曲线，下曲线表示平衡时液相组成与温度（t-x）的关系，称为液相线或饱和液体线或泡点线；上曲线表示平衡时气相组成与温度（t-y）的关系，称为气相线或饱和蒸汽线或露点线。两条曲线将整个t-x-y图分成三个区域，液相线以下代表没有饱和的液体，称为液相区；气相线以上代表过热的蒸气，称为过热蒸气区；被气相线和液相线包围起来的那部分代表气、液同时存在，所以称为气、液共存区。整个图中的三个区域包含两条曲线在内，代表了五种不同的气、液状态。

若将组成为x_1，温度为t_1（图中A点）的苯-甲苯混合冷液连续加热，液体会在液相组成x_1恒定的情况下垂直升温至t_2温度（图中J点），此时液体达到饱和状态而汽化出第一个气泡，该温度称为苯-甲苯溶液在组成为x_1时的泡点温度t_s；同理，若将组成为y_1，温度为t_4（图中B点）的苯-甲苯过热蒸气混合物冷却，过热蒸气会在气相组成y_1恒定的情况下垂直降温至t_3温度（图中H点），此时蒸气达到饱和状态而冷凝出第一滴液体，该温度称为苯-甲苯蒸气在组成为y_1时的泡点温度t_d。所以，D-J-C曲线上不同的点，代表不同组成的液相的泡点温度，称为泡点线；而D-H-C曲线上不同的点，代表不同组成的气相的露点温度，称为露点线。从J点继续加热或从H点继续冷凝，物系将进入气、液共存状态，在平衡的气、液共存状态下，气、液两相的温度相等。

结论：气、液两相平衡时的温度相等；在气、液平衡的任一温度下做水平等温线，则交于泡点线和露点线的横坐标值x和y，即为该温度下物系的液相和气相的平衡组成；气、液两相平衡时，轻组分在气相中的组成y总是大于在液相中的组成x；气、液两相组成相同时，其气相的露点温度t_d总是高于液相的泡点温度t_s；C点和D点表示纯轻组分（苯）和纯重组分（甲苯）的沸点温度。

【能力训练】 纯组分液体的沸点温度和混合液体的泡点温度有何不同？

（2）气-液组成（x-y）图 如图4-4，以苯-甲苯混合液在压强为101.3kPa（总压一定）达到平衡时的x-y图为例进行分析。图中以液相组成x为横坐标，以气相组成y为纵坐标，CE表示正方形坐标的对角参考线，CDE曲线表示互为平衡的气、液两相的组成关系，称为平衡线。

图中任一点D所对应的坐标x_1和y_1表示物系中的液相和气相互成平衡的组成。大多数有挥发性差异的双组分溶液达到平衡时，气相组成y总是大于液相组成x，所以平衡线总是位于对角线上方；且两组分的挥发性差异越大，平衡线偏离对角线越远，则该物系越容易

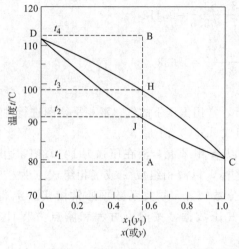

图 4-3 苯-甲苯 t-x-y 图

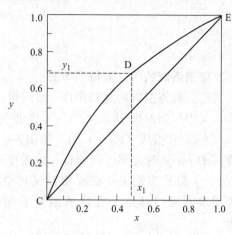

图 4-4 苯-甲苯 x-y 图

用蒸馏的方法分离。另,平衡线上各点的温度不同;并且 x-y 图在将来学习的内容中,对精馏的设计分析和操作分析具有非常重要的作用。

【能力训练】 请结合图 4-3,分析图 4-4 中 CDE 曲线上各点的温度有何不同,并指出 C 点和 E 点的温度各代表什么?

3. 相对挥发度 α

(1) 挥发度 v 蒸馏是利用混合液中各组分的挥发性差异达到分离的目的的,各组分的挥发性可以用挥发度来表示。纯液体的挥发度常用其饱和蒸气压来表示,溶液中组分的挥发度 v 就用其在蒸气中的分压和其在平衡液相中的摩尔分率之比来表示,即:

$$v_A = \frac{p_A}{x_A} \tag{4-8}$$

$$v_B = \frac{p_B}{x_B} \tag{4-9}$$

式中 p_A、p_B——平衡气相中轻、重组分 A、B 的分压,kPa;

v_A、v_B——轻、重组分 A、B 的挥发度,kPa。

对于符合拉乌尔定律的理想溶液,则有:$v_A = p_A^0$;$v_B = p_B^0$。即理想溶液中各组分的挥发度就是对应温度下的饱和蒸气压,挥发度与温度有关。

(2) 相对挥发度 α

为了更好地比较双组分理想溶液中两组分挥发性差异的大小,以判断物系是否容易分离,引入相对挥发度 α 来进行讨论。相对挥发度 α 即溶液中易挥发组分的挥发度与难挥发组分的挥发度之比,对理想溶液有:

$$\alpha = \frac{v_A}{v_B} = \frac{p_A^0}{p_B^0} \tag{4-10}$$

由 α 的定义可知:$\alpha \geqslant 1$,且 α 越大,物系中轻、重组分的挥发性差异越大,物系越容易用蒸馏的方法分离;当 $\alpha = 1$ 时,物系中轻、重组分的挥发性没有差异,物系不能用普通蒸馏的方法分离。

对于双组分物系的气相符合道尔顿分压定律的情况下,有:

$$\alpha = \frac{py_A/x_A}{py_B/x_B} = \frac{y_A/x_A}{y_B/x_B} \tag{4-11}$$

$$\Rightarrow \quad \frac{y_A}{y_B} = \alpha \frac{x_A}{x_B} \tag{4-12}$$

去掉下标得：
$$\frac{y}{1-y} = \alpha \frac{x}{1-x} \tag{4-13}$$

$$\Rightarrow \quad y = \frac{\alpha x}{1+(\alpha-1)x} \tag{4-14}$$

式(4-14)称为相平衡方程，可在 α 已知的情况下计算相平衡状态下 x 和 y 的关系。α 越大，在相同的液相组成 x 下，气相组成 y 就越大。

如图4-5，平衡线偏离对角线的程度越大，物系越容易用蒸馏的方法分离。所以，相对挥发度 α 的大小可以作为判断液体均相液体物系用蒸馏方法分离的难易程度。

由于温度对 p_A^0 和 p_B^0 的影响是同向的，式(4-10)表明温度对相对挥发度 α 的影响有限。实际操作中，可取操作温度范围内的相对挥发度的平均值 α_m 来处理问题，可选择算数平均值或几何平均值。如：

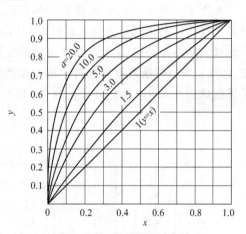

图4-5 α 对平衡线的影响

$$\alpha_m = \frac{\alpha_1 + \alpha_2 + \alpha_3 + \cdots + \alpha_n}{n} \tag{4-15}$$

或

$$\alpha_m = \sqrt[n]{\alpha_1 \cdot \alpha_2 \cdot \alpha_3 \cdots \alpha_n} \tag{4-16}$$

【应用2】 分离苯-甲苯溶液的精馏塔，操作压力为101.3kPa，塔内温度分布为单一趋势，塔顶温度为85℃，塔釜温度为105℃，试求其平均相对挥发度 α_m，并写出相平衡方程。已知：85℃时苯和甲苯的饱和蒸气压为116.9kPa和46.0kPa，105℃时苯和甲苯的饱和蒸气压为204.2kPa和86.0kPa，视为理想溶液。

应用分析与解决：理想溶液的相对挥发度 $\alpha = \dfrac{p_A^0}{p_B^0}$，依此可得：

$$\alpha_{顶} = \frac{p_{A顶}^0}{p_{B顶}^0} = \frac{116.9}{46.0} = 2.54$$

$$\alpha_{釜} = \frac{p_{A釜}^0}{p_{B釜}^0} = \frac{204.2}{86.0} = 2.37$$

则
$$\alpha_m = \frac{\alpha_{顶} + \alpha_{釜}}{2} = \frac{2.54 + 2.37}{2} = 2.455$$

或
$$\alpha_m = \sqrt{\alpha_{顶} \times \alpha_{釜}} = \sqrt{2.54 \times 2.37} = 2.454$$

相平衡方程为
$$y = \frac{\alpha x}{1+(\alpha-1)x} = \frac{2.45x}{1+1.45x}$$

【能力训练】 相对挥发度的大小对蒸馏分离的难易有怎样的参考作用？

三、双组分非理想溶液的气、液相平衡图

工业生产中的理想溶液很少，对理想溶液模型都会有所偏差，所以将溶液分为对拉乌尔定律具有正偏差的溶液和具有负偏差的溶液。

1. 具有正偏差的溶液

当气、液两相达到平衡时，若组分的蒸气分压大于拉乌尔定律的计算值，则称为具有正偏差的溶液。

如图4-6所示，乙醇-水物系是具有很大正偏差的例子。溶液在某一组成时，两组分的饱和蒸气压之和出现最大值，此时对应的溶液泡点温度比两纯组分的沸点都低，称为具有最低恒沸点的溶液。M点代表气液两相的组成相等，该组成称为最低恒沸组成，其相对挥发度 $\alpha=1$，是一般精馏方法分离正偏差非理想溶液的极限。由图可见，常压下乙醇-水物系的恒沸组成为 0.894，最低恒沸点为 78.15℃。

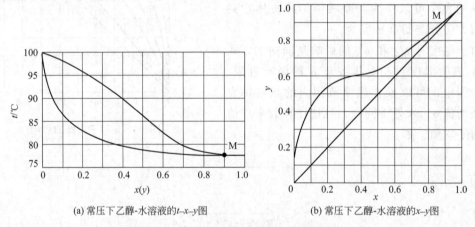

图 4-6　常压下乙醇-水溶液的平衡相图

2. 具有负偏差的溶液

当气、液两相达到平衡时，若组分的蒸气分压小于拉乌尔定律的计算值，则称为具有负偏差的溶液。

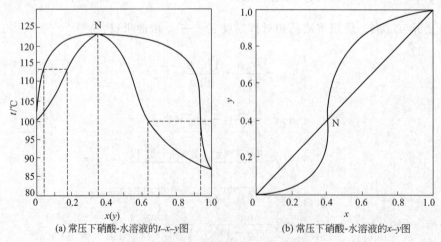

图 4-7　常压下硝酸-水溶液平衡相图

如图 4-7 所示，硝酸-水物系是具有很大负偏差的例子。溶液在某一组成时，两组分的饱和蒸气压之和出现最小值，此时对应的溶液泡点温度比两纯组分的沸点都高，称为具有最高恒沸点的溶液。N 点代表气、液两相的组成相等，该组成称为最高恒沸组成，其相对挥发度 $\alpha=1$，是一般精馏方法分离负偏差非理想溶液的极限。由图可见，常压下硝酸-水物系的恒沸组成为 0.383，最低恒沸点为 121.9℃。

>>> 任务三　学习常用蒸馏方式及原理

前已述及，蒸馏按照其操作方式可分为简单蒸馏、平衡蒸馏（闪蒸），精馏和特殊精馏等。这里主要介绍简单蒸馏、平衡蒸馏（闪蒸）和精馏。

一、简单蒸馏

如图 4-8 所示，简单蒸馏又称为微分蒸馏，多为单级间歇的非稳定蒸馏过程。其装置主要包括蒸馏釜、加热器、冷凝器和产品储槽（罐）等。

简单蒸馏的原理如图 4-9 所示。将温度为 t_F、液相轻组分组成为 x_F 的原料一次性加入蒸馏釜，当原料液被加热至其组成下的泡点温度 t_s 时，液体达到饱和状态而开始汽化，瞬间汽化出轻组分组成为 y_1 的平衡蒸气，蒸气及时引入冷凝器全部冷凝为液体（称为馏出液），然后将馏出液作为塔顶产品送入指定储槽（接收器）。由图可见，随着汽化过程的逐渐进行，釜内剩余液体始终在泡点温度逐渐上升（沿着泡点线）的情况下处于饱和汽化状态，其液相轻组分组成越来越低（$x_3<x_2<x_F$），而液体汽化产生的平衡蒸气的轻组分组成也在逐渐降低（$y_3<y_2<y_1$），从而馏出液（产品）的组成也随之越来越低。所以，简单蒸馏的产品质量是不稳定的，而且分离程度差，工业生产中可以分段收集至不同的储槽以得到不同组成质量的产品。最后，残存在蒸馏釜中的余液称为釜液或残液，可作为塔釜产品。

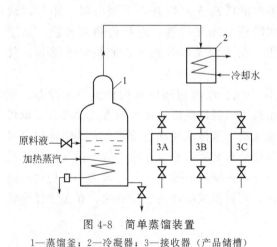

图 4-8　简单蒸馏装置
1—蒸馏釜；2—冷凝器；3—接收器（产品储槽）

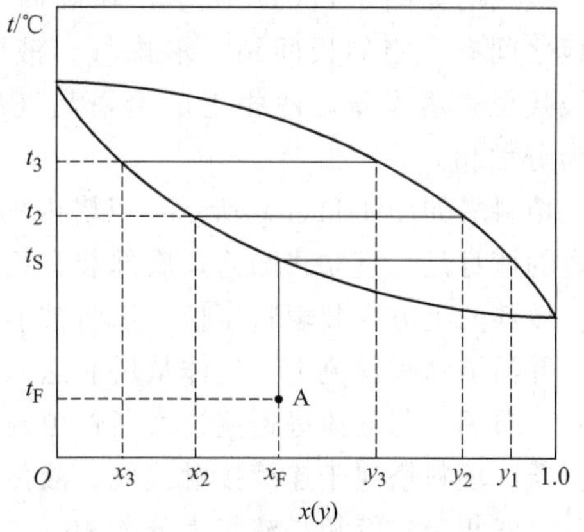

图 4-9　简单蒸馏分析

【能力训练】　简单蒸馏的产品质量是否稳定？分离程度又如何？

二、平衡蒸馏

如图 4-10 所示，平衡蒸馏也称为闪蒸，是一种单级连续蒸馏操作。原料液经过加热器

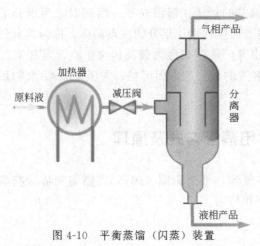

图 4-10 平衡蒸馏（闪蒸）装置

预热至一定的温度，经过减压阀进入分离器（闪蒸釜），原料液因为减压而在分离器内达到饱和状态部分汽化，气相和液相分别从顶部和底部离开。料液的减压汽化过程造成的气、液两相互为平衡，所以称为平衡蒸馏。平衡蒸馏虽然只能实现原料的粗分，但适用于大批量连续生产，并且产品质量较稳定。

闪蒸操作控制的关键点是温度和压力，如果预热温度过高或减压过低，物料经过减压阀会完全汽化，致使不能实现分离目的。

【想一想】 平衡蒸馏的产品质量是否稳定？能否达到高纯度分离要求？

三、精馏

精馏是分离均相液体混合物的重要方法之一，属于气、液相间的相际传质过程。精馏相当于多次简单蒸馏过程的有机组合，即液体的多次部分汽化和蒸气的多次部分冷凝同时进行的过程，其分离过程在气、液传质设备中进行。

1. 气、液传质设备的类型

精馏过程属于气、液接触传质过程，所用设备为气、液传质塔的塔设备，塔设备为气、液两相提供充分的接触时间、面积和空间，以达到理想的分离效果。完成精馏分离过程的塔设备称为精馏塔。根据塔内气、液接触部件的结构型式不同，可将塔设备分为两大类：板式塔和填料塔。

板式塔如图 4-11(a) 所示：在圆筒形塔体内沿塔高方向装有若干层塔板，相邻两块塔板之间有一定的板间距。塔内气、液两相在塔板上互相接触，进行传热和传质，属于逐级接触式塔设备，两相组成沿塔高连续变化，在正常操作状态下，液相为连续相，气相为分散相。

填料塔如图 4-11(b) 所示：以塔内的填料作为气、液两相间接触构件的传质设备。填料塔的塔身是一直立式圆筒，底部装有填料支承板，填料以乱堆或整砌的方式放置在支承板上。填料的上方安装填料压板，以防被上升气流吹动。液体从塔顶经液体分布器喷淋到填料上，并沿填料表面流下。气体从塔底送入，经气体分布装置（小直径塔一般不设气体分布装置）分布后，与液体呈逆流连续通过填料层的空隙，在填料表面上，气、液两相密切接触进行传质。填料塔属于连续接触式气、液传质设备，两相组成沿塔高连续变化，在正常操作状态下，气相为连续相，液相为分散相。

本章主要结合板式塔讨论精馏分离问题。

2. 板式塔的结构

板式塔结构如图 4-11(a) 所示。它是由圆筒形塔体、塔板、气体进出口和液体进出口等部件组成的，每层塔板上有降液管、溢流堰及受液盘等。板式塔又分为筛板塔、泡罩塔和浮阀塔等，这里主要介绍筛板塔。

筛板塔如图 4-12 和图 4-13 所示，塔板上开有许多呈正三角形（或其他形状）均匀排列

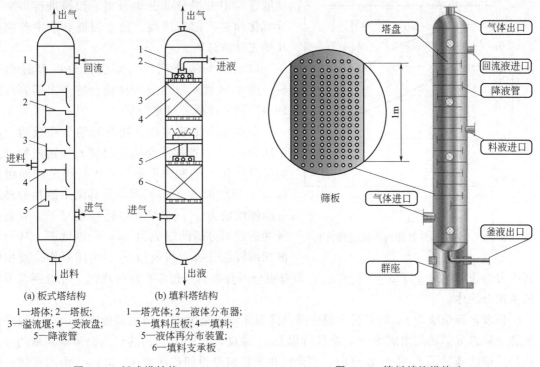

(a) 板式塔结构　　　　(b) 填料塔结构
1—塔体；2—塔板；　　1—塔壳体；2—液体分布器；
3—溢流堰；4—受液盘；　3—填料压板；4—填料；
5—降液管　　　　　　　5—液体再分布装置；
　　　　　　　　　　　　6—填料支承板

图 4-11　板式塔结构　　　　图 4-12　筛板精馏塔构造

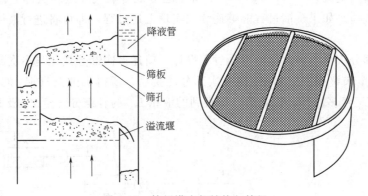

图 4-13　筛板塔内部结构与筛板

的小筛孔，筛孔直径一般为 3~8mm，塔板两侧的弓形面积内不开孔，用来安装降液管和溢流堰。板式塔正常工作时，塔内液体因重力作用自上而下经过塔板的降液管流到下层塔板的受液盘，再横向流过塔板，从另一侧的降液管流到下一层塔板，最后从塔底排出，其溢流堰的作用是使塔板上保持一定厚度的液层；蒸气由塔底进入，因塔板下侧与上侧的压差而垂直穿过每层塔板的筛孔，以鼓泡的形式穿过板上的液层而形成泡沫层，该泡沫层为气、液两相的充分接触提供了不断更新且足够的接触场所，有利于相际间的传质和传热。因气速的大小不同，气、液接触可分为鼓泡接触、泡沫接触和喷射接触，其中液相为连续相，气相为分散相。回流液提供塔内连续的液相，与由塔底进入并上升的气相呈逆流接触，因此只有保证一定程度的液相回流和塔底连续气相的进入才能保证精馏塔正常操作的连续性。

3. 精馏原理

简单蒸馏为非稳定蒸馏过程，平衡蒸馏为稳定蒸馏过程，但仅通过一次部分汽化，只能

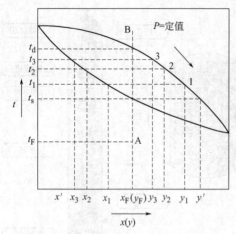

图 4-14 多次部分汽化与冷凝过程分析

使混合液中的组分部分地分离,如果进行多次部分汽化和多次部分冷凝,便可使混合液中各组分几乎完全地分离。

(1) 多次部分汽化与多次部分冷凝过程分析 图 4-14 表示双组分液体混合物多次部分汽化和多次部分冷凝的过程分析。

双组分均相液体混合物在轻组分组成为 x_F、温度为 t_F 下,被加热至泡点温度 t_s,则该物系开始部分汽化,产生的平衡气相中轻组分瞬间组成为 y';继续加热至 t_1 温度,则其剩余液相的轻组分瞬间组成为 x_1;继续加热至 t_2 温度下,其剩余液相的轻组分瞬间组成为 x_2;t_3 温度下,其剩余液相的轻组分瞬间组成为 x_3。由图可知,液相中轻组分的瞬间组成 $x_3<x_2<x_1<x_F$,即双组分混合液体经过多次部分汽化,可得到高纯度的重组分液体。

同理,若组成为 y_F 的双组分混合蒸汽降温至露点温度 t_d,物系开始冷凝,产生的平衡液相中轻组分的瞬间组成为 x';继续降温至 t_3 温度,其剩余气相的轻组分瞬间组成为 y_3;同理,继续降温至 t_2 和 t_1 温度时,剩余气相的轻组分瞬间组成为 y_2 和 y_1。由图可知,气相中轻组分的瞬间组成 $y_F<y_3<y_2<y_1$,即双组分混合蒸气经过多次部分液化,可得到高纯度的轻组分气体。如果蒸馏过程能够连续地实现上述过程,即可将进行液体混合物的高纯度分离。

(2) 多次部分汽化与多次部分冷凝过程设计 前述多次部分汽化与多次部分冷凝过程可用图 4-15 的模型来解释。气相 V_1 经多次部分冷凝后,所得到的蒸汽 V_n 的轻组分含量 y_n 极高;而液相 L_1 经多次部分汽化后,所得到的液相 L_n 的轻组分含量 x_n 极低。

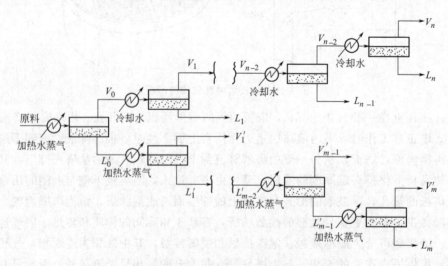

图 4-15 多次部分汽化与冷凝

这种多次部分汽化和多次部分冷凝的方法虽然能使均相液体混合物分离为几乎纯的单组分,但中间环节需要很多的部分冷凝和部分汽化装置,造成设备繁多而流程庞杂,对载热体的用量也极大,而最终所得到的轻、重组分的产品量却极少,所以工业应用价值甚微。

因此,可将中间产物引回各环节的上一个环节(图 4-16),从而对任一分离器都有来自下一环节的蒸气和上一环节的液体,使气、液两相能在本环节接触,蒸气部分冷凝的同时液体也部分汽化,即又产生新的气、液两相。如此,蒸气逐级上升,而液体逐级返回到上一环节,除了最上和最下环节外,中间各环节可省去部分冷凝和部分汽化装置。工业精馏的生产过程一般在精馏塔内完成。

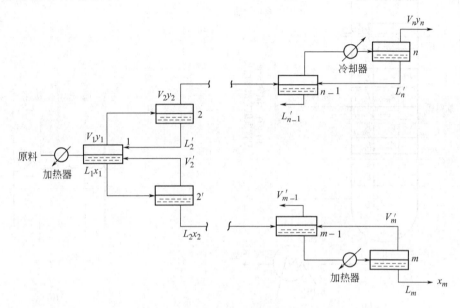

图 4-16 有回流的多次部分汽化与冷凝

(3) 精馏工艺过程分析 图 4-17(a) 所示为精馏工业中常用的精馏塔工艺示意图,主要包括精馏塔、再沸器、塔顶冷凝器及各种辅助设备等。下面以板式塔为例说明。

一个完整的精馏塔应包括精馏段和提馏段。加料板把精馏塔分为两段,加料板以上的部分完成上升蒸气的精制,除去其中的重组分,因而称为精馏段;加料板以下(包括加料板)的部分完成下降液体中重组分的提浓,除去大部分的轻组分,因而称为提馏段。

精馏塔正常工作时,蒸气由塔底进入,与下降的液体进行逆流接触,下降液中的轻组分不断地部分汽化而向气相中转移,上升蒸气中的重组分不断地部分液化而向下降的液相中转移,蒸气越接近塔顶,其轻组分浓度越高,而下降的液体越接近塔底,其重组分浓度越高,最终达到分离目的。塔顶蒸气最终进入冷凝器变为冷凝液,冷凝液的一部分作为回流液返回精馏塔塔顶,其余部分作为塔顶产品采出;塔底液体的一部分送入再沸器再次沸腾汽化,作为回流蒸气返回塔底,另一部分作为塔底产品采出。

如图 4-17(b),取第 n 板为例来分析气、液传质分离过程。

来自下一层($n+1$层)塔板的蒸气通过第 n 板上的小孔上升,而上一层($n-1$层)来的液体通过降液管流到第 n 板上,气、液两相在第 n 板上密切接触,进行热量和质量的传递。进出第 n 板的物流有四股:

① 由第 $n-1$ 板溢流下来的液体量为 L_{n-1},其组成为 x_{n-1},温度为 t_{n-1};

② 由第 n 板上升的蒸气量为 V_n,组成为 y_n,温度为 t_n;

③ 从第 n 板溢流下去的液体量为 L_n,组成为 x_n,温度为 t_n;

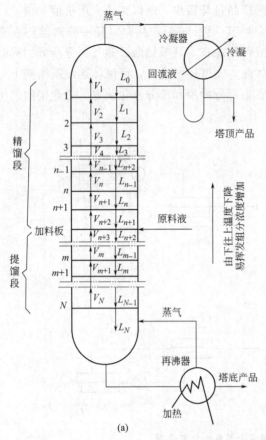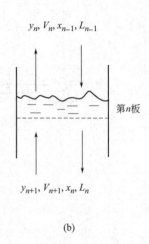

图 4-17 精馏工艺示意图及塔板工作情况

④ 由第 $n+1$ 板上升的蒸气量为 V_{n+1}，组成为 y_{n+1}，温度为 t_{n+1}。

因此，当组成为 x_{n-1} 的液体及组成为 y_{n+1} 的蒸气同时进入第 n 板，由于存在温度差和浓度差，气、液两相在第 n 板上密切接触而进行传热和传质。若气、液两相在塔板上接触的时间足够长，接触也足够充分，则离开该板的气、液两相相互平衡，通常称这种板为理论板（y_n，x_n 为平衡关系，即满足平衡方程）。精馏塔中每层板上都进行着与上述相似的过程，其结果是上升蒸气中易挥发组分浓度逐渐增高，而下降的液体中难挥发组分越来越浓，只要塔内有足够多的塔板数，就可使混合物达到所要求的分离纯度（共沸情况除外）。

总结：精馏生产为了实现分离操作任务，除了需要足够塔板数的精馏塔，还必须从塔底引入上升蒸气流（气相回流）和从塔顶引入下降的液流（液相回流），以建立气、液两相体系。塔底上升蒸气和塔顶液相回流是保证精馏操作过程连续稳定进行的必要条件。大多数工业精馏为连续精馏过程。

【能力训练】 精馏塔内的压强分布如何？根据气、液平衡中温度与组成的关系，精馏塔内的温度自下而上如何变化？

▶▶▶ 任务四　学习双组分连续精馏过程的基本计算

当精馏生产任务确定时，需要用精馏过程的基本计算指导生产操作，如产品的产量（流量）与质量（组成）、精馏塔理论板数、进料位置和操作回流比等。

一、全塔物料衡算

如图 4-18 所示，全塔物料衡算主要研究进料量 F、塔顶产品量 D、塔釜产品量 W 和进料组成 x_F、塔顶产品组成 x_D、塔釜产品组成 x_W 之间的关系。根据精馏生产过程的连续性物料衡算特点可知：

总物料衡算 $\quad F = D + W \quad$ (4-17)

轻组分衡算 $\quad Fx_F = Dx_D + Wx_W \quad$ (4-18)

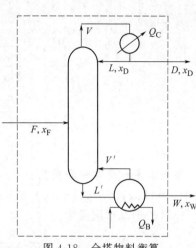

图 4-18 全塔物料衡算

式中 F——原料液流量，kmol/h；

D——塔顶产品流量，kmol/h；

W——塔底产品流量，kmol/h；

x_F——原料中易挥发组分的摩尔分数；

x_D——馏出液中易挥发组分的摩尔分数；

x_W——釜残液中易挥发组分的摩尔分数。

式(4-17) 和式(4-18) 称为全塔物料衡算式，应用时注意单位的适用性和统一。

将以上两式整合得：

$$D = \frac{x_F - x_W}{x_D - x_W} F \quad (4-19)$$

$$W = \frac{x_D - x_F}{x_D - x_W} F \quad (4-20)$$

回收率也是精馏生产过程经常用到的概念。回收率是指通过精馏分离回收了的原料中某组分（轻组分或重组分）的百分数。如塔顶轻组分的回收率 η

$$\eta_A = \frac{Dx_D}{Fx_F} \times 100\% \quad (4-21)$$

塔底重组分的回收率 η

$$\eta_B = \frac{W(1 - x_W)}{F(1 - x_F)} \times 100\% \quad (4-22)$$

【应用 3】 在一个标准大气压下，将流量为 7500kg/h，含苯 30% 和含甲苯 70% 的溶液送入连续精馏塔中进行分离。要求塔顶产品中苯的含量不低于 95%，塔底产品中苯的含量不高于 5%（以上均为质量百分数）。试确定塔顶、塔釜产品的流量（千摩尔流量），塔顶产品中轻组分的回收率 η_A。

分析：根据题意有，$F_m = 7500$kg/h，$w_F = 0.3$，$w_D = 0.95$，$w_W = 0.05$

苯 A 和甲苯 B 的千摩尔质量分别为 $M_A = 78$kg/kmol 和 $M_B = 92$kg/kmol。

解决：

$$x_F = \frac{\dfrac{w_F}{M_A}}{\dfrac{w_F}{M_A} + \dfrac{1 - w_F}{M_B}} = \frac{\dfrac{0.3}{78}}{\dfrac{0.3}{78} + \dfrac{0.7}{92}} = 0.336$$

$$x_D = \frac{\dfrac{w_D}{M_A}}{\dfrac{w_D}{M_A} + \dfrac{1-w_D}{M_B}} = \frac{\dfrac{0.95}{78}}{\dfrac{0.95}{78} + \dfrac{0.05}{92}} = 0.957$$

$$x_W = \frac{\dfrac{w_W}{M_A}}{\dfrac{w_W}{M_A} + \dfrac{1-w_W}{M_B}} = \frac{\dfrac{0.05}{78}}{\dfrac{0.05}{78} + \dfrac{0.95}{92}} = 0.058$$

原料的平均千摩尔质量为：
$$M_F = M_A x_F + M_B (1-x_F) = 78 \times 0.336 \text{kg/kmol} + 92 \times 0.664 \text{kg/kmol} = 87.3 \text{kg/kmol}$$

原料的千摩尔流量为：
$$F = \frac{F_m}{M_F} = \frac{7500}{87.3} \text{kmol/h} = 86 \text{kmol/h}$$

由式(4-19)可知：
$$D = \frac{x_F - x_W}{x_D - x_W} F = \frac{0.336 - 0.058}{0.957 - 0.058} \times 86 \text{kmol/h} = 26.6 \text{kmol/h}$$

由式(4-17)可知：
$$W = F - D = 86 \text{kmol/h} - 26.6 \text{kmol/h} = 59.4 \text{kmol/h}$$

由式(4-21)可知：
$$\eta_A = \frac{D x_D}{F x_F} \times 100\% = \frac{26.6 \times 0.957}{86 \times 0.336} \times 100\% = 88.1\%$$

二、操作线方程与操作线

表达精馏塔内相邻两块塔板上的气、液相组成操作关系的方程称为精馏塔的操作线方程，如任意层 n 板下降的液相组成 x_n 及由其下一层 $n+1$ 塔板上升的蒸气组成 y_{n+1} 之间关系的方程。精馏操作的进料影响了精馏段和提馏段操作关系，因此，分别讨论精馏段和提馏段的物料衡算和操作问题。

由于精馏操作过程既有传质又有传热过程，影响因素较多，为了简化精馏计算，通常将塔板视为理论板（任务三中已述及），并且进行恒摩尔流假定。

恒摩尔流假定是指在精馏塔的精馏段或提馏段（无中间加料或出料的情况下），每层塔板上升的蒸气千摩尔流量相等，每层塔板下降的液体千摩尔流量也相等。恒摩尔流假定可如下表示：

离开精馏段任一塔板的蒸气流量 $V_1 = V_2 = V_3 = \cdots = V$，kmol/h；
离开精馏段任一塔板的液体流量 $L_1 = L_2 = L_3 = \cdots = L$，kmol/h；
离开提馏段任一塔板的蒸气流量 $V_1' = V_2' = V_3' = \cdots = V'$，kmol/h；
离开提馏段任一塔板的液体流量 $L_1' = L_2' = L_3' = \cdots = L'$，kmol/h。

注：V 不一定等于 V'，L 不一定等于 L'，下标 1、2、3、…表示塔板序号。

恒摩尔流假定成立的条件：气、液两相在精馏塔塔板上接触时，有 1kmol 的蒸气冷凝，同时就有 1kmol 的液体汽化。

下面讨论的精馏基本计算内容将在理论板和恒摩尔流假定的基础上进行。

1. 精馏段操作线方程

操作线方程仍然是物料衡算的结果。

精馏段的物料衡算系统如图 4-19 所示，对其任意第 n 板上的流动物料进行衡算。即：

总物料衡算 $\qquad V=L+D \qquad$ (4-23)

轻组分衡算 $\qquad Vy_{n+1}=Lx_n+Dx_D \qquad$ (4-24)

式中 x_n、y_{n+1}——精馏段中第 n 层板下降的液相中轻组分的摩尔分数、第 $n+1$ 层板上升的蒸气中轻组分的摩尔分数。

联立式(4-23)和式(4-24)，整理得：

$$y_{n+1}=\frac{L}{L+D}x_n+\frac{D}{L+D}x_D \qquad (4-25)$$

令 $R=\dfrac{L}{D}$，称作回流比，将其代入式(4-25)，可得：$y_{n+1}=\dfrac{R}{R+1}x_n+\dfrac{x_D}{R+1} \qquad$ (4-26)

式(4-25)和式(4-26)均称作精馏段操作线方程。

精馏段操作线方程表示操作条件下精馏段内，自任意第 n 块板下降的液相组成 x_n 与其相邻的下一块（即 $n+1$）塔板上升的蒸气组成 y_{n+1} 之间的关系。

回流比 R 是精馏生产控制与产品质量调节的重要参数之一。

【能力训练】请在后续的学习过程中理解回流比 R 对精馏操作的意义。

2. 提馏段操作线方程

提馏段的物料衡算系统如图 4-20 所示，对其任意第 m 板上的流动物料进行衡算。即：

总物料衡算 $\qquad L'=V'+W \qquad$ (4-27)

轻组分衡算 $\qquad L'x_m=V'y_{m+1}+Wx_W \qquad$ (4-28)

式中 x_m——提馏段第 m 层板下降液相中易挥发组分的摩尔分数；

y_{m+1}——提馏段第 $m+1$ 层板上升蒸气中易挥发组分的摩尔分数。

联立以上两式，整理得：

$$y_{m+1}=\frac{L'}{L'-W}x_m-\frac{W}{L'-W}x_W \qquad (4-29)$$

式(4-29)称为提馏段操作线方程。

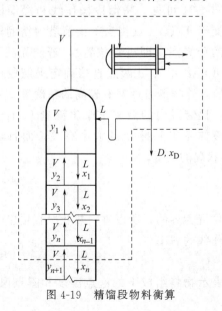

图 4-19 精馏段物料衡算

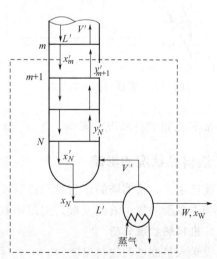

图 4-20 提馏段物料衡算

提馏段操作线方程表示操作条件下提馏段内，自任意第 m 块塔板下降的液相组成 x_m 与其相邻的下一块（即）塔板上升的蒸气组成 y_{m+1} 之间的关系。式中的 L' 不仅与精馏段液体摩尔流量 L 的大小有关，而且它还受到进料量及进料热状况的影响，这个问题将在后面的内容中讨论。

3. 精馏操作线的绘制

精馏操作线的绘制是后续图解法解决精馏问题的基础。

（1）精馏段操作线的绘制　由精馏段操作线方程

$$y_{n+1}=\frac{R}{R+1}x_n+\frac{x_D}{R+1}$$

可知，若塔顶冷凝器为全凝器，在一定操作条件下，塔顶产品组成 x_D 和操作回流比 R 为定值，所以精馏段操作线为一直线，其斜率为 $\frac{R}{R+1}$，截距为 $\frac{x_D}{R+1}$；且当 $x_n=x_D$ 时，$y_{n+1}=x_D$。即该直线过点 $a(x_D, x_D)$ 和点 $b\left(0, \frac{x_D}{R+1}\right)$，如图 4-21 中，直线段 ab 即为精馏段操作线。

（2）提馏段操作线的绘制　由提馏段操作线方程

$$y_{m+1}=\frac{L'}{L'-W}x_m-\frac{W}{L'-W}x_W$$

可知，在一定操作条件下，提馏段的液相流量 L'、塔底产品流量 W 和塔底产品组成 x_W 为定值，所以提馏段操作线仍为一直线。其斜率为 $\frac{L'}{L'-W}$，截距为 $-\frac{W}{L'-W}x_W$；且当 $x_m=x_W$ 时，$y_{m+1}=x_W$。即该直线过点 $c(x_W, x_W)$

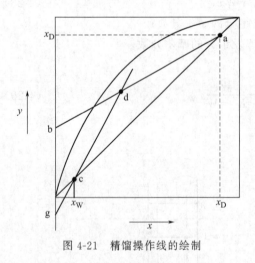

图 4-21　精馏操作线的绘制

和点 $g\left(0-\frac{W}{L'-W}x_W\right)$，如图 4-21 中，直线段 cg 即为提馏段操作线，由于 g 点的位置在 $y=0$ 以下，并且 c、g 两点的距离很近，所以如果手动作图，这种提馏段操作线的作法既不方便又不精确。

由图 4-21 可见，精馏段操作线和提馏段操作线相交于 d 点，d 点相当于精馏塔内精馏段和提馏段的分界点（即进料位置），若能先找到 d 点，则可直接由 c、d 两点直接确定提馏段操作线的位置，这样既方便又有较高的精确度。应注意的是，提馏段内的液体千摩尔流量 L' 不仅与精馏段液体摩尔流量 L 的大小有关，而且还受进料量 F 及进料热状况的影响，下面先讨论进料热状况的问题。

三、进料热状况的影响

前已述及，精馏塔的精馏段和提馏段是以进料位置为界的，所以进料热状况直接影响精馏段和提馏段的气、液相流量，进而影响提馏段操作线的斜率。

1. 进料热状况分析

设送入精馏塔的物料温度为 t_F，t_s 和 t_d 分别表示物料组成下的泡点温度和露点温度，则进料热状况可分为以下五种：
① 冷液体进料　　　　　　$t_F < t_s$
② 饱和液体进料（泡点进料）　$t_F = t_s$
③ 气液混合进料　　　　　　$t_s < t_F < t_d$
④ 饱和蒸气进料（露点进料）　$t_F = t_d$
⑤ 过热蒸气进料　　　　　　$t_F > t_d$

2. 进料热状况参数 q

进料热状况参数可以用 q 来表示，它是对加料板进行物料衡算和热量衡算的结果，推导过程不在这里详述，整理后最终得：

$$\frac{L'-L}{F} = \frac{H_V - H_F}{H_V - H_L}$$

式中　H_F——进料状态下原料的千摩尔焓，kJ/kmol；
　　　H_L——加料板上饱和液体的千摩尔焓，kJ/kmol；
　　　H_V——加料板上饱和蒸气的千摩尔焓，kJ/kmol。

令
$$q = \frac{H_V - H_F}{H_V - H_L} = \frac{\text{将1kmol进料变为饱和蒸气所需的热量}}{\text{原料的千摩尔汽化热}} \tag{4-30a}$$

$$= \frac{c_{pmF}(t_s - t_F) + r_{mF}}{r_{mF}} \tag{4-30b}$$

也有
$$q = \frac{L' - L}{F} \tag{4-31}$$

式中　c_{pmF}——原料液在 t_F 温度和 t_s 温度间的恒压平均比热容，kJ/(kmol·℃)；
　　　r_{mF}——原料液在 t_s 温度下的平均千摩尔汽化热，kJ/kmol。

进料热状况参数 q 的计算可参考【应用4】。

由式(4-31)可知，提馏段的液相流量与精馏段的液相流量关系为：

$$L' = L + qF \tag{4-32}$$

则精馏段的气相流量与提馏段的气相流量关系为：

$$V = V' + (1-q)F \tag{4-33}$$

由式(4-32)分析可知，q 值表示以 1kmol/h 为进料基准时，提馏段中的液相流量比精馏段中液相流量增大的量（即 $L'-L$）占进料总量 F 的比值分率，所以 q 也称为液化分率。

3. 各种进料热状况下的 q 值及影响分析

根据进料热状况参数 q 的计算式(4-30b)可知，不同进料热状况的 q 值不同；由式(4-32)和式(4-33)可知，不同 q 值的进料对精馏塔内气、液相流量的影响也不同。

（1）冷液体进料　$t_F < t_s$

$$q > 1, \quad L' > L + qF, \quad V < V'$$

提馏段下降的液相量 L' 由三部分组成：精馏段下降的液相量 L + 原料液流量 F + 提馏段在加料板上的蒸气冷凝量。

（2）饱和液体进料（泡点进料）　$t_F = t_s$

$$q = 1, \quad L' = L + F, \quad V = V'$$

原料液 F 在加料板上不会有冷凝和汽化，进料全部作为液相下降，不影响精、提馏段的气相流量。

（3）气液混合进料　$t_s < t_F < t_d$

$$0 < q < 1, \quad L' = L + qF, \quad V = V' + (1-q)F$$

原料 F 中的液相部分成为提馏段下降液相 L' 的一部分，而其中蒸气部分成为精馏段上升气相 V 的一部分。

（4）饱和蒸气进料（露点进料）　$t_F = t_d$

$$q = 0, \quad L' = L, \quad V = V' + F$$

进料为纯气相进料，原料 F 与提馏段上升的蒸气 V' 汇合后成为精馏段的气相 V，精、提馏段的液相流量相等。

（5）过热蒸气进料　$t_F > t_d$

$$q < 0, \quad L' < L, \quad V > V'$$

过热蒸气进料与过冷液体进料有相像之处，精馏段上升的气相量 V 由三部分组成：提馏段上升蒸气流量 V' + 原料气的流量 F + 加料板上液相部分汽化的蒸气流量。

各种加料热状况对精馏操作的影响如图 4-22 所示。

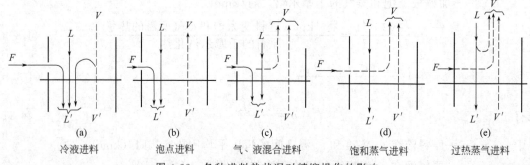

图 4-22　各种进料热状况对精馏操作的影响

【应用 4】　已知，在 27℃ 下，将苯含量为 0.44（摩尔分数，下同）的苯-甲苯混合液送入连续精馏塔进行分离，塔顶冷凝器为全凝器。进料量为 100kmol/h，精馏段上升的蒸气流量为 180kmol/h，塔顶产品流量为 50kmol/h，操作回流比为 3，要求塔顶产品的轻组分组成不低于 0.95，塔釜产品的轻组分组成不高于 0.05。试求：

① 127℃ 下的进料热状况参数 q 值；

② 精馏段操作线方程和提馏段操作线方程。

分析： 由题意可知，$t_F = 27$，$x_F = 0.44$，$x_D = 0.95$，$x_W = 0.05$，$F = 100\text{kmol/h}$，$V = 180\text{kmol/h}$，$D = 50\text{kmol/h}$，$R = 3$。

解决： ① 查取苯-甲苯的 t-x-y 图（图 4-3）可得，在 $x_F = 0.44$ 时，对应的泡点温度 $t_s = 93$，所以进料状态为冷液进料。

由附录查取苯和甲苯在定性温度 $\bar{t} = \dfrac{t_F + t_s}{2} = 60$ 下的恒压比热容分别为：

$c_{p苯} = 1.83\text{kJ/(kg·℃)}$，以物质的量计为 142.74kJ/(kmol·℃)

$c_{p甲苯} = 1.83\text{kJ/(kg·℃)}$，以物质的量计为 168.36kJ/(kmol·℃)

则原料液在 t_F 温度和 t_s 温度间的恒压平均比热容为：

$c_{pmF} = c_{p苯} x_F + c_{p甲苯}(1 - x_F)$

$= 142.74 \times 0.44 \text{kJ/(kmol·℃)} + 168.36 \times (1 - 0.44) \text{kJ/(kmol·℃)}$

$= 157.09 \text{kJ/(kmol·℃)}$

在 $t_s=93$ 时,由附录查取苯和甲苯的汽化热分别为:

$$r_{苯}=394.06\text{kJ/kg},以物质的量计为 30737\text{kJ/kmol}$$
$$r_{甲苯}=376.83\text{kJ/kg},以物质的量计为 34668\text{kJ/kmol}$$

则原料液在 t_s 温度下的平均千摩尔汽化热为:

$$\begin{aligned}r_{mF}&=r_{苯}\,x_F+r_{甲苯}(1-x_F)\\&=30737\times 0.44\text{kJ/kmol}+34688\times(1-0.44)\text{kJ/kmol}\\&=32949.56\text{kJ/kmol}\end{aligned}$$

由式(4-30b)可得:

$$q=\frac{c_{pmF}(t_s-t_F)+r_{mF}}{r_{mF}}=\frac{157.09\times(93-27)+32949.56}{32949.56}=1.31$$

② 由已知的 $R=3$ 和 $x_D=0.95$ 可写出精馏段操作线方程:

$$y_{n+1}=\frac{R}{R+1}x_n+\frac{x_D}{R+1}=\frac{3}{3+1}x_n+\frac{0.95}{3+1}=0.75x_n+0.2375$$

欲写出提馏段操作线方程,需求出提馏段的液相流量 L' 和塔釜产品流量 W

$$L'=L+qF=RD+qF=3\times 50\text{kmol/h}+1.31\times 100\text{kmol/h}=281\text{kmol/h}$$
$$W=F-D=100\text{kmol/h}-50\text{kmol/h}=50\text{kmol/h}$$

则:$y_{m+1}=\dfrac{L'}{L'-W}x_m-\dfrac{W}{L'-W}x_W=\dfrac{281}{281-50}x_m-\dfrac{50}{281-50}\times 0.05=1.22x_m-0.011$

4. q 线方程与 q 线

在精馏操作线的绘制内容结束时,曾述及精、提馏操作线存在交点,假设这个交点为 d (x_q,y_q)(如图 4-21),则 d 点必在精、提馏段操作线交点的轨迹线上,这条轨迹线的方程可由精馏段操作线方程和提馏段操作线方程联立而得。

将精馏段操作线方程(4-24)和提馏段操作线方程(4-28)去掉自变量 x 的下标后,组成方程组:

$$\begin{cases}Vy=Lx+Dx_D\\V'y=L'x-Wx_W\end{cases}$$

将以上两式相减,有:

$$(V'-V)y=(L'-L)x-(Dx_D+Wx_W) \tag{4-34}$$

而由前述的全塔物料衡算和 q 的定义可知:

$$Dx_D+Wx_W=Fx_F \quad L'-L=qF \quad V'-V=(q-1)F$$

将以上三式代入式(4-34),再经过整理可得:

$$y=\frac{q}{q-1}x-\frac{x_F}{q-1} \tag{4-35}$$

式(4-35)即为精馏段操作线和提馏段操作线交点的轨迹方程,称为 q 线方程或进料方程。在连续操作状态下,进料热状况参数 q 和进料组成 x_F 均为定态参数,则 q 线为经过点 (x_F,x_F) 且斜率为 $\dfrac{q}{q-1}$ 的直线。由此可见,若精馏操作的进料组成 x_F 恒定,其进料热状况(q 值)的改变会直接导致 q 线斜率的改变,造成精、提馏段操作线交点位置的改变,从而影响进料位置的确定。

进料热状况对 q 值和 q 线的影响分析如表 4-2 和图 4-23 所示。

表 4-2　进料热状况对 q 线的影响分析

进料热状况	进料热状况参数 q 值	斜率 $\dfrac{q}{q-1}$ 范围	q 线在坐标中基于点 (x_F, x_F) 的方向
冷液体进料	>1	$(1, \infty)$	f_1 (↗)
饱和液体(泡点)进料	1	∞	f_2 (↑)
气液混合物	$0<q<1$	<0	f_3 (↖)
饱和蒸气(露点)进料	0	0	f_4 (←)
过热蒸气进料	<0	$0<q<1$	f_5 (↙)

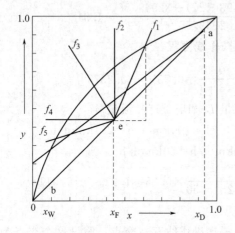

图 4-23　进料热状况对 q 线位置的影响

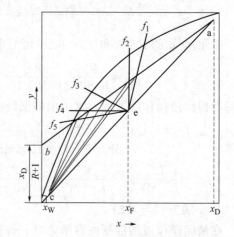

图 4-24　进料热状况对提馏段操作线的影响

由图 4-23 可见，在进料组成 x_F 不变的情况下，不同进料热状况的 q 线的斜率不同，其 q 线与精馏段操作线的交点位置也不同，再利用 q 线与精馏段操作线的交点和 b 点连线做提馏段操作线，从而决定了提馏段操作线的位置也不同，在其他生产工艺指标不变的情况下，进料越冷，则进料位置越靠近塔顶（图 4-24）。对于泡点进料和露点进料两种特殊情况，q 线的绘制非常简单，应基本掌握。

由图 4-24 可知，精、提馏段操作线可如下绘制。由 ab 两点确定精馏段操作线位置，由 e 点和 q 值确定 q 线的位置，再由 q 线与精馏段操作线的交点和 c 点确定提馏段操作线的位置，这样就免去了利用提馏段操作线的截距 $\left(0, -\dfrac{Wx_W}{L'-W}\right)$ 来绘制提馏段操作线的麻烦。

四、精馏塔理论板数和加料位置的确定

精馏塔理论板数的确定是精馏塔设计和操作的基础，精馏生产要达到分离指标要求，精馏塔就要有足够的板数，但必须明白，精馏塔内的实际板数和理论板数是有区别的。下面首先讨论精馏塔理论板数的确定。

精馏塔理论板数的确定需要注意精馏工艺参数如进料组成 x_F、塔顶产品组成 x_D 和釜液组成 x_W 的关键用途，原则上物料的进出以尽量不影响塔内的物料状态为宜。

1. 逐板计算理论板数

如图 4-25 所示，首先设精馏塔的塔顶冷凝器为全凝器（$y_1 = x_D$），泡点进料（$t_F = t_s$），泡点回流，塔釜采用间接加热（即设有再沸器）。计算过程从离开第一块塔板的蒸气组成开

始，交替利用平衡方程和操作线方程进行逐板计算，因为平衡方程表示离开同一块理论板的气、液组成关系，所以每利用一次平衡方程，相当于塔内存在一块理论板，而每利用一次操作线方程，则塔内自上而下延续一块理论塔板，当某块理论板上的液体组成与进料组成最接近，则该理论板即为加料板。

将平衡方程、操作线方程编号待用：

$$y_n = \frac{\alpha x_n}{1+(\alpha-1)x_n} \quad (1)$$

$$y_{n+1} = \frac{R}{R+1}x_n + \frac{x_D}{R+1} \quad (2)$$

$$y_{m+1} = \frac{L'}{L'-W}x_m - \frac{W}{L'-W}x_W \quad (3)$$

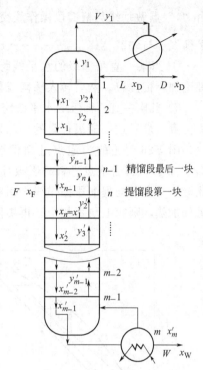

图4-25 精馏塔理论板

从塔顶开始，交替利用以上方程进行计算：

$$y_1 = x_D \xrightarrow{(1)} x_1 \xrightarrow{(2)} y_2 \xrightarrow{(1)} x_2 \xrightarrow{(2)} y_3 \xrightarrow{(1)} x_3 \xrightarrow{(2)}$$

$$\cdots \xrightarrow{(2)} y_{n-1} \xrightarrow{(1)} x_{n-1} \xrightarrow{(2)}_{x_{n-1} > x_F} y_n \xrightarrow{(1)} x_n \quad (x_n \leqslant x_F),$$

到此可进行泡点进料，计算中止。第 n 块板为理论加料板，即提馏段的第一块板，则精馏段的理论板数共 $n-1$ 块。

因此，设 $x_n = x_1'$，计算转入提馏段继续进行：

$$x_1' = x_n \xrightarrow{(3)} y_2' \xrightarrow{(1)} x_2' \xrightarrow{(3)} y_3' \xrightarrow{(1)} x_3' \xrightarrow{(3)} \cdots \xrightarrow{(3)} y_{m-1}' \xrightarrow{(1)} x_{m-1}' \xrightarrow{(3)}_{x_{m-1} > x_W} y_m' \xrightarrow{(1)} x_m' \quad (x_m'$$

$\leqslant x_W)$，到此达到釜液分离要求，计算终止。对于塔釜间接加热，x_W 为从再沸器排出的残液组成，所以第 m 块塔板相当于再沸器，因而提馏段的理论塔板数共 $m-1$ 块（不包括再沸器）。

由以上逐板计算过程可知，精馏塔所需理论板数为 $n+m-2$ 块（不包括再沸器），其中第 n 块板为理论加料板。逐板计算法虽然计算过程繁琐，但结果精确，而对于计算机技术高速发展的今天，编程解决该问题已变得相当简单。

【能力训练】 对于其他进料热状况，该如何注意从精馏段到提馏段的转变？请结合下面的图解法进行分析和理解。

2. 图解法求取理论板数

简单地说，图解法就是将逐板计算法的过程在 x-y 图上描绘出来，图解法可以更直观地解决各种进料热状况下的理论板数目和理论加料位置问题，而且很多精馏操作问题可以在图解中理解或解决。

图4-26为泡点进料时的图解理论板过程，这种情况下，精、提馏段操作线的交点 d(x_q, y_q) 和点 e(x_F, x_F) 在同一垂线上。

① 做出相应物系的 x-y 平衡线和坐标中的对角线。

② 做出精馏段操作线 ac、q 线 ef 和提馏段操作线 bd，这三条线的做法前已述及，这里不再重复。

③ 从 a(x_D, x_D) 点开始，做水平线交与平衡线于"1"点（$y_1 = x_D \xrightarrow{平衡关系} x_1$），再

由"1"点做垂线与精馏段操作线交于"1'"点（$x_1 \xrightarrow{\text{操作线关系}} y_2$），再"1'"点做水平线交平衡线于与"2"点（$y_2 \xrightarrow{\text{平衡关系}} x_2$），如此在平衡线与精馏段操作线之间绘制直角梯级。

④ 当某一直角梯级的水平线跨越精馏段和提馏段操作线的交点 d 时，作图中止并确定理论加料板位置，然后转入平衡线与提馏段操作线之间绘制直角梯级。

⑤ 当某一直角梯级的水平线跨越 $b(x_W, x_W)$ 点时，作图终止并确定最后一块理论塔板位置。最后这层梯级代表的理论板为再沸器。

图 4-26 讨论的为泡点进料情况下的图解理论板情况，此时 d、e 两点在同一垂线上（$x_q = x_F$），符合泡点进料的逐板计算法结论，即 $x_4 \leqslant x_F$ 时，第四块板为理论加料板，由此转入平衡线与提馏段操作线之间绘制直角梯级，直至确定最后一块塔板为第七块板（若为塔外加热，则第七块板相当于再沸器）。

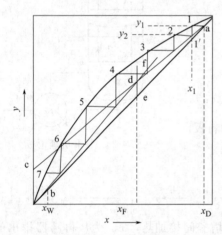

图 4-26　泡点进料图解理论

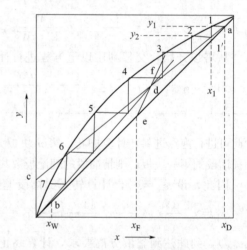

图 4-27　冷液进料的图解理论板

其他进料热状况下的图解法如图 4-27 所示。此时 d、e 两点并不在同一垂线上，绘图过程不再单纯以 x_F 为参考，而应以精、提馏段操作线的交点 $d(x_q, y_q)$ 为转折，从平衡线与精馏段操作线之间绘制梯级过渡为平衡线与提馏段操作线之间绘制梯级。本图示例为冷液进料。

由 q 线的位置对图解理论板的影响可知，在分离目标和进料组成不变的情况下，进料越冷，进料位置越靠上（塔顶），精馏段所需的理论板数越少，提馏段操作线越远离平衡线。

【能力训练】 若精馏塔内板数和加料位置不变，其他操作条件亦不变，降低进料温度，会对塔顶产品的组成造成什么影响？

3. 加料位置的确定

在适宜的加料位置加料，可获得最佳分离效果。确定适宜的加料位置的原则，一般应使进料组成与塔内液相或气相组成相近或相同，在这样的塔板上进料能够在最小限度上影响塔内原来的物料状态。

前已述及，采用图解法计算理论板数时，适宜的进料位置应为跨越两操作线交点所对应的梯级。对于一定的分离任务，如此作图所需理论板数为最少。如果加料过早或过晚，都会造成所需理论板数增加，见图 4-28。

实际生产操作中，加料位置选择不当，将会使塔顶产品和釜液不能同时达到工艺指标。

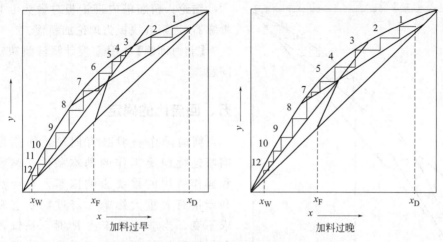

图 4-28 精馏塔料过晚或过早的影响

加料位置过高（加料过早），塔内精馏段实际板数少于所需板数，使塔顶产品的轻组分组成偏低；反之，加料位置偏低（加料过晚），塔内提馏段实际板数少于所需板数，使釜液中轻组分含量增高，从而降低塔顶轻组分的回收率。

必须注意，纯粹的理论计算并不能完全指导实际生产，生产中的加料位置可能有多个，适宜的加料板位置还要结合生产的实际情况和经验而定。

【查一查】 精馏塔理论板数的求取还可以用简捷法，请查阅相关资料了解。

【应用 5】 在塔外加热的常压连续精馏塔中分离苯-甲苯混合液，泡点进料，原料中含苯 0.5（摩尔分数，下同），塔顶馏出液含苯 0.95，釜液含苯 0.06，操作回流比为 2.6。常压下苯-甲苯平衡数据见表 4-3。

试求：全塔理论板总数和理论加料板位置。

表 4-3 苯-甲苯混合液的气、液相平衡数据

$t/℃$	80.1	84.0	88.0	92.0	96.0	100.0	104.0	108.0	110.0
x	1.00	82.3	65.9	50.8	37.6	25.6	15.5	5.8	0
y	1.00	92.3	83.0	72.1	59.6	45.3	30.4	12.8	0

应用分析与解决：用图解法求解，如图 4-29 所示。

① 首先根据平衡数据绘制 x-y 图；

② 再到 x-y 图上找出 $x_D = 0.95$、$x_F = 0.50$、$x_W = 0.06$，在对角线上分别找到点 a(x_D, x_D)、e(x_F, x_F) 和点 c(x_W, x_W)；

③ 由回流比 $R = 2.6$ 得精馏段操作线截距为 $\dfrac{x_D}{R+1} = \dfrac{0.95}{2.6+1} = 0.26$，确定图中点 b(0, 0.26)，并作出精馏段操作线 ab；

④ 由泡点进料 $q = 1$，可过 e 点作垂线绘出 q 线，q 线与精馏段操作线交于 d 点，连接 cd 两点作出提馏段操作线 cd；

⑤ 由 a 点开始在精馏段操作线和平衡线之间绘制直角梯级图解理论板，当直角梯级跨越 d 点时，转移至在提馏段操作线和平衡线之间绘制直角梯级，当直角梯级跨越 c 点时，图解过程结束。

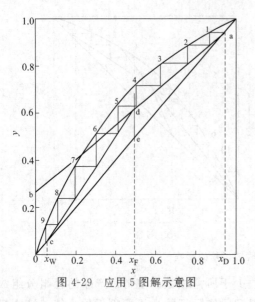

图 4-29 应用 5 图解示意图

结论：精馏塔内理论板总数为 9 块（包括再沸器），第五块板为理论加料板。

【能力训练】 用逐板计算法解决应用 5 的问题。

五、回流比的确定

精馏操作一般必有回流，回流是保证精馏塔连续稳定工作的基本条件，是设备投资和操作费用的重要影响因素，对产品的质量和产量有着重大影响。若进料状态和分离要求不变，当减小回流比 R 时，精馏段操作线和提馏段操作线均靠近平衡线，所需理论板数增加（说明每块板的分离能力较低），精馏设备投资提高，但塔顶产品产量亦高；当增大回流比 R 时，精馏段操作线和提馏段操作线均远离平衡线，所需理论板数减少（说明每块板的分离能力较高），精馏设备投资降低，但塔顶产品产量亦降低，而且再沸器和冷凝器能耗量增加，导致操作费用提高。因此，适宜的回流比才能保证精馏操作的经济效益。回流比有两个极限，上限为全回流 R_{max}，下限为最小回流比 R_{min}，适宜的回流比 R 应在两者之间。

1. 全回流

塔顶蒸气经过全凝器冷凝后的冷凝液全部回流至塔顶，则为全回流。

由回流比的定义式可知，全回流状态下塔顶产品流量 $D=0$，回流比为 $R=\dfrac{L}{D} \to \infty$，可记为 R_{max}，此时精馏段操作线斜率趋向于 1，造成精、提馏段操作线均与对角线重合，见图 4-30。

由图可知，全回流时的操作线离平衡线最远，气、液两相间的传质推动力最大，若分离指标要求不变，则在全回流状态下精馏塔所需理论板数最少，且精馏塔不再分精馏段和提馏段，两段的操作线合二为一，即

$$y_{n+1} = x_n$$

全回流操作没有任何进料和产品的采出，生产能力为零，没有实际生产意义，但在装置开工、调试、操作过程异常或实验研究中多采用全回流，这样便于过程的稳定和精馏设备性能的评价。

2. 最小回流比

如图 4-31 所示，在分离指标要求不变的情况下，欲增加塔顶产品的产量 D，需要减少回流量 L，则回流比 $R=\dfrac{L}{D}$ 势必减小，则精馏段操作线的斜率随之逐渐变小，精馏段操作线逐渐靠近平衡线，气、液两相间的传质推动力逐渐减小，达到一定分离要求所需的理论塔板数逐渐增多。当回流比减小至两操作线的交点落在相平衡线上时，交点处的气、液两相已达平衡，传质推动力为零，图解时无论绘制多少梯级都不能跨过点 d，则达到一定分离要求所需的理论塔板数为无穷多，此时的回流比已达到回流比的最小极限，称为最小回流比，可记

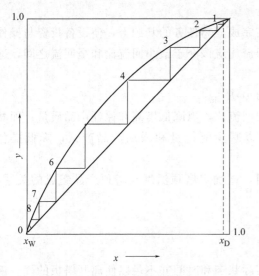

图 4-30　全回流图解理论板

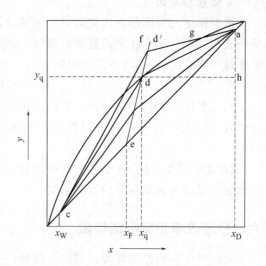

图 4-31　最小回流比分析

为 $R_{\min}$，若回流比继续减小至点 d 越过平衡线，如点 d′，精馏操作将无法进行。

最小回流比 $R_{\min}$ 是精馏塔设计和精馏操作的重要问题，其求取方法很简单，可参考图解法或解析法，下面只讨论直观的图解法，解析法可由读者自己查阅相关资料。

由图 4-31 可知，回流比最小时的精馏段操作线斜率为：

$$\frac{R_{\min}}{R_{\min}+1}=\frac{ah}{dh}=\frac{x_D-y_q}{x_D-x_q}$$

$$\Rightarrow R_{\min}=\frac{x_D-y_q}{y_q-x_q} \tag{4-36}$$

式中的 x_q、y_q 为前述的精馏段操作线和提馏段操作线交点 d(x_q, y_q) 的坐标值。

【能力训练】　若进料为泡点或露点温度，结合图解分析 x_q 或 y_q 与 x_F 有何关系？

上面讨论的图解法中，其平衡线为规则曲线（理想溶液），则 d 点为精馏段操作线、提馏段操作线、q 线和平衡线的交点，x_q、y_q 符合平衡关系。若平衡线为非规则曲线（非理想溶液），则其中一条操作线可能与平衡线的一部分相切，d 点很有可能不会落在平衡线上，读者可参考图 4-32 自行分析理解。

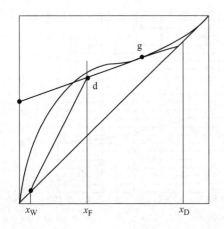 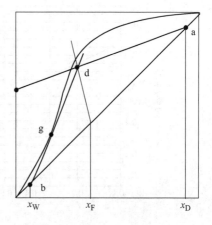

图 4-32　非理想溶液的最小回流比图解

3. 适宜回流比

精馏操作的实际回流比应通过经济核算，在完成分离任务的基础上，使设备投资与操作费用之和最小，这样才是适宜的回流比。适宜回流比应该介于最小回流比和全回流之间，通常为最小回流比的（1.1～2.0）倍，即：

$$R = (1.1 \sim 2.0) R_{min}$$

对相对挥发度较小的物系，应该采用较大的回流比，以降低塔高和保证产品质量；而相对挥发度较大的物系，可采用较小的回流比，以减少能耗量和增加产品产量，降低操作费用。

【能力训练】 结合所学知识并查阅相关资料，试确定塔顶温度与塔顶产品组成的关系，指出塔顶温度对精馏操作的参考意义。

六、全塔效率和实际塔板数

实际操作的精馏塔塔板，其气、液接触的实际状态和时间并不足以使离开塔板的气、液两相达到平衡状态，而前述的逐板计算法和图解法所研究的塔板是理论板，即离开理论板的气、液两相达到平衡状态。因此，实际操作条件下的精馏塔所需的实际板数要比理论板数多，这就存在着实际板数与理论板数的修正问题，这个问题用全塔效率 E_T 来表示，即：

$$E_T = \frac{N_T}{N_P} \times 100\% \tag{4-37}$$

式中　E_T——全塔效率；
　　　N_T——理论塔板数；
　　　N_P——实际塔板数。

理论板数与实际板数之比称为全塔效率，其值小于1。在工程设计中，若能获取理论塔板数 N_T，再在生产经验的指导下获取全塔效率 E_T，则很容易计算出实际塔板数。工程设计中的 E_T 一般来自经验或实验测定，双组分混合液全塔效率多在 0.5～0.7 之间。

效率的影响因素很多，对于泡罩塔和筛板塔，较典型而简易的方法是全塔效率关联图，对于泡罩塔和筛板塔的设计，可参考全塔效率关联图确定全塔效率。如图4-33所示，图中横坐标为塔内平均相对挥发度 α 与塔内液体平均黏度 μ_L 的乘积 $\alpha\mu_L$，其中 μ_L 的单位为 mPa·s。

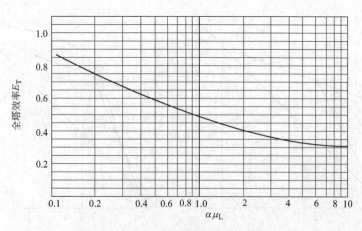

图 4-33　全塔效率关联图

【**应用 6**】 在常压下用连续精馏塔分离甲醇-水溶液。已知原料液中甲醇含量为 0.35（摩尔分数，下同），馏出液及釜液组成分别为 0.95 和 0.05，泡点进料，塔顶为全凝器，塔釜为间接蒸气加热，操作回流比为最小回流比的 2 倍。常压下甲醇-水的平衡数据见表 4-4。

试求：（1）理论板数及理论加料板位置；

（2）从塔顶向下第 2 块理论板上升的蒸气组成。

表 4-4 常压下甲醇-水混合液的气、液相平衡数据

x	0.02	0.06	0.10	0.20	0.30	0.40	0.50	0.60	0.80	0.90
y	0.134	0.304	0.418	0.579	0.665	0.729	0.779	0.825	0.915	0.958

应用分析与解决：如图 4-34 所示图解。

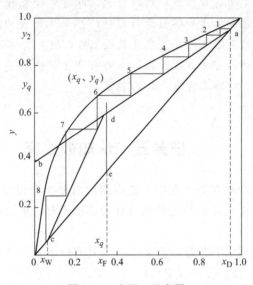

图 4-34 应用 6 示意图

（1）图解理论板数及理论加料板位置

① 首先根据平衡数据绘制 x-y 图；

② 再到 x-y 图上找出 $x_D=0.95$、$x_F=0.35$、$x_W=0.05$；

③ 在对角线上分别找到点 $a(x_D, x_D)$、$e(x_F, x_F)$ 和点 $c(x_W, x_W)$；

④ 根据平衡线较规则的形状和最小回流比的定义，由 q 线与平衡线的交点坐标可读出 $x_q=x_F=0.35$，$y_q=0.7$；

⑤ 计算最小回流比 $R_{\min}$：

$$R_{\min} = \frac{x_D - y_q}{y_q - x_q} = \frac{0.95 - 0.70}{0.70 - 0.35} = 0.71；$$

⑥ 计算回流比 R：

$$R = 2R_{\min} = 2 \times 0.71 = 1.42；$$

⑦ 在已知回流比 R 的情况下，如案例 6 的图解过程图解理论板。

结论：精馏塔内理论板总数为 8 块（包括再沸器），其中第 6 块板为理论加料板。

（2）图 4-34 中可以读出离开第 2 块理论板的气相组成：$y_2=0.93$。

【能力训练】 请用逐板计算法求解应用 6 的（2）。

【拓展阅读】

灵敏板

一个正常操作的精馏塔当受到某一外界因素的干扰（如回流比、进料组成发生波动等），全塔各板的组成发生变动，全塔的温度分布也将发生相应的变化。因此，有可能用测量温度的方法预示塔内组成，尤其是塔顶产品组成的变化。

在一定总压下，塔顶温度是塔顶产品组成的直接反映。但在高纯度分离时，在塔顶（或塔底）相当高的一个塔段中的温度变化极小，当塔顶温度有了可觉察的变化时，产品组成的波动早已超出允许的范围。以乙苯-苯乙烯在 8kPa 下减压精馏为例，当塔顶产品中含乙苯由 99.9% 降至 90% 时，泡点变化仅为 0.7℃。可见高纯度分离时一般不能用测量塔顶温度的方法来控制塔顶产品的质量。

仔细分析操作条件变动前后温度分别的变化，即可发现在精馏段或提馏段的某些塔板上，温度变化量最为显著，这些塔板的温度对外界干扰因素的反应最为灵敏，故将这些塔板称之为灵敏板。将感温元件安置在灵敏板上可以较早觉察精馏操作所受到的干扰；一般灵敏板较靠近进料口，可在塔顶产品组成尚未产生变化之前先感受到进料参数的变动并及时采取调节手段，以稳定塔顶产品的质量。

>>> 任务五 认知板式塔

塔设备是石油、化工和制药等工业中广泛应用的重要生产设备，其基本功能是提供气、液两相充分接触的场所，使质量和热量传递过程能够迅速有效地进行，并且接触后的气、液两相能够互不夹带地及时分开。

塔设备要满足气、液接触和传质过程要求，应具有以下基本性能：
① 气、液两相充分接触，传质效率高；
② 气体和液体的通量大；
③ 流体流动阻力小，压力损失较少；
④ 操作弹性大，能够在较大负荷范围内维持高效率；
⑤ 结构简单可靠，制造成本和操作成本经济；
⑥ 易于安装、检修和清洗。

基于塔内气、液接触部件的结构型式，塔设备主要分为板式塔和填料塔。精馏生产可利用板式塔，也可利用填料塔，通常板式塔用于生产能力较大或需要较大塔径的场合；板式塔中的蒸气与液体接触比较充分，传质效果良好，单位容积的生产强度比填料塔要大。

这里只讨论板式塔，填料塔将在吸收项目中讨论。

一、板式塔的典型结构

如图 4-35 所示，板式塔圆筒形的塔体内部，沿塔高方向装有若干层塔板（也称塔盘），塔板上开有很多孔，每层塔板靠塔壁处设有降液管，这些基本内容在任务三中曾作过简介，请同时参考图 4-12 和图 4-13。板式塔还有很多附属装置，如除沫器、人（手）孔、基座，有时外部还有扶梯或平台；此外，在塔体上有时还焊有保温材料的支承圈；为了检修方便，有时在塔顶装有可转动的吊柱。

一般说来，各层塔板的结构是相同的，只有最高一层、最低一层和进料层的结构有所不同。最高一层塔板与塔顶的距离常大于一般塔板间距，以便能良好地除沫。最低一层塔板到塔底的距离较大，以便有较大的塔底空间储液，保证液体能有10～15min的停留时间，使塔底液体不致流空。塔底大多是直接通入由塔外再沸器来的蒸气，塔底与再沸器间有管路连接，有时在再塔底釜中设置列管或蛇管换热器，将釜中液体加热汽化。若是直接蒸气加热，则在釜的下部装一鼓泡管，直接接入加热蒸气。另外，进料板的板间距也比一般间距大。

液体因重力由塔顶逐板流向塔底，并在各塔板上形成流动的液层；气体靠压差由塔底向上依次垂直穿过各塔板上的液层而流向塔顶。气、液两相在塔内进行逐级接触，两相的组成沿塔高呈阶梯式变化。

二、板式塔的主要塔板类型

按照塔内气液流动的方式，可将塔板分为错流塔板与逆流塔板两类。

用错流塔板的塔内气液两相成错流流动，即流体横向流过塔板，而气体垂直穿过液层，但对整个塔来说，两相基本上成逆流流动。错流塔板降液管的设置方式及堰高可以控制板上液体流径与液层厚度，以期获得较高的效率。

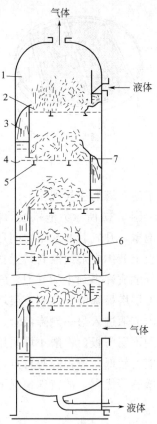

图4-35　板式塔典型结构
1—壳体；2—塔板（又称塔盘）；
3—降液管（又称溢流管）；
4—支承圈；5—加固梁；
6—泡沫层；7—溢流堰

逆流塔板亦称穿流板，板间不设降液管，气液两相同时由板上孔道逆向穿流而过。这种塔板结构虽简单，但需要较高的气速才能维持板上液层，操作弹性较小，分离效率也低，工业上应用较少。

工业用的板式塔塔板主要是错流塔板。下面介绍几种工业常用的塔板类型。

1. 筛板

1912年，炼油工业中出现筛板塔。筛板是最早出现的塔板之一，它是开孔的平板，像筛子一样层层设置于塔内，气体上升逐层通过筛板上的孔和板上的液体，获得较好的气、液接触和传质效果。

图4-36所示为筛板的特征结构。最初的筛板结构过于简单，操作弹性很小。为适应现代工业生产的要求，筛板的结构不断改进，出现了一些新型筛板，如大孔筛板、导向筛板、多降液管筛板、网状筛板和带挡板的筛板等。目前，筛板塔已成为应用最为广泛的板式塔之一。

筛板塔的优点是结构简单造价低，气流压降小且板上液面落差小，塔板效率高。缺点是操作弹性小，筛孔小易堵塞，必须维持较为恒定的操作条件。

2. 泡罩塔板

泡罩塔自1920年引入到炼油工业，是最早得到广泛应用的一种典型的板式塔。当时，泡罩塔曾在气、液传质设备中占有主导地位，直到后来新型筛板塔和浮阀塔的出现才逐渐取

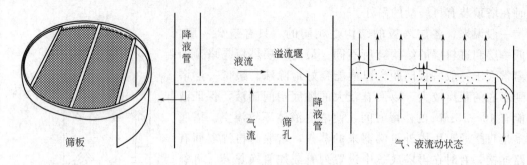

图 4-36 筛板特征结构

代了泡罩塔的主导地位。

图 4-37 所示为泡罩板的特征结构。塔板上设有许多供蒸气通过的升气管，其上覆以钟形泡罩，升气管与泡罩之间形成环形通道。泡罩周边开有很多称为齿缝的长孔，齿缝全部浸在板上液体中形成液封。操作时，气体沿升气管上升，经升气管与泡罩间的环隙，通过齿缝被分散成许多细小的气泡，气泡穿过液层使之成为泡沫层，以加大两相间的接触面积。流体由上层塔板降液管流到下层塔板的一侧，横过板上的泡罩后，开始分离所夹带的气泡，再越过溢流堰进入另一侧降液管，在管中气、液进一步分离，分离出的蒸气返回塔板上方，流体流到下层塔板。一般小塔采用圆形降液管，大塔采用弓形降液管。泡罩塔由于结构复杂、生产能力较低、压强降等特点，已较少采用，然而因它有操作稳定、技术比较成熟、对脏物料不敏感等优点，故特殊情况下仍可采用。

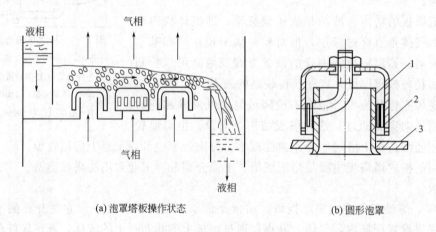

(a) 泡罩塔板操作状态　　　　　(b) 圆形泡罩

图 4-37 泡罩板特征结构
1—升气管；2—泡罩；3—塔板

3. 浮阀塔板

如图 4-38 所示，浮阀塔由泡罩塔发展而来，是 20 世纪 50 年代初由美国开发的一种有效的气、液传质设备，它综合了筛板和泡罩板的优点，结构与泡罩塔相似，但每个孔装有能上下活动的浮阀，覆盖阀孔，代替固定的泡罩。浮阀可在一定的高度内自由升降，调节通流面积，以适应不同的气体通过量，并能在很广的操作范围内保持高效率，且塔板结构简单，安装容易，制造费用低。

浮阀塔板上的浮阀按照阀片的形状主要分为两大类：圆盘形浮阀和条形浮阀，如图 4-39 所示。

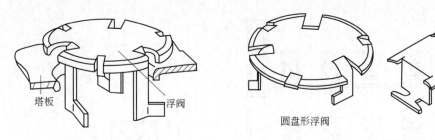

图 4-38 浮阀板　　　　　　图 4-39 浮阀形状示意图

其他形式的浮阀塔板如导向梯形浮阀塔板（如图 4-40）和管式浮阀塔板、浮阀筛孔混合塔板、双层浮阀塔板等。

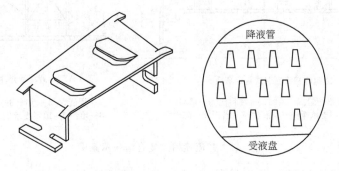

图 4-40 导向梯形浮阀塔板

浮阀塔板具有操作弹性和处理能力大，分离效率高，而且塔板压降小的特点，这比泡罩塔要优越。

4. 复合式塔板

复合式塔板指不同塔板形式的复合或塔板与填料之间的复合。如同一塔板上布置不同的鼓泡元件，或由两块不同类型的塔板组成一层复合塔板，或塔板与填料的复合等。图 4-41 所示为并流喷射式复合塔板。

三、板式精馏塔的操作特性

1. 塔式板内气、液两相的非理想流动

（1）返混　与主体流动方向相反的液体或气体的流动，主要有雾沫夹带和气泡夹带两种情况。

① 雾沫夹带。板上液体被上升气体带入上一层塔板的现象称为雾沫夹带。雾沫夹带量主要与气速和板间距有关，其随气速的增大和板间距的减小而增加。雾沫夹带是一种液相在塔板间的返混现象，使传质推动力减小，塔板效率下降。

② 气泡夹带。液体在降液管中停留时间过短，而气泡来不及解脱被液体带入下一层塔板的现象称为气泡夹带。气泡夹带是与气体的流动方向相反的气相返混现象，使传质推动力减小，降低塔板效率。

（2）流体的不均匀流动　气体或液体流速的不均匀使传质推动力减小。

① 气体沿塔板的不均匀流动。降液管流出的液体横跨塔板流动必须克服阻力，板上液面将出现位差，塔板进、出口侧的清液高度差称为液面落差。液面落差的大小与塔板结构有

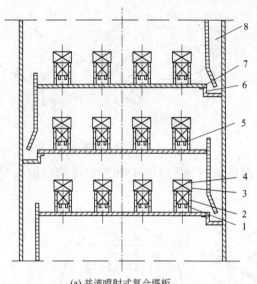
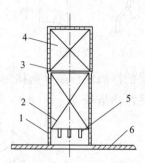

(a) 并流喷射式复合塔板

1—提液管；2—填料；3—填料筐；4—填料；
5—填料支承板；6—受液盘；7—塔板；8—降液管

(b) 气、液接触元件结构

1—提液管；2—填料；3—填料筐；
4—填料；5—填料支承板；6—塔板

图 4-41 并流喷射式复合塔板示意图

关，还与塔径和液体流量有关。液体流量越大，行程越大，液面落差越大。由于液面落差的存在，将导致气流的不均匀分布，在塔板入口处，液层阻力大，气量小于平均数值；而在塔板出口处，液层阻力小，气量大于平均数值。不均匀的气流分布对传质是个不利因素，直径较大的塔常采用双溢流或阶梯溢流等溢流形式来减小液面落差，以降低气体的不均匀分布。

② 液体沿塔板的不均匀流动。液体自塔板一端流向另一端时，在塔板中央，液体行程较短而直，阻力小，流速大。在塔板边缘部分，行程长而弯曲，又受到塔壁的牵制，阻力大，因而流速小。因此，液流量在塔板上的分配是不均匀的。这种不均匀性的严重发展会在塔板上造成一些液体流动不畅的滞留区。液体的不均匀流动可导致气液接触不良，易产生干吹、偏流等现象，塔板效率下降。

2. 塔式板的异常操作现象

不正常操作的现象通常指液泛和漏液两种情况。

① 漏液。气体通过筛孔的速度较小时，气体通过筛孔的动压不足以阻止板上液体的流下，液体会直接从孔口落下，这种现象称为漏液。漏液量随孔速的增大与板上液层高度的降低而减小。漏液会影响气液在塔板上的充分接触，降低传质效果，严重时将使塔板上不能积液而无法操作。

② 液泛。为使液体能稳定地流入下一层塔板，降液管内须维持一定高度的液柱。气速增大，气体通过塔板的压降也增大，降液管内的液面相应地升高；液体流量增加，液体流经降液管的阻力增加，降液管液面也相应地升高。如降液管中泡沫液体高度超过上层塔板的出口堰，板上液体将无法顺利流下，液体充满塔板之间的空间，即液泛。液泛是气液两相作逆向流动时的操作极限。

根据液泛发生原因不同，可分为两种情况：塔板上液体流量很大，上升气体速度很高时，雾沫夹带量剧增，上层塔板上液层增厚，塔板液流不畅，液层迅速积累，以致液泛，这种由于严重的雾沫夹带引起的液泛称为夹带液泛。当塔内气、液两相流量较大，导致降液管内阻力及塔板阻力增大时，均会引起降液管液层升高。当降液管内液层高度难以维持塔板上液相畅通时，降液管内液层迅速上升，以致达到上一层塔板，逐渐充满塔板空间，即发生液泛。并称之为降液管液泛。

开始发生液泛时的气速称为泛点气速。正常操作气速应控制在泛点气速之下。影响液泛的因素除气、液相流量外，还与塔板的结构特别是塔板间距有关。塔板间距增大，可提高泛点气速。

3. 塔板的负荷性能图及操作分析

板式精馏塔的正常操作，必须将塔内的气、液负荷限制在一定的范围内，该范围即为塔板的负荷性能。以塔的液相负荷 L 为横坐标，气相负荷 V 为纵坐标绘制塔板的负荷性能图，得到五条线，如图 4-42 所示。

① 漏液线。图中 1 线为漏液线，又称气相负荷下限线。当操作时气相负荷低于此线，将发生严重的漏液现象。

② 液沫夹带线。图中 2 线为液沫夹带线，又称气相负荷上限线。如操作时气液相负荷超过此线，表明液沫夹带现象严重。

③ 液相负荷下限线。图中 3 线为液相负荷下限线。若操作时液相负荷低于此线，表明液体流量过低，板上液流不能均匀分布，气液接触不良，塔板效率下降。

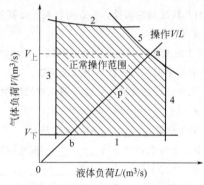

图 4-42 塔板气、液负荷分析图

④ 液相负荷上限线。图中 4 线为液相负荷上限线。若操作时液相负荷高于此线，表明液体流量过大，此时液体在降液管内停留时间过短，发生严重的气泡夹带，使塔板效率下降。

⑤ 液泛线。图中 5 线为液泛线。若操作时气液负荷超过此线，将发生液泛现象，使塔不能正常操作。

在塔板的负荷性能图中，五条线所包围的区域称为塔板的适宜操作区，此区域内，气液两相负荷的变化对塔板效率影响不太大，故塔应在此范围内进行操作。

操作时的气相负荷 V 与液相负荷 L 在负荷性能图上的坐标点称为操作点。在连续精馏塔中，操作的气液比 V/L 为定值，因此，在负荷性能图上气液两相负荷的关系为通过原点、斜率为 V/L 的直线，该直线称为操作线。操作线与负荷性能图的两个交点分别表示塔的上下操作极限，两极限的气体流量之比称为塔板的操作弹性。设计时，应使操作点尽可能位于适宜操作区的中央，若操作线紧靠某条边界线，则负荷稍有波动，塔即出现不正常操作。

应予指出，当分离物系和分离任务确定后，操作点的位置即固定，但负荷性能图中各条线的相应位置随着塔板的结构尺寸而变。因此，在设计塔板时，根据操作点在负荷性能图中的位置，适当调整塔板结构参数，可改进负荷性能图，以满足所需的操作弹性。例如：加大板间距可使液泛线上移，减小塔板开孔率可使漏液线下移、增加降液管面积可使液相负荷上限线右移等。

能 力 训 练

一、简答题
1. 蒸馏操作的依据是什么？混合液中各组分的挥发性和沸点有何联系？
2. 气、液两相达到平衡时，其气、液相的组成满足什么关系？气、液两相的温度关系又如何？什么是泡点温度和露点温度？
3. 什么是相对挥发度？其值的大小对精馏分离有何影响？
4. 什么是精馏？简述精馏原理，精馏的必要条件是什么？
5. 说明精馏塔精馏段和提馏段的作用。
6. 说明塔顶冷凝器和塔底再沸器的作用。
7. 原料的进料热状态有哪几种？其进料热状况参数的值大小范围如何？
8. 为什么在分离任务一定的情况下，采用最小回流比进行精馏操作时，所需理论板数为无穷多？
9. 进料热状况对精馏操作线有何影响？在其他条件不变的情况下，进料热状况的改变会对精馏产品造成什么样的影响？
10. 何为回流比？回流比的大小对精馏生产操作有何影响？
11. 什么是全回流？全回流的意义何在？
12. 什么是液泛和漏液？液泛和漏液对精馏生产操作有何影响？

二、填空题
1. 蒸馏是分离_____的一种方法。
2. 精馏过程是液体的多次_____和气体的多次_____同时进行的过程。
3. 按操作压力不同，蒸馏分为_____、_____和减压蒸馏。
4. 在温度-组成图上，液相线以下的区域称为_____，液相线和气液线之间的区域称为_____。
5. 根据经验，回流比常取最小回流比的_____。
6. 分离要求其他条件不变时，进料越冷，则分离所需的理论塔板数_____。
7. 精馏塔的操作线方程是依据_____得来的。
8. 若精馏塔塔顶某理论板上气相露点温度为 t_1，液相泡点温度为 t_2；塔底某理论板上气相露点温度为 t_3，液相露点温度为 t_4。请将四个温度间关系用">、=、<"符号顺序排列如下_____。
9. 全回流时，塔顶产品量为_____，塔底产品量为_____，进料量为_____，回流比为_____，理论塔板数为_____，全回流适用的场合通常是_____。
10. 某精馏塔的精馏段操作线方程为 $y=0.75x+0.24$，则该精馏塔的操作回流比为_____，馏出液组成为_____。

三、选择题
1. 某二元混合物，其中 A 为易挥发组分，液相组成为 $x_A=0.5$ 时相应的泡点为 t_1，气相组成 $y_A=0.3$ 时相应的露点为 t_2，则（　　）。
    A. $t_1=t_2$　　　　B. $t_1<t_2$　　　　C. $t_1>t_2$　　　　D. 无法判断
2. 在 y-x 图中，平衡曲线离对角线越远，该溶液越是（　　）。
    A. 难分离　　　　　　　　　　　　B. 易分离
    C. 无法确定分离难易　　　　　　　D. 与分离难易无关
3. 精馏的操作线为直线，主要是因为（　　）。
    A. 理论板假设　　　　　　　　　　B. 理想物系
    C. 塔顶泡点回流　　　　　　　　　D. 恒摩尔流假设
4. 二元溶液连续精馏，进料热状况的变化将引起以下线的变化（　　）。
    A. 提馏段操作线与 q 线　　　　　B. 平衡线

C. 平衡线与精馏段操作线   D. 平衡线与 q 线

5. 用精馏塔完成分离任务所需理论板数为 8（包括再沸器），若全塔效率为 50%，则塔内实际板数为（　　）。

A. 16 层　　　　B. 12 层　　　　C. 14 层　　　　D. 无法确定

四、计算题

1. 今有苯和甲苯的混合液，在 318K 下沸腾，外界压强为 20.3kPa。已知此条件下纯苯的饱和蒸气压为 22.7kPa，纯甲苯的饱和蒸气压为 7.6kPa。
试求平衡时苯和甲苯在气、液相中的组成？

2. 若苯-甲苯混合液中含苯 0.4（摩尔分数），试根据图 4-3 求：
(1) 该溶液的泡点温度及其平衡蒸气的瞬间组成；
(2) 将该溶液加热到 100℃，这时溶液处于什么状态？气、液相的组成分别为多少？
(3) 将该溶液加热到什么温度才能全部汽化为饱和蒸气？这时蒸气的瞬间组成为多少？

3. 今有苯酚和对苯酚的混合液。已知在 390K，总压 101.3kPa 下，苯酚的饱和蒸气压为 11.58kPa，对苯酚的饱和蒸气压为 8.76kPa。
试求苯酚的相对挥发度？

4. 在连续操作的常压精馏塔中分离苯-甲苯混合液，原料中含苯 0.4（摩尔分数，下同），原料处理量为 100kmol/h，要求塔顶产品含苯不低于 0.95，釜残液含苯不超过 0.05。
求：塔顶产品和釜残液的流量。

5. 常压下，将乙醇含量为 0.4（摩尔分数，下同）的乙醇-水溶液送入连续精馏塔中分离，泡点进料。原料液处理量为 160kmol/h。若要求馏出液组成为 0.95，釜液组成为 0.04（以上均为摩尔分数），回流比为 2.5。
试求产品的流量、精馏段的回流液体量及提馏段上升蒸气量。

6. 在一常压连续精馏塔中，分离某理想溶液，原料液浓度为 0.4，塔顶馏出液为 0.95（均为易挥发组分的摩尔分率）。若回流比为 3，操作条件下溶液的相对挥发度为 2，塔顶采用全冷器，泡点回流。
试求：由第二块理论板上升的气相组成？

7. 乙醇-水溶液在连续精馏塔中分离，饱和液体进料，原料中含乙醇为 0.4，塔顶馏出液组成为 0.8，釜液组成为 0.05，（以上均为易挥发组分的摩尔分率），回流比为 3。塔顶设全凝器，泡点回流，塔釜为间接加热，乙醇-水的平衡数据见表 4-5。
试作出乙醇-水的平衡图并图解全塔需要的理论板数及理论加料板的位置。

表 4-5　乙醇-水溶液在 101.3kPa 下的气、液平衡数据

乙醇/%		温度/℃	乙醇/%		温度/℃
液相中	气相中		液相中	气相中	
0.00	0.00	100	32.73	58.26	81.5
1.90	17.00	95.5	39.65	61.22	80.7
7.21	38.91	89.0	50.79	65.64	79.8
9.66	43.75	86.7	51.98	65.99	79.7
12.38	47.04	85.3	57.32	68.41	79.3
16.61	50.89	84.1	67.63	73.85	78.74
23.37	54.45	82.7	74.72	78.15	78.41
26.08	55.80	82.3	89.43	89.43	78.15

8. 某连续精馏塔在 101.3kPa 下分离甲醇-水混合液。原料液中含甲醇 0.315（摩尔分数，下同），泡点加料。若要求馏出液中甲醇含量为 0.95，残液中甲醇含量为 0.04。假设操作回流比为最小回流比的 1.77 倍。甲醇-水的平衡数据见表 4-6。

试作出甲醇-水的平衡图并以图解法求该塔的理论板数和加料板位置。

表 4-6　甲醇-水平衡数据

x	0.02	0.06	0.10	0.20	0.30	0.40	0.50	0.60	0.80	0.90
y	0.134	0.304	0.418	0.579	0.665	0.729	0.779	0.825	0.915	0.958

项目五 吸收操作技术

【知识目标】

◎了解吸收-解吸的基础知识和基本原理；

◎理解吸收传质机理和传质速率；

◎掌握吸收操作的基本计算；

◎典型吸收塔设备的操作要点。

【能力目标】

◎典型吸收设备的正常开、停车操作；

◎能够根据吸收-解吸生产任务确定初步操作方案；

◎能够根据吸收-解吸操作规程进行常规吸收-解吸操作。

【生产实例】 洗油脱除煤气中粗苯

在煤化工工业中，用洗油脱除煤气中的粗苯是吸收操作的典型应用，工业生产中多以吸收和解吸并用。

如图 5-1 所示，虚线左侧为吸收部分，右侧为解吸部分。在吸收塔中，苯系化合物蒸气溶解于洗油中，吸收了粗苯的洗油（又称富油）由吸收塔底排出，被吸收后的煤气（尾气）

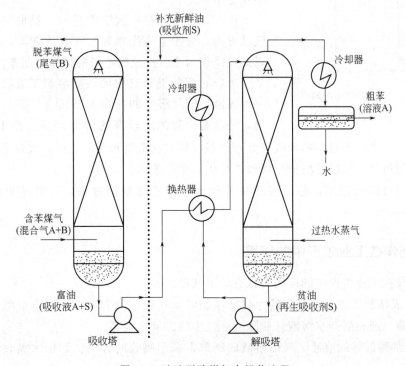

图 5-1 洗油脱除煤气中粗苯流程

由吸收塔顶排出；在解吸塔中，粗苯由液相释放出来，并被水蒸气带出，经冷凝分层后即可获得粗苯产品，解吸出粗苯的洗油（也称为贫油）经冷却后再送回吸收塔循环使用。解吸也称为脱吸。

【能力训练】 请在后续学习中找出对工业吸收和解吸操作有利的条件。

任务一　了解吸收操作技术的基本知识

吸收操作是传质分离的典型单元操作之一，是分离气体混合物的重要操作技术，工业应用非常广泛。

一、吸收操作的认知

气体吸收是根据混合气体中各组分在某液体溶剂中的溶解度不同，而将气体混合物进行分离的单元操作。吸收操作所用的液体溶剂称为吸收剂，以 S 表示；混合气体中，能够显著溶解于吸收剂的组分称为吸收质或溶质，以 A 表示；而几乎不被溶解的组分统称为惰性气体或载体，以 B 表示；吸收操作所得到的溶液称为吸收液或溶液，它是溶质 A 溶于溶剂 S 中所得到的溶液；被吸收后从设备中排出的气体称为吸收尾气，其主要成分为惰性气体 B，但仍含有少量未被吸收的溶质 A 及可能少量汽化的溶剂 S。吸收过程是溶质由气相转移到液相的相际传质过程，其过程通常在塔设备中进行，如填料塔或板式塔，本项目主要在填料塔的基础上进行讨论，填料塔已在蒸馏项目中作过简介，不在这里重复。

吸收过程通常在吸收塔中进行。根据气、液两相的流动方向，分为逆流操作和并流操作两类，工业生产中以逆流操作为主。逆流吸收塔的操作如图 5-2 所示。

吸收过程使混合气中的溶质溶解于吸收剂中而得到一种溶液，但就溶质的存在形态而言，仍然是一种混合物，并没有得到纯度较高的气体溶质。在工业生产中，除了以制取溶液产品为目的的吸收（如用水吸收氨气制取氨水等）之外，大都要将吸收液进行解吸，以便得到纯净的溶质或使吸收剂再生后循环使用。

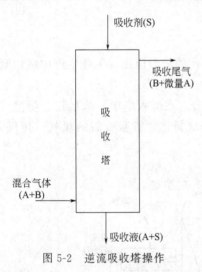

图 5-2　逆流吸收塔操作

解吸是吸收的反过程，是使溶质从吸收液中释放出来的过程，解吸通常在解吸塔中进行。

二、吸收操作在工业生产中的应用

气体吸收在工业生产中的应用大致有以下几种。

① 净化或精制气体。混合气的净化或精制常采用吸收的方法。如在合成氨工艺中，采用碳酸丙烯酯（或碳酸钾水溶液）脱除合成气中的二氧化碳等。

② 制取某种气体的溶液。气体溶液的制取常采用吸收的方法。如用水吸收氯化氢气体制取盐酸等。

③ 回收混合气体中的某组分。回收混合气体中的某组分通常采用吸收的方法。如前述生产实例中用洗油处理焦炉气以回收其中的芳烃等。

④ 工业废气的处理。在工业生产所排放的废气中常含有少量的 SO_2、H_2S、HF 等有害气体成分，若直接排入大气，则对环境造成污染。因此，在排放之前必须加以净化处理，工业生产中通常采用吸收的方法，选用碱性吸收剂除去这些有害的酸性气体。

吸收操作在工业生产中的应用实例很多，合成氨生产中 CO_2 气体的净化就颇具典型性。如图 5-3 所示，含有一定比例 CO_2 的合成氨原料气从底部进入吸收塔，乙醇胺溶液作为吸收剂从塔顶喷入，气、液逆流接触进行传质；乙醇胺吸收了 CO_2 之后从塔底排出，塔顶排出的尾气中的 CO_2 含量可降至目标值；将吸收塔塔底排出的含有 CO_2 的乙醇胺溶液用泵送至加热器加热到一定温度，从解吸塔顶喷淋下来，与塔底送入的水蒸气逆流接触，CO_2 在高温、低压下从溶液中解吸出来。从解吸塔塔顶排出的气体经冷却、冷凝后得到可用的 CO_2。解吸塔塔底排出的含少量 CO_2 的乙醇胺溶液经冷却降温，再经加压仍可作为吸收剂送入吸收塔内循环使用。

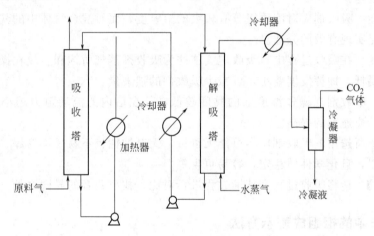

图 5-3　合成氨生产中 CO_2 气体的净化流程

三、吸收操作的分类

按照不同的分类依据，吸收操作过程可如下分类。

1. 物理吸收和化学吸收

吸收过程中，若吸收质与吸收剂没有发生明显的化学反应，可看成是气体溶质单纯地溶解于液相溶剂的物理过程，则称为物理吸收；相反，则称为化学吸收。

2. 单组分吸收和多组分吸收

吸收过程中，若混合气体中只有一个组分进入液相，可认为其余组分不溶解于吸收剂的吸收过程，则称为单组分吸收；若混合气体中有两个或更多组分进入液相，则称为多组分吸收。

3. 非等温吸收和等温吸收

吸收过程中，气体溶解于液体常因为溶解热或反应热而伴随着热效应，从而使溶液温度逐渐变化，则此过程为非等温吸收；若吸收过程的热效应很小，或虽然热效应较大，但吸收设备的散热效果很好，溶液的温度变化就不明显，这种过程则称为等温吸收。

4. 低浓度吸收与高浓度吸收

吸收过程中，若吸收质在气、液两相中的摩尔组成均较低（通常不超过 0.1），则称为低浓度吸收；反之，则称为高浓度吸收。

5. 常压吸收和加压吸收

这种分类的依据是吸收过程的操作压力。当操作压力增大时，溶质在吸收剂中的溶解度将随之增加。

本项目主要讨论常压下单组分低浓度等温物理吸收过程。

四、吸收剂的选择原则

吸收剂的性能是吸收操作的重要影响因素，选择合适的吸收剂能够使吸收过程达到更好的效果。选择吸收剂应注意以下原则。

（1）溶解度　吸收剂对溶质组分的溶解度越大，则传质推动力越大，吸收速率越快，且吸收剂的耗用量越少。

（2）选择性　吸收剂应对溶质组分有较大的溶解度，而对混合气体中的其他组分溶解度甚微，否则不能实现有效的分离。

（3）挥发度　在吸收过程中，吸收尾气往往为吸收剂蒸气所饱和。故在操作温度下，吸收剂的蒸气压要低，即挥发度要小，以减少吸收剂的损失量。

（4）黏度　吸收剂在操作温度下的黏度越低，其在塔内的流动阻力越小，扩散系数越大，这有助于传质速率的提高。

（5）其他　所选用的吸收剂应尽可能无毒性、无腐蚀性、不易燃不易爆、不发泡、凝固点低、价廉易得，且化学性质稳定，容易再生等。

【能力训练】　请将吸收过程和精馏过程进行对比，找出两者的异同之处。

五、吸收操作中的相组成表示方法

众所周知，气相和液相的组成经常利用摩尔分数 y 和 x 来表示，也可利用摩尔浓度 c_i、质量浓度 ρ_i 及质量分数 w_i 来表示。而吸收操作中主要利用摩尔比 Y 和 X 来表示气相和液相的组成，这是因为吸收过程中的气体总量和液体总量都随过程的进行而改变，但惰性气体和纯溶剂的流量则始终不变，利用摩尔比表示相组成可使解决问题的过程简化。

摩尔比是指混合物中某一组分的物质的量与另一组分的物质的量的比值，吸收操作的气相中只有溶质和惰性气体，则气相中溶质的组成摩尔比 Y 为：

$$Y = \frac{n_A}{n_B} = \frac{y_A}{y_B} = \frac{y}{1-y} \tag{5-1}$$

液相中只有溶质和溶剂，则液相中溶质的组成摩尔比 X 为：

$$X = \frac{n_A}{n_S} = \frac{x_A}{x_S} = \frac{x}{1-x} \tag{5-2}$$

式中　　Y——混合气体中组分 A 对组分 S 的摩尔比；

X——溶液中组分 A 对惰性气体 B 的摩尔比；

n_A、n_B、n_S——溶质 A、惰性气体 B、溶剂 S 的物质的量，kmol；

y——混合气体中组分 A 的摩尔分数；

x——溶液中组分 A 的摩尔分数。

【能力训练】 请读者自行推导质量分数、摩尔分数、质量比、摩尔比及摩尔浓度、质量浓度等的关系。

【应用1】 298K下，某吸收塔常压操作。已知原料混合气体中含 CO_2 为29%（体积分数），其余为 N_2、H_2 和 CO（可视为惰性组分），经吸收后，出塔气体中 CO_2 的含量为1%（体积分数），试分别计算以比摩尔分数和物质的量浓度表示的原料混合气和出塔气体的 CO_2 组成。

分析：系统可视为由溶质 CO_2 和惰性组分构成的双组分系统，现分别以下标1、2表示入、出塔的气体状态。

解决：① 原料混合气：因为理想气体的体积分数等于摩尔分数，所以 $y_1=0.29$

摩尔比 $$Y_1=\frac{y_1}{1-y_1}=\frac{0.29}{1-0.29}=0.408$$

物质的量浓度 $$c_{A1}=\frac{p_{A1}}{RT}=\frac{101.3\times0.29}{8.314\times298}\text{kmol/m}^3=0.0119\text{kmol/m}^3$$

② 出塔气体组成 由题意得 $y_2=0.01$

摩尔比 $$Y_2=\frac{y_2}{1-y_2}=\frac{0.01}{1-0.01}=0.0101$$

物质的量浓度 $$c_{A2}=\frac{p_{A2}}{RT}=\frac{101.3\times0.01}{8.314\times298}\text{kmol/m}^3=4.09\times10^{-4}\text{kmol/m}^3$$

▶▶▶ 任务二 学习吸收过程的气液平衡关系

吸收过程的气、液平衡关系是研究气体吸收过程的基础，通常用气体在液体中的溶解度及亨利定律表示。

在一定的温度和压力下，使一定量的吸收剂与混合气体接触，气相中的溶质便向液相溶剂中转移，直至液相中溶质组成达到饱和为止。此时进入液相中的溶质分子数与从液相逸出的溶质分子数恰好相等，达到了动态平衡，简称相平衡或平衡。这时的溶质在两相中的浓度关系即为平衡关系。

一、气体在液体中的溶解度

平衡状态下气相中的溶质分压称为平衡分压或饱和分压 p_A^*，液相中的溶质组成饱和组成，这就是气体在液体中的溶解度。气体在液体中的溶解度可通过实验测定。由实验结果绘制成的曲线称为溶解度曲线或相平衡曲线，某些气体在液体中的溶解度曲线可查阅有关资料。

实验测得 SO_2 和 NH_3 气体在水中的溶解度曲线如图 5-4 所示，经分析可知：

① 相同的温度和溶质气相分压下，不同气体在同一溶剂中的溶解度差异很大。其中氨在水中的溶解度较二氧化硫大得多，溶解度相对大的气体可称为易溶气体；反之，可称为难溶气体。

② 同一溶质在相同的气相分压下溶解于某溶剂，溶解度随温度的降低而增大。

③ 同一溶质在相同的温度下溶解于某溶剂，溶解度随气相分压的升高而增大。

④ 对于同样浓度的溶液，易溶气体在溶液上方的气相平衡分压小，难溶气体在溶液上

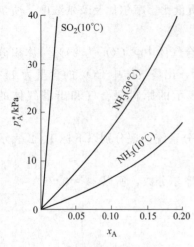

图 5-4 不同气体在水中的溶解

方的平衡分压大。

以上分析表明：较高的分压和较低的温度有利于吸收操作。实际操作过程中，若溶质在气相中的组成一定，可通过提高操作压力 p 来提高其分压 p_A；当吸收温度较高时，则需要采取降温措施，以增大其溶解度。所以，加压和降温有利于吸收操作；反之，升温和减压则有利于解吸操作。这就是图 5-1 和图 5-3 中设有加热器和冷却器的原因，也是在吸收分类中没有减压吸收的原因。

二、亨利定律

在一定温度下，当总压不很高（通常不超过 500kPa）时，稀溶液或难溶气体达到溶解平衡时，互成平衡的气、液两相组成的关系用亨利定律来描述。组成的表示方法不同，亨利定律的表达形式也不同。

1. 气相分压与摩尔分数的关系

$$p_A^* = Ex \tag{5-3}$$

式中 p_A^*——溶质 A 在气相中的平衡分压，kPa；

x——溶质 A 在溶液中的摩尔分数；

E——亨利系数，其单位与压力单位一致。

式（5-3）称为亨利定律，该式表明稀溶液上方的溶质平衡分压 p_A^* 与该溶质在液相中的摩尔分数 x 成正比，比例系数 E 称为亨利系数。亨利定律适用范围是溶解度曲线的直线部分。

亨利系数由实验测定，一般易溶气体的 E 值小，难溶气体的 E 值大。亨利系数 E 值随物系而变化，当物系一定时，温度越高，E 值越大，气体越难溶。表 5-1 列出了某些气体水溶液的亨利系数值。

表 5-1 某些气体水溶液的亨利系数 E 值（$E \times 10^{-6}$/kPa）

气体	不同温度下的亨利系数值				
	273K	283K	293K	303K	313K
CO_2	0.0737	0.106	0.144	0.188	0.236
SO_2	0.00167	0.00245	0.00355	0.00485	0.00660
NH_3	0.000208	0.000240	0.000277	0.000321	—

2. 气相摩尔分数与液相摩尔分数的关系

由亨利定律 $p_A^* = Ex$ 和分压定律 $p_A = py$ 联立可得：

$$y^* = \frac{E}{p}x = mx \tag{5-4}$$

式中 m——称为相平衡常数。

对于一定的物系，相平衡常数 m 是温度和压力的函数，其数值可由实验测得。由 m 值同样可以比较不同气体溶解度的大小，m 值越大，则表明该气体的溶解度越小；反之，则溶解度越大。

3. 气相摩尔比与液相摩尔比的关系

将式(5-1)和式(5-2)代入式(5-4)中，整理得：

$$Y^* = \frac{mX}{1+(1-m)X} \tag{5-5}$$

当溶液很稀时，X 必然很小，上式分母中 $(1-m)X$ 一项可忽略不计，因此上式可简化为：

$$Y^* = mX \tag{5-6}$$

式(5-6)表明当液相中溶质组成足够低时，平衡关系在 Y-X 图中可近似地表示成一条通过原点的直线，其斜率为 m。

图 5-5（a）和（b）分别为式(5-5)和式(5-6)所表示的吸收平衡线。

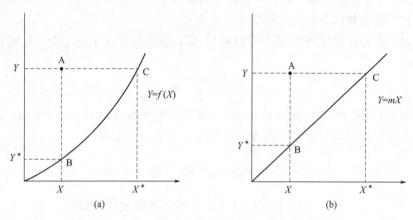

图 5-5　吸收平衡线

【应用 2】　在总压 101.3kPa 及 30℃下，氨在水中的溶解度为 1.72g（NH_3）/100g（H_2O）。若氨水的气、液平衡关系符合亨利定律，相平衡常数为 0.764。

试求：气相中氨的组成摩尔比 Y。

分析解决：氨和水的千摩尔质量分别为 $M_{氨}=17$kg/kmol 和 $M_{水}=18$kg/kmol，则平衡状态下氨水中的氨摩尔分数为：

$$x = \frac{\frac{1.72}{17}}{\frac{1.72}{17}+\frac{100}{18}} = 0.0179$$

由亨利定律可知，气相中氨的摩尔分数为：

$$y = mx = 0.764 \times 0.0179 = 0.0137$$

则

$$Y = \frac{y}{1-y} = \frac{0.0137}{1-0.0137} = 0.0140$$

三、相平衡和平衡线在吸收过程中的应用

相平衡图能够直观地判断吸收-解吸过程进行的方向和推动力的大小。

1. 判断过程进行的方向，过程总是向着平衡的方向进行

在一定温度下，若气相中溶质的实际组成 Y 大于与液相中溶质含量成平衡时的组成 Y^*，即 $Y>Y^*$，则发生吸收过程；若 $Y<Y^*$ 时，则过程反向进行，为解吸过程；若 $Y=$

Y^*，体系达平衡，不发生吸收或解吸过程。

设图 5-5 中的 A 点为操作点（实际状态），若 A 点位于平衡线的上方，则 $Y>Y^*$，发生吸收过程；A 点在平衡线上，则 $Y=Y^*$，体系达平衡，不发生吸收或解吸过程；当 A 点位于平衡线的下方时，则 $Y<Y^*$，发生解吸过程。

2. 判断吸收-解吸过程的瞬间推动力，推动力为浓度差 ΔY 或 ΔX

若以气相为研究对象，其吸收过程的瞬间推动力显然为 $\Delta Y=Y-Y^*$；若以液相为研究对象，其吸收过程的瞬间推动力显然为 $\Delta X=X^*-X$。差值越大，吸收推动力。吸收速率也就越大。吸收推动力可以以任何形式的浓度差来表示，如气相分压之差等。

【应用3】 在总压 1200kPa、温度 303K 下，含 CO_2 为 5%（体积分数）的气体与含 CO_2 为 1.0g/L 的水溶液相遇，问：该接触过程会发生吸收还是解吸？以分压差表示的推动力有多大？若要改变其传质方向可采取哪些措施？

分析：为判断是吸收还是解吸，可以将溶液中溶质的平衡分压 $p^*_{CO_2}$ 与气相中的分压 p_{CO_2} 相比较。

据题意 $p_{CO_2}=py=1200\times0.05\text{kPa}=60\text{kPa}$，而 $p^*_{CO_2}$ 可按亨利定律求取。

解决：由表 5-1 查得 CO_2 水溶液在 303K 时的亨利系数 $E=188\times10^3\text{kPa}$，又因溶液很稀，故其密度与平均千摩尔质量可视为与水相同，于是，可求得：

$$x_{CO_2}=\frac{n_{CO_2}}{n_{H_2O}}=(1/44)(996/18)=0.00041$$

$$p^*_{CO_2}=Ex=188\times10^3\times0.00041\text{kPa}=77.1\text{kPa}$$

由计算结果可知，$p^*_{CO_2}>p_{CO_2}$，故进行的是解吸。以分压差表示的总推动力为：

$$p^*_{CO_2}-p_{CO_2}=77.1\text{kPa}-60\text{kPa}=17.1\text{kPa}$$

若要改变传质方向（即变解吸为吸收），可以采取的措施是：提高操作压力，以提高气相中 CO_2 分压 p_{CO_2}，降低操作温度，以降低与液相相平衡的 CO_2 分压 $p^*_{CO_2}$。

任务三 理解吸收机理和速率

吸收操作吸收质在两相之间的传递过程，溶质从气相转移到液相是通过扩散进行的，传质过程也常称作扩散过程。吸收速率的研究基于吸收机理。

一、吸收机理

1. 扩散的基本方式

发生在流体中的扩散有分子扩散与涡流扩散两种。

（1）分子扩散 分子扩散是物质在有浓度差的条件下，由分子的无规则热运动而引起的物质传递现象。液体的密度比气体的密度大得多，其分子间距小，分子在液体中扩散速率要慢得多。

（2）涡流扩散 在湍流主体中，凭借流体质点的湍动和旋涡进行物质传递的现象，称为涡流扩散。涡流扩散速率比分子扩散速率大得多，涡流扩散速率主要决定于流体的流动形态。

（3）对流扩散　与传热过程中的对流传热相类似，对流扩散就是湍流主体的涡流扩散与局部层流或静止流体的分子扩散的综合。

2. 双膜理论

相际间的对流传质机理非常复杂，这类问题通常先假定为传质模型，再进行研究。多年来，一些学者对吸收机理作了大量的研究工作，提出了多种传质模型，其中最具代表性的是双膜理论。

双膜理论是刘易斯和惠特曼在 20 世纪 20 年代提出的，为最早提出的一种传质模型，如图 5-6 所示。其基本要点如下。

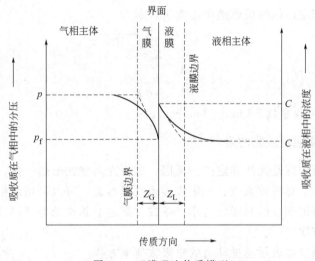

图 5-6　双膜理论传质模型

① 当气、液两相相互接触时，在气、液两相间存在着稳定的相界面，界面的两侧各有一个很薄的层流膜层，气相一侧的称为"气膜"，液相一侧的称为"液膜"，溶质 A 经过两膜层的传质方式为分子扩散。

② 在气、液相界面处，气液两相处于平衡状态。

③ 在气、液膜以外的气、液两相主体区，由于流体的强烈湍动，各处浓度均匀一致。

双膜模型把复杂的相际传质过程归结为两种流体层流膜层的分子扩散过程，在相界面处及两相主体中均无传质阻力存在。这样，整个相际传质过程的阻力便全部集中在两个层流膜层内。因此，双膜理论又称为双阻力理论。

二、吸收速率方程

吸收速率方程描述吸收速率与吸收推动力之间的关系，也遵循"过程速率＝过程推动力/过程阻力"的一般关系式。

吸收速率可用符号 N_A 表示，指单位传质面积上单位时间内吸收的溶质的量，其单位为 $kmol/(m^2 \cdot s)$。

1. 膜吸收速率方程

（1）气膜吸收速率方程

假设 Y 和 Y_i 分别为气相主体区和相界面处吸收质的摩尔比，则吸收质从气相主体通过气膜传递到相界面时的吸收速率方程可表示为：

$$N_A = k_{气}(Y - Y_i) \tag{5-7a}$$

或
$$N_A = \frac{Y - Y_i}{\dfrac{1}{k_{气}}} \tag{5-7b}$$

式中 $k_{气}$——气膜吸收系数，kmol/(m²·s)。

$\dfrac{1}{k_{气}}$——吸收质通过气膜的阻力。

（2）液膜吸收速率方程

假设 X、X_i 为液相主体区和相界面处液相中吸收质的摩尔比，则吸收质从相界面处通过液膜传递进入液相主体区的吸收速率方程可表示为：

$$N_A = k_{液}(X_i - X) \tag{5-8a}$$

或
$$N_A = \frac{X_i - X}{\dfrac{1}{k_{液}}} \tag{5-8b}$$

式中 $k_{液}$——液膜吸收系数，kmol/(m²·s)。

$\dfrac{1}{k_{液}}$——吸收质通过液膜的阻力。

一般而言，界面浓度是无法测定的。所以，像研究间壁式换热一样，在吸收速率的研究中引入了总吸收速率、总吸收系数、总吸收推动力等概念，可以采用两相主体的浓度差来表示总推动力，从而写出相应的总吸收速率方程式，而这个总推动力已在任务二中讨论过。

2. 总吸收速率方程

（1）以气相总浓度差表示总推动力的总吸收速率方程

$$N_A = K_{气}(Y - Y^*) \tag{5-9a}$$

或
$$N_A = \frac{Y - Y^*}{\dfrac{1}{K_{气}}} \tag{5-9b}$$

式中 $K_{气}$——气相吸收总系数，kmol/(m²·s)。

$\dfrac{1}{K_{气}}$——两膜的总阻力，此阻力由气膜阻力 $1/k_{气}$ 与液膜阻力 $m/k_{液}$ 组成。即：

$$\frac{1}{K_{气}} = \frac{1}{k_{气}} + \frac{m}{k_{液}} \tag{5-10}$$

对溶解度大的易溶气体，相平衡常数 m 很小。在 $k_{气}$ 和 $k_{液}$ 值数量级相近的情况下，必然有 $\dfrac{1}{k_{气}} \gg \dfrac{m}{k_{液}}$，$\dfrac{m}{k_{液}}$ 相应很小，可以忽略，则式(5-10)可简化为：

$$\frac{1}{K_{气}} \approx \frac{1}{k_{气}} \quad \text{或} \quad K_{气} \approx k_{气} \tag{5-11}$$

此时表明易溶气体的液膜阻力很小，吸收的总阻力集中在气膜内。这种情况下气膜阻力控制着整个吸收过程速率，故称为"气膜控制"。

（2）以液相总浓度差表示总推动力的总吸收速率方程

$$N_A = K_{液}(X^* - X) \tag{5-12a}$$

或
$$N_A = \frac{X^* - X}{\dfrac{1}{K_{液}}} \tag{5-12b}$$

式中 $K_液$——液相吸收总系数，kmol/(m²·s)。

$\dfrac{1}{K_液}$——两膜的总阻力，此阻力由气膜阻力 $1/mk_气$ 与液膜阻力 $1/k_液$ 组成。即：

$$\dfrac{1}{K_液}=\dfrac{1}{mk_气}+\dfrac{1}{k_液} \tag{5-13}$$

对溶解度小的难溶气体，m 值很大，在 $k_气$ 和 $k_液$ 值数量级相近的情况下，必然有 $\dfrac{1}{k_液}\gg\dfrac{1}{mk_气}$，$\dfrac{1}{mk_气}$ 很小，也可以忽略，则式(5-13)可简化为：

$$\dfrac{1}{K_液}\approx\dfrac{1}{k_液} \quad 或 \quad K_液=k_液 \tag{5-14}$$

此时表明难溶气体的总阻力集中在液膜内，这种情况下液膜阻力控制整个吸收过程速率，故称为"液膜控制"。

一般情况下，对于具有中等溶解度的气体吸收过程，气膜和液膜共同控制着整个吸收过程，气膜阻力和液膜阻力均不可忽略，该过程称为双膜控制，用水吸收二氧化硫等过程即属于双膜控制的吸收过程。

【能力训练】 如何利用"气膜控制"和"液膜控制"的特点强化吸收过程？

▶▶▶ 任务四　吸收过程的计算

本任务主要基于连续稳定操作的填料塔进行分析和讨论，逆流操作在工业生产中较为多见。

一、全塔物料衡算与操作线方程

1. 全塔物料衡算

图5-7所示为一个连续稳定操作下的逆流吸收塔。塔底截面用1—1表示，塔顶截面用2—2表示，塔中任一截面用 $m-m$ 表示。图中各符号所表示的物理量意义如下：

V——通过吸收塔的惰性气体量，kmol/s；

L——通过吸收塔的吸收剂量，kmol/s；

Y_1、Y_2——进塔、出塔气体中溶质A的摩尔比；

X_1、X_2——出塔、进塔溶液中溶质A的摩尔比。

在稳定操作条件下，V 和 L 的量没有变化；气相从进塔到出塔，吸收质的浓度逐渐减小；而液相从进塔到出塔，吸收质的浓度逐渐增大。在无物料损失时，单位时间进塔物料中溶质A的量等于出塔物料中A的量。或气相中溶质A减少的量等于液相中溶质增加的量，即

$$VY_1+LX_2=VY_2+LX_1$$

或 $\quad V(Y_1-Y_2)=L(X_1-X_2) \tag{5-15a}$

或 $\quad \dfrac{L}{V}=\dfrac{Y_1-Y_2}{X_1-X_2} \tag{5-15b}$

一般工程上，在吸收操作中进塔混合气的组成 Y_1 和惰性气体流量 V

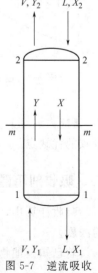

图5-7　逆流吸收塔物料衡算

是由吸收任务给定的。吸收剂初始浓度 X_2 和流量 L 往往根据生产工艺确定。如果溶质回收率（或吸收率）η

$$\eta = \frac{V(Y_1-Y_2)}{VY_1} = \frac{Y_1-Y_2}{Y_1} \tag{5-16}$$

也确定，则气体离开塔组成 Y_2 也是定值：

$$Y_2 = Y_1(1-\eta) \tag{5-17}$$

这样，通过全塔物料衡算便可求得塔底排出吸收液的组成 X_1。

2. 操作线方程与操作线

填料塔中各个截面上的气、液浓度 Y 与 X 之间的变化关系称为操作线关系。在图 5-7 中，从塔底截面与任意截面 $m-m$ 间作溶质组分的物料衡算，得：

$$VY + LX_1 = VY_1 + LX \Rightarrow$$

$$Y = \frac{L}{V}X + \left(Y_1 - \frac{L}{V}X_1\right) \tag{5-18a}$$

在塔顶截面与任意截面 $m-m$ 间作溶质组分的物料衡算，得

$$VY + LX_2 = VY_2 + LX \Rightarrow Y = \frac{L}{V}X + \left(Y_2 - \frac{L}{V}X_2\right) \tag{5-18b}$$

式中　Y——$m-m$ 截面上气相中溶质的摩尔比；

　　　X——$m-m$ 截面上液相中溶质的摩尔比。

式(5-18a)和式(5-18b)均表明塔内任一截面上气、液两相组成之间关系是一直线关系，都是逆流吸收塔操作线方程。

以上两个操作线方程表示的意义完全一致，表示的是同一条直线。该直线斜率是 L/V，通过塔底 B (X_1、Y_1) 及塔顶 $T(X_2,Y_2)$ 两点。

图 5-8 为逆流吸收塔操作线和平衡线示意图。曲线 OE 为平衡线，BT 为操作线。操作线与平衡线之间的距离决定吸收操作推动力的大小，操作线离平衡线越远，推动力越大。操作线上任意一点 A 代表塔内相应截面上的气、液相浓度 Y、X 之间的关系。在进行吸收操作时，塔内任一截面上，吸收质在气相中的浓度总是要大于与其接触的液相的气相平衡浓度，所以吸收过程操作线的位置在平衡线上方。

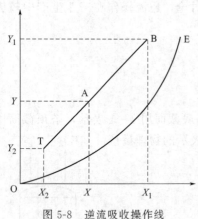

图 5-8　逆流吸收操作线

【能力训练】　试计算并流吸收塔的操作线方程，并绘制其操作线，比较并流吸收和逆流吸收的优缺点。

二、吸收剂用量的确定

吸收计算中，吸收剂的入塔浓度由工艺条件决定，这直接影响吸收剂的用量和出塔液体的浓度。

若已知其他物理量，吸收剂的用量 L 便可由全塔物料衡算中的式(5-15b)

$$\frac{L}{V} = \frac{Y_1-Y_2}{X_1-X_2}$$

解决，L/V 称作液气比。但实际生产中吸收剂的用量 L 和出塔液体的浓度 X_1 相互制约，如何做到最经济的操作才是重点。

当吸收剂用量增大，即操作线的斜率 L/V 增大，则操作线向远离平衡线方向偏移，如图 5-9 中 AC 线所示，此时操作线与平衡线间的距离增大，即各截面上吸收推动力 $(Y-Y^*)$ 增大。若在单位时间内吸收同样数量的溶质时，设备尺寸可以减小，设备费用降低；但是，吸收剂消耗量增加，出塔液体中溶质含量降低，吸收剂再生所需的设备费和操作费均增大。

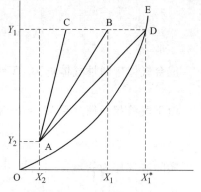

图 5-9　吸收塔的最小液气比

若减少吸收剂用量，L/V 减小，操作线向平衡线靠近，传质推动力 $(Y-Y^*)$ 必然减小，所需吸收设备尺寸增大，设备费用增大。当吸收剂用量减小到使操作线的一个端点与平衡线相交，如图 5-9 中 AD 线所示，在交点处相遇的气液两相组成已相互平衡，此时传质过程的推动力为零，因而达到此平衡所需的传质面积为无限大（塔为无限高）。这种极限情况下的吸收剂用量称为最小吸收剂用量，用 $L_{\min}$ 表示，相应的液气比称为最小液气比，用 $(L/V)_{\min}$ 表示。显然，对于一定的吸收任务，吸收剂的用量存在着一个最低极限，若实际液气比小于最小液气比时，便不能达到设计规定的分离要求。

最小液气比可用图解法求得。由图 5-9 可得：

$$\left(\frac{L}{V}\right)_{\min}=\frac{Y_1-Y_2}{X_1^*-X_2} \tag{5-19a}$$

若平衡关系可用 $Y^*=mX$ 表示，则可直接用下式计算最小液气比，即

$$\left(\frac{L}{V}\right)_{\min}=\frac{Y_1-Y_2}{\dfrac{Y_1}{m}-X_2} \tag{5-19b}$$

吸收剂用量的大小，从设备费与操作费两方面影响到生产过程的经济效益，应选择一个适宜的液气比，使两项费用之和最小。根据实践经验，一般情况下取操作液气比为最小液气比的 1.1~2.0 倍较为适宜。即：

$$\frac{L}{V}=(1.1\sim 2.0)\left(\frac{L}{V}\right)_{\min} \tag{5-20}$$

应予指出，为了保证填料表面能被液体充分润湿，还应考虑到单位时间每平方米塔截面上流下的液体量（称为喷淋密度）不得小于某一最低允许值。

【应用 4】　在一填料塔中，用洗油逆流吸收混合气体中的苯。已知混合气体的流量为 1600m³/h，进塔气体中含苯 5%（摩尔分数，下同）要求吸收率为 90%，操作温度为 25℃，压力为 101.3kPa，洗油进塔浓度为 0.0015，相平衡关系为 $Y^*=26X$，操作液气比为最小液气比的 1.3 倍。

试求： 吸收剂用量 L 及出塔洗油中苯的含量 X_1。

应用分析与解决： 先将摩尔分数换算为摩尔比

$$y_1=0.05$$

$$Y_1=\frac{y_1}{1-y_1}=\frac{0.05}{1-0.05}=0.0526$$

根据吸收率的定义 $Y_2=Y_1(1-\eta)=0.0526(1-0.90)=0.00526$

$$x_2 = 0.00015$$

$$X_2 = \frac{x_2}{1-x_2} = \frac{0.00015}{1-0.00015} = 0.00015$$

混合气体中惰性气体量为 $V = \frac{1600}{22.4} \times \frac{273}{273+25} \times (1-0.05) \text{kmol/h} = 62.2 \text{kmol/h}$

由于气液相平衡关系 $Y^* = 26X$,$\left(\frac{L}{V}\right)_{\min} = \frac{Y_1 - Y_2}{\frac{Y_1}{m} - X_2} = \frac{0.0526 - 0.00526}{\frac{0.0526}{26} - 0.00015} = 25.3$

实际液气比为 $\frac{L}{V} = 1.3 \left(\frac{L}{V}\right)_{\min} = 1.3 \times 25.3 = 32.9$

则 $L = 32.9V = 32.9 \times 62.2 \text{kmol/h} = 2.05 \times 10^3 \text{kmol/h}$

出塔洗油苯的含量为

$$X_1 = \frac{V(Y_1 - Y_2)}{L} + X_2$$

$$= \frac{62.2}{2.05 \times 10^3} \times (0.0526 - 0.00526) + 0.00015$$

$$= 1.59 \times 10^{-3}$$

三、填料塔直径和填料层高度的计算

1. 填料塔直径的计算

工业上的吸收塔通常为圆柱形,故吸收塔的直径可根据圆形管道内的流量公式计算,即:

$$\frac{\pi}{4} D^2 u = q_V$$

或

$$D = \sqrt{\frac{4q_V}{\pi u}} \tag{5-21}$$

式中 D——吸收塔的内径,m;

q_V——操作条件下混合气体的体积流量,m³/s;

u——按空塔截面积计算的混合气速,m/s。

吸收过程中,塔内混合气量会沿塔高方向减小,在计算塔径时,一般应以入塔时气量为依据。

2. 填料层高度的计算

为了使填料吸收塔出口气体达到一定的工艺要求,就需要塔内装填一定高度的填料层能提供足够的气、液两相接触面积。若在塔径已经被确定的前提下,填料层高度则仅取决于完成规定生产任务所需的总吸收面积和每立方米填料层所能提供的气、液接触面。

填料层高度的计算可按以下表达式计算。

① 总推动力以气相浓度差表示时:

$$Z = \frac{V(Y_1 - Y_2)}{K_{气} a S \Delta Y_{均}} \tag{5-22a}$$

② 总推动力以液相浓度差表示时:

$$Z = \frac{L(X_1 - X_2)}{K_{液} a S \Delta X_{均}} \tag{5-22b}$$

以上两式中　$K_气 a$——气相体积吸收总系数，kmol/（m³·s）；
　　　　　　$K_液 a$——液相体积吸收总系数，kmol/（m³·s）；
　　　　　　S——塔截面积，m²；
　　　　　　V——入塔气量，kmol/h；
　　　　　　L——入塔液量，kmol/h。

其中 $\Delta Y_均$ 和 $\Delta X_均$ 为平均推动力：

$$\Delta Y_均 = \frac{(Y_1-Y_1^*)-(Y_2-Y_2^*)}{\ln\dfrac{Y_1-Y_1^*}{Y_2-Y_2^*}} = \frac{\Delta Y_1-\Delta Y_2}{\ln\dfrac{\Delta Y_1}{\Delta Y_2}} \tag{5-23a}$$

$$\Delta X_均 = \frac{(X_1^*-X_1)-(X_2^*-X_2)}{\ln\dfrac{X_1^*-X_1}{X_2^*-X_2}} = \frac{\Delta X_1-\Delta X_2}{\ln\dfrac{\Delta X_1}{\Delta X_2}} \tag{5-23b}$$

任务五　认知填料塔

一、填料塔的结构与特点

1. 填料塔的结构

填料塔由塔体、填料、液体分布装置、填料压紧装置、填料支承装置、液体再分布装置等构成。如图 5-10 所示。

填料塔操作时，液体自塔上部进入，通过液体分布器均匀喷洒在塔截面上并沿填料表面呈膜状下流。当塔较高时，由于液体有向塔壁面偏流的倾向，使液体分布逐渐变得不均匀，因此经过一定高度的填料层以后，需要液体再分布装置，将液体重新均匀分布到下段填料层的截面上，最后从塔底排出。

气体自塔下部经气体分布装置送入，通过填料支承装置在填料缝隙中的自由空间上升并与下降的液体接触，最后从塔顶排出。为了除去排出气体中夹带的少量雾状液滴，在气体出口处常装有除沫器。

填料层内气液两相呈逆流接触，填料的润湿表面即为气液两相的主要传质表面，两相的组成沿塔高连续变化。

2. 填料塔的特点

与板式塔相比，填料塔具有以下特点。

① 结构简单，塔高较低，便于安装，造价低。
② 压力降较小，适合减压操作，且能耗低。
③ 分离效率高，用于难分离的混合物。
④ 适于易起泡物系的分离，因为填料对泡沫有限制和破碎作用。
⑤ 适用于腐蚀性介质，因为可采用不同材质的耐腐蚀填料。
⑥ 适用于热敏性物料，因为填料塔持液量低，物料在塔内

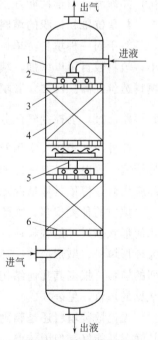

图 5-10　填料塔结构
1—塔体；2—液体分布器；
3—填料压紧装置；4—填料层；
5—液体再分布器；6—支承装置

停留时间短。

⑦ 操作弹性较小，对液体负荷的变化特别敏感。当液体负荷较小时，填料表面不能很好地润湿，传质效果急剧下降；当液体负荷过大时，则易产生液泛。

⑧ 不宜处理易聚合或含有固体颗粒的物料。

二、填料的类型及特点

填料是填料塔的核心部分，它提供了气液两相接触传质的界面，是决定填料塔性能的主要因素。对操作影响较大的填料特性有如下一些。

1. 比表面积

单位体积填料层所具有的表面积称为填料的比表面积，以 δ 表示，其单位为 m^2/m^3。显然，填料应具有较大的比表面积，以增大塔内传质面积。同一种类的填料，尺寸越小，则其比表面积越大。

2. 空隙率

单位体积填料层所具有的空隙体积，称为填料的空隙率，以 ε 表示，其单位为 m^3/m^3。填料的空隙率大，气液通过能力大且气体流动阻力小。

3. 填料因子

将 δ 与 ε 组合成 δ/ε^3 的形式称为干填料因子，单位为 m^{-1}。填料因子表示填料的流体力学性能。当填料被喷淋的液体润湿后，填料表面覆盖了一层液膜，δ 与 ε 均发生相应的变化，此时 δ/ε^3 称为湿填料因子，以 ϕ 表示。ϕ 值小则填料层阻力小，发生液泛时的气速提高，亦即流体力学性能好。

4. 单位堆积体积的填料数目

对于同一种填料，单位堆积体积内所含填料的个数是由填料尺寸决定的。填料尺寸减小，填料数目可以增加，填料层的比表面积也增大，而空隙率减小，气体阻力亦相应增加，填料造价提高。反之，若填料尺寸过大，在靠近塔壁处，填料层空隙很大，将有大量气体由此短路流过。为控制气流分布不均匀现象，填料尺寸不应大于塔径 D 的 $\frac{1}{10} \sim \frac{1}{8}$。

此外，从经济、实用及可靠的角度考虑，填料还应具有质量轻、造价低，坚固耐用，不易堵塞，耐腐蚀，有一定的机械强度等特性。各种填料往往不能完全具备上述各种条件，实际应用时，应依具体情况加以选择。

填料的种类很多，大致可分为散装填料和整砌填料两大类。散装填料是一粒粒具有一定几何形状和尺寸的颗粒体，一般以散装方式堆积在塔内。根据结构特点的不同，散装填料分为环形填料、鞍形填料、环鞍形填料及球形填料等。整砌填料是一种在塔内整齐地有规则排列的填料，根据其几何结构可以分为格栅填料、波纹填料、脉冲填料等。下面分别介绍几种常见的填料，见表5-2。

无论散装填料还是整砌填料的材质均可用陶瓷、金属和塑料制造。陶瓷填料应用最早，其润湿性能好，但因较厚，空隙小，阻力大，气液分布不均匀导致效率较低，而且易破碎，故仅用于高温、强腐蚀的场合。金属填料强度高，壁薄，空隙率和比表面积大，故性能良好。不锈钢较贵，碳钢更宜但耐腐蚀性差，在无腐蚀场合广泛采用。塑料填料价格低廉，不易破碎，质轻耐蚀，加工方便，但润湿性能差。

表 5-2 常见的填料

类型	结　构	特　点　及　应　用
拉西环	外径与高度相等的圆环,如图 5-11(a)	拉西环形状简单,制造容易,操作时有严重的沟流和壁流现象,气液分布较差,传质效率低。填料层持液量大,气体通过填料层的阻力大,通量较低。拉西环是使用最早的一种填料,曾得到极为广泛的应用,目前拉西环工业应用日趋减少
鲍尔环	在拉西环的侧壁上开出两排长方形的窗孔,被切开的环ầng一侧仍与壁面相连,另一侧向环内弯曲,形成内伸的舌叶,舌叶的侧边在环中心相搭,如图 5-11(b)	鲍尔环填料的比表面积和空隙率与拉西环基本相当,气体流动阻力降低,液体分布比较均匀。同一材质、同种规格的拉西环与鲍尔环填料相比,鲍尔环的气体通量比拉西环增大 50% 以上,传质效率增加 30% 左右。鲍尔环填料以其优良的性能得到了广泛的工业应用
阶梯环	对鲍尔环填料改进,其形状如图 5-11(c)。阶梯环圆筒部分的高度仅为直径的一半,圆筒一端有向外翻卷的锥形边,其高度为全高的 1/5	目前环形填料中性能最为良好的一种。填料的空隙率大,填料个体之间呈点接触,使液膜不断更新,压力降小,传质效率高
鞍形填料	敞开型填料,包括弧鞍与矩鞍,其形状如图 5-11(d)和图 5-11(e)	弧鞍形填料是两面对称结构,有时在填料层中形成局部叠合或架空现象,且强度较差,容易破碎,影响传质效率。矩鞍形填料在塔内不会相互叠合而是处于相互勾联的状态,有较好的稳定性,填充密度及液体分布都较均匀,空隙率也有所提高,阻力较低,不易堵塞,制造比较简单,性能较好。是取代拉西环的理想填料
金属鞍环	如图 5-11(f),采用极薄的金属板轧制,既有类似开孔环形填料的圆环、开孔和内伸的叶片,也有类似矩鞍形填料的侧面	综合了环形填料通量大及鞍形填料的液体再分布性能好的优点而研制和发展起来的一种新型填料,敞开的侧壁有利于气体和液体通过,在填料层内极少产生滞留的死角,阻力减小,通量增大,传质效率提高,有良好的机械强度。金属鞍环填料性能优于目前常用的鲍尔环和矩鞍形填料
球形填料	一般采用塑料材质注塑而成,其结构有许多种,如图 5-11(g)和图 5-11(h)	球体为空心,可以允许气体、液体从内部通过。填料装填密度均匀,不易产生空穴和架桥,气液分散性能好。球形填料一般适用于某些特定场合,工程上应用较少
波纹填料	由许多波纹薄板组成的圆盘状填料,波纹与水平方向成 45°倾角,相邻两波纹板反向靠叠,使波纹倾斜方向相互垂直。各盘填料垂直叠放于塔内,相邻的两盘填料间交错 90°排列。如图 5-11(i)和图 5-11(j)	优点是结构紧凑,比表面积大,传质效率高。填料阻力小,处理能力提高。缺点是不适于处理黏度大、易聚合或有悬浮物的物料,填料装卸、清理较困难,造价也较高。金属丝网波纹填料特别适用于精密精馏及真空精馏装置,为难分离物系、热敏性物系的精馏提供了有效的手段。金属孔板波纹填料特别适用于大直径蒸馏塔。金属压延孔板波纹填料主要用于分离要求高,物料不易堵塞的场合
脉冲填料	脉冲填料是由带缩颈的中空棱柱形单体,按一定方式拼装而成的一种整砌填料,如图 5-11(k)	流道收缩、扩大的交替重复,实现了"脉冲"传质过程。脉冲填料的特点是处理量大,压降小。是真空蒸馏的理想填料;因其优良的液体分布性能使放大效应减少,特别适用于大塔径的场合

图 5-11 几种常见填料

填料的性能的优劣通常根据效率、通量及压降来衡量。在相同的操作条件下，填料塔内气液分布越均匀，表面润湿性能越优良，则传质效率越高；填料的空隙率越大，结构越开放，则通量越大，压降也越低。

三、填料塔的附件

填料塔的附件主要有填料支承装置、填料压紧装置、液体分布装置、液体再分布装置和除沫装置等。合理地选择和设计填料塔的附件，对保证填料塔的正常操作及良好的传质性能十分重要，见表 5-3。

表 5-3 填料塔的附件

名称	作 用	结 构 类 型
填料支承装置	支承塔内填料及其持有的液体重量，同时使气液顺利通过，支承装置的自由截面积应大于填层的自由截面积，否则当气速增大时，填料塔的液泛将首先在支承装置发生	常用的填料支承装置有栅板型、孔管型、驼峰型等，如图 5-12 所示 根据塔径、使用的填料种类及型号、塔体及填料的材质、气液流速选择支承装置
填料压紧装置	安装于填料上方，保持操作中填料床层高度恒定，防止在高压降、瞬时负荷波动等情况下填料床层发生松动和跳动	分为填料压板和床层限制板两大类，每类又有不同的型式，如图 5-13 所示。填料压板适用于陶瓷、石墨制的散装填料。床层限制板用于金属散装填料、塑料散装填料及所有规整填料
液体分布装置	液体分布装置设在塔顶，为填料层提供足够数量并分布适当的喷淋点，以保证液体初始均匀地分布	常用的液体分布装置如图 5-14 所示。莲蓬式喷洒器一般适用于处理清洁液体且直径小的小塔。盘式分布器常用于直径较大的塔。管式分布器适用于液量小而气量大的塔。槽式液体分布器多用于气液负荷大及含有固体悬浮物、黏度大的场合
液体再分布装置	壁流将导致填料层内气液分布不均，使传质效率下降。为减小壁流现象，可间隔一定高度在填料层内设置液体再分布装置	最简单的液体再分布装置为截锥式再分布器。如图 5-15 所示。图(a)是将截锥筒焊在塔壁上。图(b)是在截锥筒的上方加设支承板，截锥下面隔一段距离再装填料，以便于分段卸出填料
除沫装置	在液体分布器的上方，清除气体中夹带的液体雾沫	折板除沫器、丝网除沫器、填料除沫器，见图 5-16

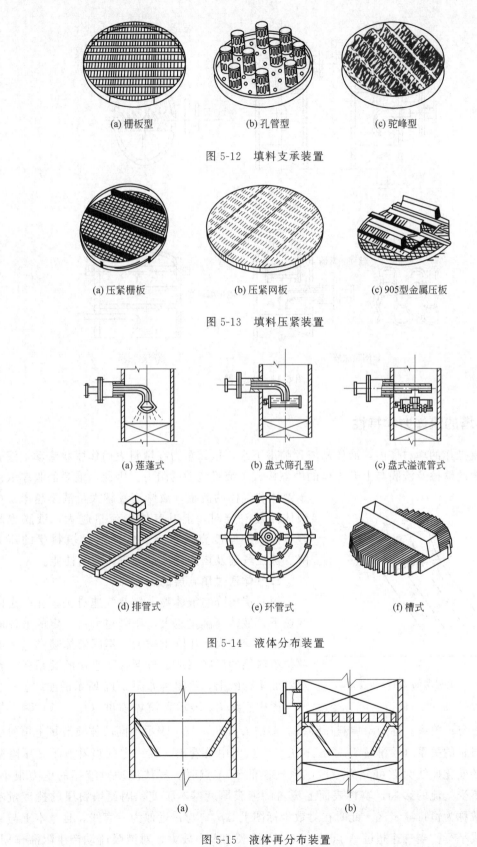

(a) 栅板型　　　　(b) 孔管型　　　　(c) 驼峰型

图 5-12　填料支承装置

(a) 压紧栅板　　　(b) 压紧网板　　　(c) 905型金属压板

图 5-13　填料压紧装置

(a) 莲蓬式　　　(b) 盘式筛孔型　　　(c) 盘式溢流管式

(d) 排管式　　　(e) 环管式　　　(f) 槽式

图 5-14　液体分布装置

(a)　　　　　　　　(b)

图 5-15　液体再分布装置

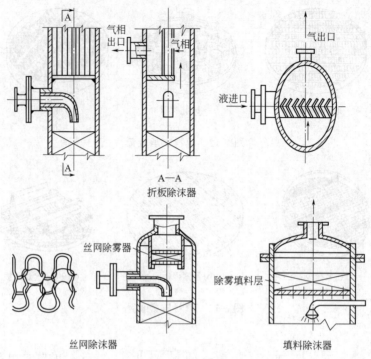

图 5-16 除沫器

四、填料塔的流体力学特性

在逆流操作的填料塔内,液体从塔顶喷淋下来,依靠重力在填料表面作膜状流动,液膜与填料表面的摩擦及液膜与上升气体的摩擦构成了液膜流动的阻力。因此,液膜的膜厚取决于液体和气体的流量。液体流量越大,液膜越厚;当液体流量一定时,上升气体的流量越大,液膜也越厚。液膜的厚度直接影响到气体通过填料层的压力降、液泛气速及塔内持液量等流体力学性能。

1. 气体通过填料层的压力降

填料层压降与液体喷淋量及气速有关,在一定的气速下,液体喷淋量越大,压降越大;一定的液体喷淋量下气速越大,压降也越大。不同液体喷淋量下的单位填料层的压降 $\Delta p/z$ 与空塔气速 u 的关系标绘在双对数坐标纸上,可得到如图 5-17 所示的曲线。

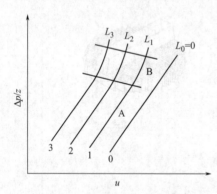

图 5-17 填料层的 $\Delta p/z$-u 关系

图中直线 L_0 表示无液体喷淋($L_0=0$)时干填料的 $\Delta p/z$ 与 u 关系,称为干填料压降线。曲线 L_1、L_2、L_3 表示不同液体喷淋量下填料层的 $\Delta p/z$ 与 u 的关系(喷淋量 $L_1<L_2<L_3$)。从图中可看出,在一定的喷淋量下,压降随空塔气速的变化曲线大致可分为三段:当气速低于 A 点时,气体流动对液膜的曳力很小,液体流动不受气流的影响,填料表面上覆盖的液膜厚度基本不变,因而填料层的持液量不变,该区域称为恒持液量区。此时在对数坐标图上 $\Delta p/z$ 与 u 近似为一直线,且基本上与干填料压降线平行。当气速超过 A 点时,气体对液膜的曳力较大,对液膜流动产生阻滞作用,

使液膜增厚，填料层的持液量随气速的增加而增大，此现象称拦液。开始发生拦液现象时的空塔气速称为载点气速，曲线上的转折点 A，称为载点。若气速继续增大，到达图中 B 点时，由于液体不能顺利流下，使填料层的持液量不断增大，填料层内几乎充满液体。气速增加很小便会引起压降的剧增，此现象称为液泛。开始发生液泛现象时的空塔气速称为泛点气速，以 u_F 表示。曲线上的点 B 称为泛点，从载点到泛点的区域称为载液区，泛点以上的区域称为液泛区。通常认为泛点气速是填料塔正常操作气速的上限。

影响泛点气速的因素很多，其中包括填料的特性，流体的物理性质以及液气比等。泛点气速计算方法很多，目前最广泛的是埃克特提出的通用关联图。

2. 液泛

在泛点气速下，持液量的增多使液相由分散相变为连续相，而气相则由连续相变为分散相，此时气体呈气泡形式通过液层，气流出现脉动，液体被大量带出塔顶，塔的操作极不稳定，甚至会被破坏，此种情况称为淹塔或液泛。影响液泛的因素很多，如填料的特性、流体的物性及操作的液气比等。

操作的液气比愈大，则在一定气速下液体喷淋量愈大，填料层的持液量增加而空隙率减小，故泛点气速愈小。

3. 持液量

因填料与其空隙中所持的液体是堆积在填料支承板上的，故在进行填料支承板强度计算时，要考虑填料本身的重量与持液量。持液量小则气体流动阻力小，到载点以后，持液量随气速的增加而增加。

持液量是由静持液量与动持液量两部分组成的。静持液量指填料层停止接受喷淋液体并经过规定的滴液时间后，仍然滞留在填料层中的液体量，其大小决定于填料的类型、尺寸及液体的性质。动持液量指一定喷淋条件下持于填料层中的液体总量与静持液量之差，表示可以从填料上滴下的那部分液体，亦指操作时流动于填料表面的液体量，其大小不但与填料的类型、尺寸及液体的性质有关，而且与喷淋密度有关。

能 力 训 练

一、简答题

1. 吸收操作的依据是什么？工业生产中采用吸收操作的目的是什么？
2. 什么是气膜控制？什么是液膜控制？举例说明。
3. 为什么吸收操作常采用气液逆流？
4. 温度和压强对吸收操作有何影响？
5. 吸收-解吸操作过程中，若由于解吸工段解吸不完全，将对吸收操作有什么影响？

二、填空题

1. 吸收操作的依据是_____，吸收是指_____的过程，解吸是指_____的过程。
2. 对于难溶气体，吸收时属于_____控制的吸收，强化吸收的手段是_____。
3. 逆流吸收操作中，当气体处理量及初、终浓度已被确定，若减少吸收剂用量，操作线的斜率将_____，其结果是使出塔吸收液的浓度_____，而吸收推动力相应_____。
4. 在气体流量，气相进出口组成和液相进口组成不变时，若减少吸收剂用量，则传质推动力将_____，操作线将_____平衡线。
5. 在低浓度溶质的气液平衡系统，当总压操作降低时，亨利系数 E 将_____，相平衡常数 m

将_____。

三、选择题

1. 在吸收塔中，随着溶剂温度升高，气体在溶剂中的溶解度将会（　　）。
   A. 增加　　　　　　　　B. 不变　　　　　　　　C. 减小　　　　　　　　D. 不能确定

2. 根据双膜理论，当吸收质在液体中溶解度很小时，以液相表示的总传质系数将（　　）。
   A. 大于液相传质分系数　　　　　　　　B. 近似等于液相传质分系数
   C. 小于气相传质分系数　　　　　　　　D. 近似等于气相传质分系数

3. 吸收的平衡线是直线，主要基于如下原因（　　）。
   A. 物理吸收　　　　　B. 化学吸收　　　　　C. 高浓度物理吸收　　　　　D. 低浓度物理吸收

4. 在逆流吸收塔中，增加吸收剂用量，而混合气体的处理量不变，则该吸收塔中操作线方程的斜率会（　　）。
   A. 增大　　　　　　　　B. 减小　　　　　　　　C. 不变　　　　　　　　D. 不能确定

5. 通常所讨论的吸收操作中，当吸收剂用量趋于最小用量时，则下列哪种情况是正确的（　　）。
   A. 回收率趋向最高　　　　　　　　B. 吸收推动力趋向最大
   C. 操作最为经济　　　　　　　　　D. 填料层高度趋向无穷大

四、计算题

1. 在常压下若空气和二氧化碳的混合气体中二氧化碳的体积分数为 0.05，试求其摩尔分数和摩尔比。

2. 常压及 20℃下，溶质组成为 0.05（摩尔分数）的二氧化碳-空气混合气体分别与下列溶液接触，试判断传质过程方向。
   （1）浓度为 1.3×10^{-3} kmol/m³ 的 CO_2 水溶液；
   （2）浓度为 1.67×10^{-3} kmol/m³ 的 CO_2 水溶液；
   （3）浓度为 2.8×10^{-3} kmol/m³ 的 CO_2 水溶液。

3. 某逆流吸收塔用纯溶剂吸收混合气体中的可溶组分，气体入塔组成为 0.06（摩尔比），要求吸收率为 90%，操作液气比 2，求出塔溶液的组成。

4. 吸收塔中用清水吸收空气中含氨的混合气体，逆流操作，气体流量（标态）为 5000m³/h，其中氨含量 10%（体积分数）。回收率 95%，操作温度 293K，压力 101.33kPa。已知操作液气比为最小液气比的 1.5 倍，操作范围内 $Y^* = 26.7X$，求用水量为多少？

5. 在一填料塔中，用洗油逆流吸收混合气体中的苯。已知混合气体的流量为 1600m³/h，进塔气体中含苯 0.05（摩尔分数，下同），要求吸收率为 90%，操作温度为 25℃，操作压强为 101.3kPa，相平衡关系为 $Y^* = 26X$，操作液气比为最小液气比的 1.3 倍。试求下列两种情况下的吸收剂用量及出塔洗油中苯的含量：①洗油进塔浓度 $x_2 = 0.00015$；②洗油进塔浓度 $x_2 = 0$。

6. 已测得一逆流吸收塔内径为 1m，操作入塔混合气中吸收质摩尔分数为 0.015，其余为惰性气，出塔气中含吸收质摩尔分数为 7.5×10^{-5}；入塔吸收剂为纯溶剂，出塔溶液中含吸收质摩尔分数为 0.0141。若操作条件下相平衡关系为 $Y_A^* = 0.75X$，入塔混合气量为 1500m³/h（101.3kPa，298K），气相体积吸收总系数 $K_Y a = 150$ kmol/(m³·h)。试求达到指定的分离要求所需要的填料层高度。

项目六 干燥技术

【知识目标】

◎了解干燥的基础知识、基本原理；

◎掌握湿空气的性质、I-H 图及干燥过程的物料衡算；

◎理解湿物料中水分的性质、干燥速率；

◎了解常用干燥器的结构特点；

◎掌握典型干燥设备的操作要点。

【能力目标】

◎典型干燥设备的正常开、停车操作；

◎能够根据干燥生产任务确定生产的初步方案。

【生产实例1】 蔬菜脱水干燥

蔬菜易腐烂变质，不易长期储存，所以大量蔬菜的保存就是一个问题。对蔬菜进行脱水干燥，可降低含水率，阻碍微生物繁殖，抑制蔬菜中所含的酶的活性，从而使脱水后的蔬菜能够在常温下较久保存，再加上它比鲜菜体积小、重量轻，所以便于运输和携带，而且还能有效地调节蔬菜生产淡旺季节。食用时只要将其浸入清水中即可复原，并保留蔬菜原来的色泽、营养和风味。

目前蔬菜脱水干燥应用比较多的是热风干燥脱水和冷冻真空干燥脱水。热风干燥法的基本工艺流程如图 6-1 所示。

图 6-1 热风干燥脱水蔬菜加工的工艺流程

烘干一般在热风烘干机内进行，热风温度 50～160℃可控，采用加热干燥和通风干燥两种干燥脱水方式同时进行，干燥脱水迅速。干燥的典型物料有红辣椒、蒜片、蘑菇、胡萝卜、银耳、山药、竹笋、黑木耳、洋葱、柠檬、苹果等。

【生产实例2】 中药提取液干燥

中药制剂过程中干燥工艺是一项必不可少的关键工艺过程，几乎所有的片剂和胶囊的生产都需要干燥。喷雾干燥采用雾化器将原料液分散为雾滴，并以热空气干燥雾滴而获得产品的一种干燥方法。在中药制剂生产中产生大量的中药提取液，应用喷雾干燥技术可以将提取液的浓缩、干燥、粉碎甚至制粒一步完成，所得干燥成品的流动性好、含水量小、质地均匀、溶解性能好，可以直接供片剂、颗粒剂、胶囊剂的成形。

>>> 任务一 认识干燥在工业生产中的应用

一、去湿方法

在工业生产中，所得到的固态产品或半成品往往含有过多的湿分（水分或其他液体），为了便于加工、储藏、运输和应用，常常需要将固体物料中的湿分除去，例如：聚氯乙烯的含水量须低于 0.2%，否则在其制品中将有气泡生成，影响塑料制品的品质；抗生素的含水量太高会影响保质期；经过滤所得的染料滤饼，若含水量太高，在包装桶内储藏时，将会沉降而分层，各层中的染料含量都不一致，印染时产品就会出现色差，影响印染质量等。

除去物料中湿分的操作称为去湿，去湿的方法很多，化工生产中常用的方法有如下几种。

1. 机械去湿法

利用重力或离心力除湿，如沉降、过滤和离心分离等，这种方法只能除去湿物料中的大部分液体，不能完全除湿，但能量消耗较少，对于含有较多湿分的悬浮液可先用此种方法来初步去湿。

2. 化学去湿法

将干燥剂（吸湿性物料）如无水氯化钙、硅胶、石灰等与固体湿物料共存，使湿物料中的湿分转入干燥剂内，这种方法能达到较为完全的去湿，但干燥剂的成本高，干燥速率慢，操作麻烦，所以适用于小批量固体物料的去湿，或除去气体中水分的情况。

3. 加热去湿法

对湿物料加热，使其所含湿分汽化，并及时移走所生成的蒸汽，这种方法称为物料的干燥。干燥能相当完全地除去湿物料的湿分，但干燥法需利用热能，所以耗能较大。

在生产中，为了使去湿操作既经济又有效，通常先用比较经济的机械去湿法尽可能除去湿物料中大部分湿分，然后再利用干燥法继续除湿，以制得合格的产品。

二、干燥操作的分类

1. 按湿物料的加热方式分类

按湿物料的加热方式分有热传导干燥法、对流传热干燥法、辐射干燥法、介电加热干燥法、冷冻干燥法。

(1) 热传导干燥法 载热体将热能以热传导的方式通过金属壁传给湿物料。例如纸制品可以铺在热滚筒上进行干燥。由于湿物料与加热介质不是直接接触的，所以热传导干燥又称为间接加热干燥。常用饱和水蒸气、热烟道气或电热作为间接热源，热能利用率高，约为 70%~80%，但与传热面接触的物料易过热变质，物料温度不易控制。

(2) 对流传热干燥法 利用热空气、烟道气等做干燥介质将热量以对流传热方式传递给与其直接接触的湿物料，又将汽化的水分带走的干燥方法。由于干燥介质与湿物料直接接触，所以该法又称为直接加热干燥。在对流传热干燥中干燥介质的温度易调节，湿物料不易被过热。但是干燥介质离开干燥器时要带出大量的热量，因此对流传热干燥热能的利用程度较低，约为 30%~70%。对流传热干燥生产能力较大，操作控制方便，是应用最为广泛的一种干燥方式。

（3）辐射干燥　热能以电磁波的形式由辐射器发射，入射至湿物料的表面被其吸收后转换为热能，使湿物料中湿分汽化，物料被干燥。辐射源可按被干燥物件的形状布置，这种情况下，辐射干燥可比传导或对流干燥的生产强度大几十倍，产品干燥均匀而洁净，如用红外线干燥法将汽车表面油漆烘干，但能量消耗大。这种方法适用于表面大而薄的物料干燥。

（4）介电加热干燥（包括高频干燥、微波干燥）　介电加热干燥是将需要干燥的物料置于高频电场中，利用高频电场的交变作用使物料分子发生频繁的转动，在此过程中物料分子间会产生剧烈的碰撞与摩擦而产生热能，将湿物料加热，水分汽化，物料被干燥。电场的频率低于 300MHz 时，称为高频加热；频率为 300MHz～300GHz 时为超高频加热，即微波加热。介电加热干燥时间较短，得到的干燥产品均匀而洁净，但该法费用较大。

（5）冷冻干燥法　将湿物料在低温下冻结成固态，然后在高真空下，对物料提供必要的升华热，使冰升华为水汽，水汽用真空泵抽出。干燥后物料的物理结构和分子结构变化极小，产品残存的水分也很小。冷冻干燥法常用于医药、生物制品及食品的干燥。

上面五种方式的干燥，目前在工业上应用最普遍的是对流传热干燥。

【能力训练】　试举例日常生活中有哪些干燥现象属于以上干燥方法。

2. 按操作压强分类

按操作压强分主要有常压干燥和真空干燥。真空干燥时温度较低，适宜于处理维生素、抗菌素等热敏性产品以及在空气中易氧化、易燃易爆的物料或要求产品中湿分含量很低的场合。由于加料口与产品排出口等处的密封问题，大型化、连续化生产有困难。加压干燥只在特殊情况下应用，通常是在压力下加热后突然减压，水分瞬间发生汽化，使物料发生破碎或膨化。

【能力训练】　想一想，膨化食品应该是怎样制成的呢？

3. 按操作方式分类

有连续操作和间歇操作。工业生产中多为连续干燥，其特点是生产能力大、热效率高、劳动条件好和得到的产品较均匀。间歇操作投资费用低，操作控制方便，适用于小批量、多品种或要求干燥时间很长的特殊场合。

三、对流传热干燥过程

化工生产中以连续操作的对流传热干燥应用最为普遍，干燥介质可以是不饱和热空气、惰性气体及烟道气，要除的湿分为水或其他化学溶剂。本章重点介绍以不饱和热空气为干燥介质，湿分为水分的对流干燥过程。

1. 对流传热干燥流程

图 6-2 为对流干燥流程示意图。空气经鼓风机送至预热器，在预热器内加热到适当温度后进入干燥器，与进入干燥器的湿物料相接触，热空气将热量以对流传热方式传递给湿物料，湿物料中水分被加热汽化为蒸汽进入热空气中，使得热空气中湿分含量增加，温度降低，最后以废气的形式排出。对流干燥可以是连续操作，也可以是间歇操作，当为连续操作时，物料被连续地加入和排出，当为间歇操作时，湿物料成批置于干燥器内，热空气流可连续通入和排出，待物料干燥至一定含湿要求后一次取出。

2. 对流传热干燥原理

图 6-3 表示热空气与湿物料间的传热和传质的情况。在干燥器内，热空气从湿物料的表

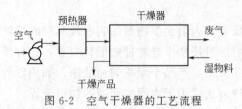

图 6-2 空气干燥器的工艺流程

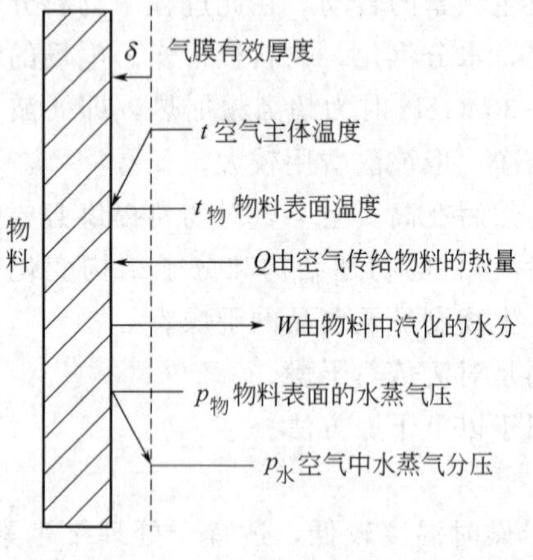

图 6-3 热空气和物料表面间的传热和传质

面流过。热气流将热能以对流方式传至物料表面，再由表面传至物料的内部，这是一个传热过程。若热空气主体温度为 t，湿物料表面温度为 $t_物$，则传热推动力为 $\Delta t = t - t_物$，即热空气与湿物料的温差，传热方向由热空气传向湿物料，与此同时，水分从物料内部以液态或气态扩散透过物料层而达到表面，然后，水汽透过物料表面的气膜而扩散至热气流的主体，这是一个传质过程。若湿物料表面的水蒸汽的压力为 $p_物$，热空气流主体中水汽的分压为 $p_水$，则水汽的传质推动力为 $\Delta p = p_物 - p_水$，即物料中水的蒸气压与热空气中的水汽分压差，传质方向为由固体物料传向干燥介质主体。由此可见对流传热干燥过程是传质和传热同时进行的过程，两者的传递方向相反，但密切相关。干燥速率与传热速率和传质速率都有关。干燥介质既是载热体又是载湿体。干燥过程既是物料的去湿过程，也是介质的降温增湿过程。

3. 对流传热干燥的条件

干燥进行的必要条件是物料表面的水蒸气的压强必须大于干燥介质中水汽的分压，在其他条件相同的情况下，两者差别越大，干燥过程进行得越快。所以，必须用干燥介质及时地将汽化的水分带走，以保持一定的汽化水分的推动力。若压差为零，表示干燥介质与物料之间的水蒸气达到动态平衡，干燥过程即行停止。

【能力训练】 想一想，温度差为什么不是干燥的必要条件呢？

>>> 任务二　学习湿空气的性质和湿度图

一、湿空气的性质

我们周围的大气是由绝干空气与水蒸气所组成的，又称为湿空气，干燥所用的热空气通常来自大气，因此，干燥介质实质上是湿空气。在干燥过程中，湿空气的温度、水蒸气含量和焓等性质都会发生变化，所以，在研究干燥过程之前，必须先了解湿空气的性质。由于在干燥过程中，湿空气中水汽的含量不断增加，而绝干空气质量流量不变，因此为了计算上的方便，湿空气的各项参数都以单位质量的绝干空气为基准。

1. 湿空气中水汽的分压 $p_水$

作为干燥介质的湿空气是不饱和的湿空气，由于干燥过程的压力较低，通常可作为理想气体来处理，由道尔顿分压定律可知水汽分压 $p_水$ 与绝干空气分压 $p_空$ 及其总压力 p 的关系为

$$p = p_水 + p_空 \tag{6-1}$$

并有

$$p_水 = py \tag{6-2}$$

式中　y——湿空气中水汽的摩尔分数。

2. 湿度 H

湿度表明湿空气中水蒸气的含量，又称为湿含量或绝对湿度，为湿空气中水气的质量与绝干空气的质量之比。用符号 H 表示，即

$$H = \frac{\text{湿空气中水汽的质量}}{\text{湿空气中绝干空气的质量}} = \frac{n_\text{水}}{n_\text{空}} \frac{M_\text{水}}{M_\text{空}} = \frac{18 n_\text{水}}{29 n_\text{空}} \tag{6-3}$$

式中 H——空气的湿度，kg 水汽/kg 干空气；

M——摩尔质量，kg/kmol；

n——物质的量，kmol。

(下标"水"表示水蒸气，"空"表示绝干空气)

因常压下湿空气可视为理想气体，理想气体混合物中各组分的摩尔比等于分压比，则式(6-3)可表示为：

$$H = \frac{18 p_\text{水}}{29 p_\text{空}} = 0.622 \frac{p_\text{水}}{p - p_\text{水}} \tag{6-4}$$

由式(6-4)可看出，湿空气的湿度是总压 p 和水汽分压 $p_\text{水}$ 的函数。当总压一定时，则湿度仅由水蒸气分压所决定，湿度随水气分压的增加而增大。当水蒸气的分压等于湿空气温度下的饱和蒸气压时，湿空气呈饱和状态，此时湿空气的湿度达到最大值，称为饱和湿度，可用下式表示：

$$H_\text{饱} = 0.622 \frac{p_\text{饱}}{p - p_\text{饱}} \tag{6-5}$$

式中 $H_\text{饱}$——湿空气的饱和湿度，kg 水汽/kg 干空气；

$p_\text{饱}$——湿空气温度下水的饱和蒸气压，Pa 或 kPa。

水的饱和蒸气压仅与温度有关，当总压 p 一定时，湿空气的饱和湿度只取决于其温度。

3. 相对湿度 φ

在一定总压下，湿空气中的水气分压 $p_\text{水}$ 与同温度下水的饱和蒸气压 $p_\text{饱}$ 之比的百分数，称为相对湿度百分数，简称相对湿度，用符号 φ 表示，即：

$$\varphi = \frac{p_\text{水}}{p_\text{饱}} \times 100\% \tag{6-6}$$

相对湿度 φ 与水汽分压 $p_\text{水}$ 及空气温度 t 有关 [因 $p_\text{饱} = f(t)$]，当 t 一定时，φ 随 $p_\text{水}$ 的增大而增大。当 $p_\text{水} = 0$ 时，$\varphi = 0$，表示湿空气中不含水分，为绝干空气；当 $p_\text{水} = p_\text{饱}$ 时，$\varphi = 1$，表示湿空气为水汽所饱和，为饱和湿空气，气体不能再吸湿，因而不能用作干燥介质；当 $p_\text{水} < p_\text{饱}$ 时，$\varphi < 1$，空气为不饱和湿空气。由此可见，相对湿度可以用来衡量湿空气的不饱和程度。φ 值愈小，表明湿空气偏离饱和程度越远，吸收水汽的能力越强。

湿空气的湿度只是表示所含水分的多少，不能直接反映这种情况下湿空气还有多大的吸湿潜力，而相对湿度则是用来表示这种潜力的。从提高干燥传质的推动力来看，湿空气的 φ 愈小越好，而提高温度可以使 φ 减小，所以湿空气在进干燥器之前先进预热器预热，既有利于载热又有利于载湿。

若将式(6-6)代入式(6-4)，可得：

$$H = 0.622 \frac{\varphi p_\text{饱}}{p - \varphi p_\text{饱}} \tag{6-7}$$

由上式可知，在一定的总压下，湿度 H 与相对湿度 φ 及温度 t 有关，即 $H = f(\varphi, t)$；

或者相对湿度 φ 与湿度 H 及温度 t 有关,即 $\varphi=f(H,t)$。因此,只要知道湿空气的温度和相对湿度,就可以计算出湿度;或者知道湿空气的温度和湿度,计算出相对湿度。

4. 湿空气的比体积 $\nu_{湿}$

在湿空气中,1kg 绝干空气连同其所带有的 $\{H\}$ kg 水蒸气体积之和称为湿空气的比体积,也称为比容或湿容积,用符号 $\nu_{湿}$ 表示,根据定义可写出:

$$\nu_{湿}=\frac{m^3 \text{绝干空气}+m^3 \text{水蒸气}}{kg \text{绝干气}}$$

由理想气体定律,在总压力 p、温度 t、湿度 H 的湿空气的比容为:

$$\nu_{湿}=224\left(\frac{1}{M_{空}}+\frac{H}{M_{水}}\right)\times\frac{(273+t)}{273}\times\frac{101.3\text{kPa}}{p} \tag{6-8}$$

将 $M_{空}=29\text{kg/kmol}$,$M_{水}=18\text{kg/kmol}$ 代入上式,得

$$\nu_{湿}=(0.773+1.244H)\times\frac{(273+t)}{273}\times\frac{101.3\text{kPa}}{p} \tag{6-9}$$

式中 $\nu_{湿}$——湿空气的比体积,m^3 湿空气/kg 干空气;
  t——湿空气的温度,℃;
  p——湿空气总压,kPa。

由式(6-9)可知,在常压下,湿空气的比容随湿度 H 和温度 t 的增大而增大。

5. 湿空气的比热容 $c_{湿}$

在常压下,将 1kg 绝干空气和 $\{H\}$ kg 水蒸气温度升高(或降低)1℃所吸收(或放出)的热量,称为湿空气的比热容。用符号 $c_{湿}$ 表示,即

$$c_{湿}=c_{空}+c_{水}H \tag{6-10}$$

式中 $c_{湿}$——湿空气的比热容,kJ/(kg 干空气·℃);
  $c_{空}$——干空气的比热容,kJ/(kg 干空气·℃);
  $c_{水}$——水蒸气的比热容,kJ/(kg 水汽·℃)。

在工程计算中通常取 $c_{空}$ 和 $c_{水}$ 常数,即 $c_{空}=1.01\text{kJ/(kg 干空气·℃)}$,$c_{水}=1.88\text{kJ/(kg 水汽·℃)}$。将这些数值代入式(6-10),得

$$c_{湿}=(1.01+1.88H)\text{kJ/(kg 干空气·℃)} \tag{6-11}$$

即湿空气的比热容只随空气的湿度变化。

6. 湿空气的焓 I

湿空气的焓为 1kg 绝干空气的焓与相应 $\{H\}$ kg 水蒸气的焓之和,用符号 I 表示,根据定义可写为

$$I=I_{空}+HI_{水} \tag{6-12}$$

式中 I——湿空气的焓,kJ/kg 干空气;
  $I_{空}$——绝干空气的焓,kJ/kg 干空气;
  $I_{水}$——水蒸气的焓,kJ/kg 水汽。

焓是相对值,计算时必须规定基温和基准状态,通常以 0℃ 干空气与 0℃ 液态水的焓值为零,绝干空气的焓就是其显热,而水蒸气的焓则应包括水在 0℃ 下的汽化潜热及水汽在 0℃ 以上的显热,有

$$I_{空}=c_{空}(t-0)=c_{空}t$$

$$I_{水}=r_0+c_{水}(t-0)=c_{水}t+r_0$$

式中 r_0——0℃ 时水的汽化潜热,其值为 2490kJ/kg。

因此,湿空气的焓为:

$$I=(c_{空}+c_{水}H)t+r_0H=c_{湿}t+r_0H=(1.01+1.88H)t+2490H \quad (6-13)$$

由上式可以看出,湿空气的焓决定于湿空气的温度和湿度,即湿空气的温度和湿度一定,其焓也就一定。

7. 干球温度 t

在湿空气中,用普通温度计测出的温度为湿空气的真实温度,为了与将要讨论的湿球温度相区分,我们把它称为干球温度,简称为温度,通常以 t 表示,单位为℃或K。将普通温度计直接插在湿空气中即可测量。

8. 湿球温度 $t_{湿}$

用湿纱布包裹温度计的感温部分(水银球),纱布下端浸在水中,以保证纱布一直处于充分润湿状态,这种温度计称为湿球温度计。如图6-4所示。湿球温度计B和另一支普通温度计A置于湿空气流中,达到稳定时,普通温度计所指示的温度即为湿空气的干球温度 t,湿球温度计所指示的温度即为湿空气的湿球温度,以 $t_{湿}$ 表示。

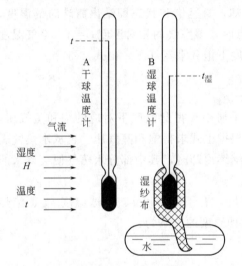

图6-4 干、湿球温度计

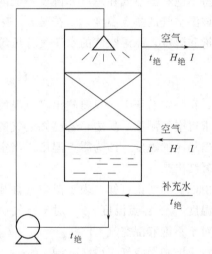

图6-5 绝热饱和冷却塔

当不饱和空气流过湿球表面时,由于湿纱布一直处于湿润状态,所以湿纱布表面上水蒸气分压大于空气中水汽的分压,湿纱布表面和湿空气之间存在传质推动力,湿纱布表面的水分就会汽化并向空气主体中扩散,水分汽化所需热量,首先取自湿纱布本身温度降低而放出的热量,相应的温度计的示值将下降,于是在湿纱布表面与空气气流之间又形成了温度差,引起空气流向湿纱布的热量传递,从而开始提供一些使水汽化需要的热量。但尚不足以补偿水汽化的全部热量。于是,湿纱布的温度继续下降,直至单位时间内空气流传给湿纱布的热量恰好等于湿纱布表面水分汽化所需的热量时,过程达到动态平衡,此时湿纱布的温度即温度计的示值将保持恒定,这个恒定的温度即为湿空气的湿球温度 $t_{湿}$。

对一定干球温度的空气而言,相对湿度愈小时,则水分从湿纱布中汽化的速率愈快,传热速率也愈大,空气和湿纱布的温差也愈大,所以湿球温度也愈低。对于饱和空气,则湿球温度就等于干球温度。

9. 绝热饱和温度 $t_{绝}$

绝热饱和温度是不饱和的湿空气与大量水相接触,在绝热条件下空气被水汽所饱和时空气的温度。绝热饱和温度可在如图6-5所示的绝热饱和冷却塔（或称绝热饱和器）中测得。初始温度为 t 和湿度为 H 的不饱和空气在塔的底部加入，与大量从塔顶喷下的循环水逆流接触，因空气尚未饱和，水分便不断向空气中汽化，假设塔设备保温良好与外界绝热，无热损失，则汽化所需的热量只能由空气温度下降放出显热而供给，因此，沿着塔高空气的温度不断下降而湿度不断增加。按照热量衡算关系，空气降温所放出的热量全部用于水汽化需要的热量，并且又随水汽回到空气中，对空气来说，其焓值基本上没有变化，如果空气与水接触时间足够，空气出口时将被水汽饱和，此时空气的出口温度就等于循环水的温度而不再下降，这种过程称为湿空气的绝热增湿饱和过程（或等焓过程），达到稳定状态下的温度称为湿空气初始状态的绝热饱和温度，用符号 $t_绝$ 表示，相应的湿度称为绝热饱和湿度。水与空气接触过程中，循环水不断汽化而被空气携至塔外，故需向塔内不断补充温度为 $t_绝$ 的水。

实验证明，对于空气与水物系 $t_绝 \approx t_湿$。

10. 露点温度 $t_露$

将不饱和湿空气在总压和湿度不变的情况下冷却，直至饱和状态即结出露珠时的温度，称为该湿空气的露点温度，以符号 $t_露$ 表示。在露点时，湿空气的相对湿度 $\varphi=1$，空气湿度达到饱和湿度，原湿空气的水蒸气分压等于露点温度下饱和水蒸气压，由式(6-5)：

$$H_饱 = 0.622 \frac{p_饱}{p - p_饱}$$

可见，在一定总压下，只要测出露点温度，便可从手册中查得此温度下对应的饱和蒸气压，从而求得空气湿度。反之，若已知空气的湿度，可根据上式求得饱和蒸气压，再从水蒸气表中查出相应的温度，即为露点温度。当空气从露点继续冷却时，其中部分水蒸气便会以水的形式凝结出来。

由以上的讨论可知，表示湿空气性质的特征温度，有干球温度 t、湿球温度 $t_湿$、绝热饱和温度 $t_绝$、露点温度 $t_露$。对于空气-水物系，四种温度的关系为：

对于不饱和湿空气　　$t > t_湿 \approx t_绝 > t_露$

对于饱和湿空气　　　$t = t_湿 \approx t_绝 = t_露$

【应用1】 已知湿空气总压为101.3kPa，温度 $t=30℃$，湿度 $H=0.024$ kg水汽/kg干气，求湿空气的水汽分压、相对湿度、露点和焓。

解决：

(1) 求 $p_水$：由 $H = 0.622 \dfrac{p_水}{p - p_水}$

得　　　　　　$0.024 = 0.622 \dfrac{p_水}{101.3\text{kPa} - p_水}$

解得　　$p_水 = 3.736\text{kPa}$

(2) 求 φ：查 $t=30℃$ 下水的饱和蒸气压 $p_水 = 4.24\text{kPa}$，则

$$\varphi = \frac{p_水}{p_饱} \times 100\% = \frac{3.763}{4.24} \times 100\% = 89\%$$

(3) 求 $t_露$：在 H 不变的情况下将空气冷却直到空气处于饱和状态，此时 $p_水$ 成为饱和蒸气压 $p_饱$，其相应的温度为 $27.5℃$，这个温度即为露点 $t_露$。

(4) 求 I：

$$I = (1.01 + 1.88H)t + 2490H$$
$$= (1.01 + 1.88 \times 0.024) \times 30 \text{kJ/kg} + 2490 \times 0.024 \text{kJ/kg} = 91.4 \text{kJ/kg 干空气}$$

二、湿空气的焓湿图（I-H 图）及其应用

在一定总压下，当确定了两个独立状态参数后，湿空气的其他各项性质都可通过公式逐一进行计算，由上述例题可以看出，它们的计算比较繁琐，有的还需用试差法求解（如求 $t_{绝}$ 和 $t_{湿}$）。如果将各参数如水汽分压、湿度、相对湿度、温度及空气的焓的关系绘制成图表，那么应用起来则方便得多，这种图就叫做湿空气的湿度图。常用的湿度图有焓湿图（I-H 图）和湿度-温度图（H-t 图）。下面介绍工程上常用的焓湿图（I-H 图）的构成和应用。

1. I-H 图的构成

以湿空气的焓为纵坐标，湿度为横坐标所构成的湿度图，称为湿空气的 I-H 图。如图 6-6 所示，为了使各种关系曲线分散开，本图采用两坐标轴交角为 135°的斜角坐标系。又为了便于读取湿度数据及节省图的幅面，将斜轴上湿度 H 的数值投影到辅助水平轴上。图上任何一点都代表一定温度 t 和湿度 H 的湿空气状态。

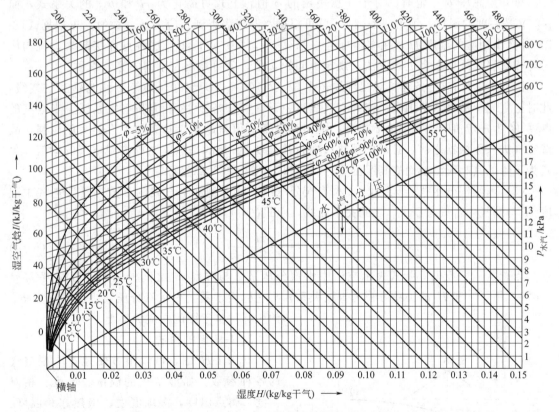

图 6-6 空气-水系统的焓湿图（100kPa）

该图是在总压力为 101.3kPa 情况下绘制的，若系统总压偏离常压较远，则不能应用此图。

图中共有五种线，现分述如下。

（1）等湿线（等 H 线） 等湿线是一系列平行于纵轴（纵坐标）的直线，在同一条等

H 线上不同的点所代表的湿空气的状态不同,但都具有相同的湿度值,其值在辅助水平轴上读出。图中读数范围为 $0\sim0.15\text{kg/kg}$ 绝干气。

(2) 等焓线(等 I 线) 等焓线是一系列平行于横轴(与纵轴成135°的斜轴)的直线。在同一条等 I 线上不同的点所代表的湿空气的状态不同,但都具有相同的焓值,其值可以在纵轴上读出,图中读数范围为 $0\sim480\text{kJ/kg}$ 干空气。

(3) 等干球温度线(等 t 线) 即等温线,将式(6-13)写成

$$I=1.01t+(1.88t+2490)H$$

由此式可知,当 t 为定值,I 与 H 成直线关系。任意规定 t 值,按此式计算 I 与 H 的对应关系,标绘在图上,即为一条等温线,规定不同的 t 值,即可作出多条等 t 线,上式为线性方程,直线斜率为 $(1.88t+2490)$,随温度 t 的升高斜率增大,所以等温线是一系列互不平行的直线。同一条直线上的每一点具有相同的温度数值。图中的读数范围为 $0\sim160℃$。

(4) 等相对湿度线(等 φ 线) 等相对湿度线是一组从原点出发的曲线。根据式(6-7)

$$H=0.622\frac{\varphi p_饱}{p-\varphi p_饱}$$

可知当总压 p 一定时,对于任意规定的 φ 值,上式可简化为 H 和 $p_饱$ 的关系式,而 $p_饱$ 又是温度的函数,给出一系列 t,就可根据水蒸气表查到相应的 $p_饱$ 数值,再根据式(6-7)计算出相应的湿度 H,在图上标绘一系列 (t,H) 点,将上述各点连接起来,就构成了等相对湿度线。根据上述方法,规定不同的 φ 值,就可绘出一系列的等 φ 线群。

图6-6中共有11条等相对湿度线,由 5% 至 100%。$\varphi=100\%$ 的等 φ 线为饱和空气线,此时空气完全被水汽所饱和。饱和空气线以上 $\varphi(<100\%)$ 为不饱和空气区域。当空气的湿度 H 为一定值时,其温度 t 越高,则相对湿度 φ 值就越低,其吸收水汽能力就越强。故湿空气进入干燥器之前,必须先预热以提高其温度 t。目的是除了为提高湿空气的焓值,也是为了降低其相对湿度而提高吸湿力。$\varphi=0$ 时的等 φ 线为纵坐标轴。

(5) 水蒸气分压线($p_水$ 线) 水蒸气分压线标绘于饱和空气线的下方,是湿空气中湿度 H 与空气中水气分压 $p_水$ 之间关系曲线,由式(6-4)可得

$$p_水=\frac{pH}{0.622+H} \tag{6-14}$$

当总压 p 一定时,上式表示空气中水汽分压 $p_水$ 与湿度 H 之间的关系。因湿度 $H=0.622$,则 $p_水$ 和 H 的关系可视为直线关系,将它标绘于图上得水汽分压线,水汽分压 $p_水$ 的坐标,位于图的右端纵轴上。

2. I-H 图的用法

利用 I-H 图,可以很方便地查取湿空气的各种参数。如湿空气的温度、湿度、相对湿度、露点温度,湿球温度、绝热饱和温度、焓、水汽分压等都可确定。但是,首先须确定湿空气在 I-H 图中的位置,即湿空气的状态点,然后再由 I-H 图读出各项参数。假设已知湿空气的状态点在 A 的位置,如图6-7所示。确定各项参数具体过程如下:

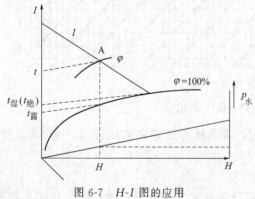

图6-7 H-I 图的应用

(1) 湿度 H　由 A 点沿等湿线向下与水平辅助轴的交点，即可读出 A 点的湿度值。

(2) 焓值 I　通过 A 点做等焓线的平行线，与纵轴相交，由交点可得 A 点的焓值。

(3) 温度 t　过 A 点做等温线，由内插法即可读出 A 点的温度。

(4) 相对湿度 φ　过 A 点做等相对湿度线，由内插法即可读出 A 点的相对湿度。

(5) 水汽分压 $p_水$　由 A 点沿等湿度线向下交水汽分压线于一点，由该点水平向右与右端纵轴的交点，即可读出 A 点的水汽分压值。

(6) 露点 $t_露$　由于露点是在湿空气湿度不变的条件下冷却至饱和时的温度。因此由 A 点沿等湿度线向下与 $\varphi=100\%$ 饱和线交于一点，再由过该点的等温线即可读出露点温度。

(7) 湿球温度 $t_湿$（绝热饱和温度 $t_绝$）　对于水蒸气-空气系统，湿球温度 $t_湿$ 近似等于绝热饱和温度 $t_绝$，绝热饱和温度是空气等焓增湿至饱和时的温度，因此，由 A 点沿着等焓线与 $\varphi=100\%$ 饱和线交于一点，再由过该点的等温线即可读出绝热饱和温度（即湿球温度）。

通过上述查图可知，首先必须确定湿空气的状态点，然后才能查得各项参数。只要已知表示湿空气性质的各项参数中任意两个彼此独立的参数（图上有交点的参数），就可以在 I-H 图上定出一个交点，此点即为湿空气的状态点。

通常根据下述条件之一来确定湿空气的状态点，已知条件是：

(1) 湿空气的温度 t 和湿球温度 $t_湿$，状态点的确定见图 6-8(a)；

(2) 湿空气的温度 t 和露点温度 $t_露$，状态点的确定见图 6-8(b)；

(3) 湿空气的温度 t 和相对湿度 φ，状态点的确定见图 6-8(c)。

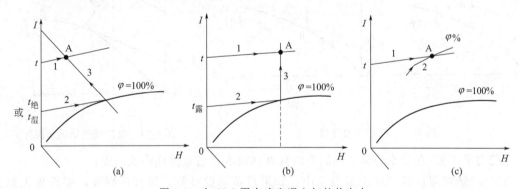

图 6-8　在 H-I 图中确定湿空气的状态点

【**应用 2**】　在总压为 101.3kPa 时，测得湿空气的干球温度为 60℃，湿球温度为 45℃，试在 I-H 图中查取湿度、相对湿度、比焓、露点温度和水汽分压。

分析：做 $t=45℃$ 的等温线与 $\varphi=100\%$ 的饱和空气线相交于一点，过该点做等焓线与 $t=60℃$ 等温线交于一点，该点即为湿空气的状态点 A 点，由此可查出 H、φ、I、$t_露$、$p_水$。

解决：

① 由 A 点沿着等 H 线向下与辅助水平轴交点读数为 $H=0.056$kg/kg 干空气；

② 由过 A 点的等 φ 线读得 $\varphi=40\%$；

③ 过 A 点沿着等焓线与纵轴相交，可读出 $I=207$kJ/kg 干空气；

④ 由 A 点沿着等 H 线向下与 $\varphi=100\%$ 的饱和空气线相交于一点，由通过该点的等温线读出 $t_露=43℃$；

⑤ 由过空气状态点的等 H 线与水汽分压线相交的交点，读得 $p_{水}=8.2\text{kPa}$。

3. 湿空气状态变化过程的图解表示

（1）加热过程　加热过程是个等压过程，空气中水汽分压和总压都没有变化，故 H 也没有变化，因此，加热过程在湿度图中表现为空气的状态点沿着等 H 线从下向上移动，如图 6-9 中 AB 所示。由图可见，当状态点从 A 移动到 B 时，湿度不变，温度升高，相对湿度减小，焓值增大，湿球温度增加，露点不变，水汽分压不变。焓增加说明这一过程需要增加热量。

（2）冷却过程　在湿空气达到饱和状态之前，冷却过程是加热过程的逆过程，如图 6-10(a) 所示，空气的状态点沿着等 H 线从 A 点冷却到 B 点，各参数变化与加热过程正相反，焓减少说明这一过程需要减少热量。图 6-10(b) 中表明湿空气冷却到露点温度以下的情况，到达 B 点后，空气达到了饱和状态，此时开始有微量水珠出现，再继续降低温度则进入冷凝过程，空气状态沿着饱和线变化，从 B 到 C 的冷却过程将有水凝出。过 B 点之后，空气不再保持湿度不变。

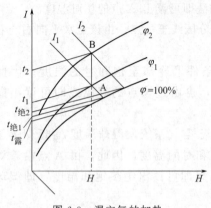

图 6-9　湿空气的加热

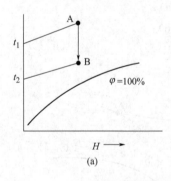

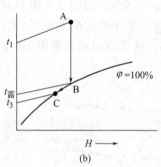

图 6-10　湿空气的冷却　　　　图 6-11　湿空气的绝热增湿

【能力训练】　在夏季的早晨我们会经常看到露水，它是怎样形成的呢？

（3）绝热增湿过程　在干燥操作中，如果设备保温良好，没有热损失，与外界无热交换，且忽略湿物料进出口焓值变化的条件下，此时空气温度降低提供的热量全部用于湿物料中水分的汽化，因而空气在干燥器内经历的是绝热冷却增湿过程，其焓值不变，因此在这个过程中湿空气将沿着等焓线变化。如图 6-11 所示。

▶▶▶ 任务三　掌握连续干燥过程的物料衡算

一、湿物料中含水量的表示方法

1. 湿基含水量 w

湿基含水量是以湿物料为基准的物料中水分的质量分数，以 w（kg 水分/kg 湿物料）来表示。即

$$w = \frac{湿物料中水分的质量}{湿物料的总质量} \tag{6-15}$$

2. 干基含水量 X

干基含水量是以绝干物料为基准的，是湿物料中的水分的质量与绝干物料的比值，以符号 X（kg 水分/kg 绝干料）表示。即

$$X = \frac{湿物料中的水分量}{湿物料中绝干物料量} \tag{6-16}$$

在工业生产中，物料含水量常以湿基含水量表示，但在干燥过程中湿物料的总质量因水分的蒸发而不断减少，而绝干物料的质量不变，因此，在干燥计算中，以干基含水量表示较为方便。

湿基含水量与干基含水量的换算关系为

$$\begin{cases} X = \dfrac{w}{1-w} \\ w = \dfrac{X}{1+X} \end{cases} \tag{6-17}$$

二、空气干燥器的物料衡算

空气干燥器的物料衡算主要是为了解决两个问题：一是确定将湿物料干燥到规定的含水量需蒸发的水分量；二是确定带走这些水分所需要的空气量。对图 6-12 所示连续干燥器作物料衡算。

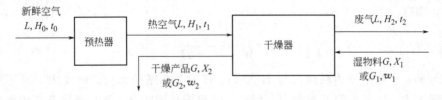

图 6-12 干燥器的物料衡算

设　　L——绝干空气消耗量，kg 绝干气/s；
H_1、H_2——空气进、出干燥器时的湿度，kg/kg 干空气；
X_1、X_2——湿物料进、出干燥器时的干基含水量，kg 水分/kg 干物料；
w_1、w_2——湿物料进、出干燥器时的湿基含水量，kg 水分/kg 湿物料；
G_1、G_2——湿物料进、出干燥器时的流量，kg 物料/s；
G——湿物料中绝干物料的流量，kg 绝干料/s。

1. 干燥产品量 G_2

在干燥过程中若不计物料损失，则在干燥前后物料中绝干物料质量不变，对干燥器内的绝干物料做物料衡算得：

$$G = G_1(1-w_1) = G_2(1-w_2)$$

整理得干燥产品流量

$$G_2 = G_1 \frac{1-w_1}{1-w_2} \tag{6-18}$$

2. 水分蒸发量W

对干燥器内的总物料做物料衡算得

$$G_1 = G_2 + W$$

将式(6-18)代入上式，可得水分蒸发量

$$W = G_1 - G_2 = G_1 \frac{w_1 - w_2}{1 - w_2} \tag{6-19}$$

对干燥器中水分作物料衡算，又可得

$$GX_1 + LH_1 = GX_2 + LH_2$$

整理得：

$$W = G(X_1 - X_2) = L(H_2 - H_1) \tag{6-20}$$

式中 W——湿物料在干燥器中蒸发的水分量，kg水分/s。

3. 空气消耗量

由式(6-20)得，干空气消耗量L与水分蒸发量的关系为

$$L = \frac{W}{H_2 - H_1} \tag{6-21}$$

将上式两端除以W，可得

$$l = \frac{L}{W} = \frac{1}{H_2 - H_1} \tag{6-22}$$

式中，$\dfrac{L}{W}$表示每蒸发1kg水分需消耗的干空气量l，称为单位干空气消耗量，单位为kg干空气/kg水分。如果以H_0表示空气预热前的湿度，而空气经预热器后，其湿度不变，故$H_0 = H_1$，则有

$$l = \frac{L}{W} = \frac{1}{H_2 - H_0} \tag{6-23}$$

由上可见，单位空气消耗量仅与H_2、H_0有关，与路径无关。湿度H_0与气候条件有关，夏季湿度大，消耗的空气量最多。因此，一般按夏季的空气湿度确定全年中最大空气消耗量。

4. 风机送风量V

干燥中风机的选择是以湿空气的体积流量为依据的，通风机的通风量V计算如下：

$$V = L \times v_{湿} = L(0.773 + 1.244H) \times \frac{(273 + t)}{273} \times \frac{101.3 \text{kPa}}{p} \tag{6-24}$$

式中 V——风机送风量，m³湿空气/s。

式(6-24)中湿度H和温度t为通风机所在安装位置的空气湿度和温度。在干燥过程中，风机一般安装在预热器之前，有时也安装在预热器之后或干燥器之后，安装位置不同，湿度H和温度t也不同。

【应用3】 今要用干燥器来干燥某物料，处理湿物料量为1000kg/h。要求物料干燥后含水量由35%减至5%（均为湿基含水量）。以温度为15℃，相对湿度为50%的常压新鲜空气为干燥介质，在预热器加热110℃后送入干燥器，离开干燥器时，其湿度为0.06kg/kg干空气。

试求：①干燥产品量G_2；

②水分蒸发量 W；

③空气消耗量 L、单位空气消耗量 l；

④若鼓风机装在预热器的新鲜空气入口处，求鼓风机的送风量。

解决：①干燥产品量 G_2

已知 $G_1 = 1000\text{kg}$ 物料/h，$w_1 = 0.355$，$w_2 = 0.04$，则

$$G_2 = G_1 \frac{1-w_1}{1-w_2} = 1000 \times \frac{1-0.35}{1-0.05} \text{kg 物料/h} = 684.2 \text{kg 物料/h}$$

② 水分蒸发量 W

$$W = G_1 - G_2 = 1000\text{kg/h} - 684.2\text{kg/h} = 315.8\text{kg 水分/h}$$

③ 空气消耗量 L、单位空气消耗量 l

在 I-H 图中查得，空气在 $t_0 = 15℃$，$\varphi_0 = 50\%$ 时的湿度为 $H_0 = 0.005\text{kg/kg}$ 干空气，$H_2 = 0.06\text{kg/kg}$ 干空气。空气通过预热器湿度不变，即 $H_0 = H_1$。

$$L = \frac{W}{H_2 - H_1} = \frac{W}{H_2 - H_0} = \frac{315.8}{0.06 - 0.005}\text{kg/h} = 5742\text{kg 干空气/h}$$

$$l = \frac{1}{H_2 - H_0} = \frac{1}{0.06 - 0.005}\text{kg/kg} = 18.2\text{kg 干空气/kg 水}$$

④ 鼓风机送风量 V

20℃、常压下的湿空气比容为

$$v_{湿} = (0.773 + 1.244H)\frac{(273+t)}{273} = (0.773 + 1.244 \times 0.005) \times \frac{(273+15)}{273} \text{m}^3 \text{湿空气/kg 干空气}$$

$$= 0.822 \text{m}^3 \text{湿空气/kg 干空气}$$

$$V = Lv_{湿} = 5742 \times 0.822 \text{m}^3 \text{湿空气/h} = 4720 \text{m}^3 \text{湿空气/h}$$

三、理想干燥过程（等焓干燥过程）

若空气在干燥过程中焓值保持恒定，这样的干燥过程称为等焓干燥过程。实际操作中很难实现这种等焓过程，故又称其为理想干燥过程。

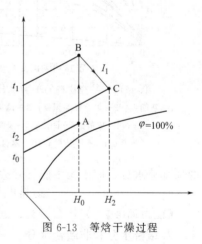

图 6-13 等焓干燥过程

理想干燥过程能简化干燥过程计算。若干燥过程为等焓过程，则可沿焓湿图中的等焓线迅速确定空气离开干燥器时的状态参数。参见图 6-13，A 点为空气进预热器之前的状态点，B 点为空气进入干燥器前时的状态点，C 点为空气出干燥器后的状态点，从 A 到 B 为空气经过预热器被加热，H 不变，温度升高，焓变大，等焓过程即为过 B 点沿等焓线 BC 变化，其离开干燥器时的状态参数为 C 点的对应值。对于等焓干燥过程，离开干燥的空气状态的确定只需一个参数，一般为 t_2。

▶▶ 任务四　学习干燥过程的平衡关系和速率关系

一、物料中所含水分的性质

由于干燥过程从湿物料进入热空气的水分是从湿物料内部移向物料表面，然后在物料表

面汽化而进入热空气的，因此，干燥速度既取决于空气的性质和操作条件，也取决于物料中所含水分的性质，通过对物料中所含水分的性质的讨论，可以了解物料中哪些水分能用干燥方法除去及除去的难易程度。

1. 平衡水分和自由水分

在一定的干燥条件下，根据物料中所含水分能否用干燥的方法除去来划分，可分为平衡水分与自由水分。

（1）平衡水分　当湿物料与一定温度和湿度的湿空气接触，物料将释放水分或吸收水分，当物料中所含水分不再因与空气接触时间的延长而有增减，含水量恒定在某一值，这个恒定含水量称为平衡水分，或称为平衡含水量，用 X^* 表示。所以平衡水分就是在一定干燥条件下，物料中不能除去的那部分水分。

图 6-14 为某些固体物料在空气温度为 25℃ 时的平衡含水量曲线。由图可见，对于相同的空气状态，不同的物料的平衡水分不同。例如，当空气的相对湿度为 50% 时，皮革的平衡水分约为 0.16kg/kg 干料，而羊毛的平衡水分约为 0.125kg/kg 干料。同一种物料，空气状态不同，平衡水分不同。例如烟叶，空气的相对湿度为 40% 时，平衡水分约为 0.17kg/kg 干料，而当空气的相对湿度为 70% 时，平衡水分约为 0.27kg/kg 干料。物料的平衡含水量 X^* 随相对湿度 φ 增大而增大，当 $\varphi=0$ 时，$X^*=0$，即湿物料只有与绝干空气接触时才能获得绝干物料。

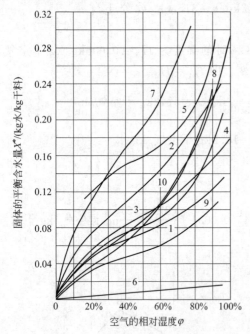

图 6-14　某些物料的平衡水分
1—新闻纸；2—羊毛、毛织物；3—硝化纤维；
4—丝；5—皮革；6—陶土；7—烟叶；
8—肥皂；9—牛皮胶；10—木材

在一定的空气温度和湿度条件下，物料的干燥极限为 X^*。要想进一步干燥，应减小空气的 φ（减小湿度或增大温度）从而减小 X^*。平衡含水量曲线上方为干燥区，下方为吸湿区。

（2）自由水分　物料中所含的大于平衡水分的那部分水分，即干燥中能够除去的水分，称为自由水分。

物料中的总水分＝平衡水分＋自由水分

【能力训练】　为什么馒头、红糖等物料在空气中会变硬，而饼干等物料又会返潮呢？

2. 结合水分和非结合水分

按照物料与水分的结合方式，可将水分分为结合水分和非结合水分。

（1）结合水分　借化学力或物理化学力与固体物料相结合的水分称为结合水分。如：细胞壁内的溶胀水分及细小毛细管内的水分。结合水与物料结合力较强，其蒸气压低于同温度下纯水的饱和蒸气压，并随结合力大小而不同，结合力越大，水分除去越困难。将图 6-14 中，给定的湿物料平衡水分曲线延伸到与 $\varphi=100\%$ 的相对湿度线相交，交点所对应含水量即为结合水分。例如，丝的结合水分为 0.24kg/kg 干料。

（2）非结合水分　物料中所含的大于结合水分的那部分水分，称为非结合水分。非结合水分通过机械的方法附着在固体物料上。如：如吸附在物料表面的水分和内部较大空隙中的水分。非结合水分的蒸气压等于同温度下纯水的饱和蒸气压,与物料的结合力较弱,是干燥过程中最先除去的水分。

　　物料中的总水分＝结合水分＋非结合水分

　　自由水分、平衡水分、结合水分、非结合水分及物料总水分之间的关系如图 6-15 所示。

二、恒定干燥条件下的干燥速率

　　单位时间在单位干燥面积上汽化的水分量,称为干燥速率,用 U 表示,单位为 $kg/(m^2 \cdot s)$。由于湿分由湿物料内部向干燥介质传递的过程是一个复杂的物理过程,干燥速率的快慢,不仅取决于湿物料的性质,而且也决定于干燥介质的性质,所以通常干燥速率从实验测得的干燥速率曲线求取。

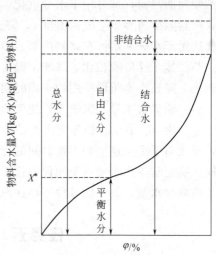

图 6-15　固体物料中水分的区分(t 为定值)

　　为了简化影响因素,干燥实验大多在恒定干燥条件下进行。即干燥介质的温度、湿度、流速及与物料接触方式在整个干燥过程中恒定不变。如用大量不饱和空气对少量湿物料进行干燥时,可认为是恒定干燥情况。

　　图 6-16 是在恒定干燥条件下测得的干燥速率曲线。图中纵坐标是干燥速率 U,横坐标是物料的干基含水量 X,干燥速率曲线表示的是干燥速率 U 和干基含水量 X 的关系。

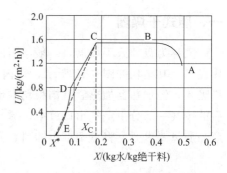

　　图中 AB 段为物料的预热阶段,这时物料从空气中接受的热主要用于物料的预热,湿含量变化较小,

图 6-16　恒定干燥条件下干燥速率曲线

时间也很短,在分析干燥过程时常可忽略。从 B 点开始至 C 点,干燥曲线 BC 段斜率不变,干燥速率保持恒定,称为恒速干燥阶段。C 点以后,干燥曲线的斜率变小,干燥速率下降,所以 CDE 段称为降速干燥阶段。C 点称为临界点,该点对应的含水量称为临界含水量,以 X_C 表示。X^* 即为操作条件下的平衡含水量。

　　(1) 恒速干燥阶段 BC　在这一阶段,物料表面充满着非结合水分,这是由于,物料中的水分由物料内部向物料表面扩散的速率大于或等于表面水分的汽化速率,使物料表面保持润湿。干燥过程类似于纯液态水的表面汽化。干燥过程与湿球温度计的湿纱布水分汽化机理是相同的,因而物料表面温度保持为空气的湿球温度。恒速干燥阶段又称为表面汽化控制阶段,这一阶段的干燥速率主要决定于干燥介质的性质和流动情况。

　　(2) 降速干燥阶段 CDE　当水分由内部向表面扩散的速率小于表面汽化速率时,物料表面就不再保持充分润湿,开始出现"干区",结合水分开始汽化,随着干燥的进行,物料内部水分不断减少,水分向物料表面的扩散速率也不断减小,干燥速率也就越来越低。当物料外表面完全变干时,降速干燥就从第一降速阶段(CD 段)进入到第二降速阶段(DE 段)。在第二降速阶段,汽化表面逐渐从物料表面向内部转移,从而使传热、传质的路径逐渐加长,阻力变大,故水分的汽化速率进一步降低。此阶段由于水分汽化量逐渐减小,空气传给物料的热量,部分用于水分汽化,部分用于给物料升温,当物料含水量达到平衡含水量时,物料温度将等于空气的温度 t。降速干燥阶段又称为内部水分扩散控制阶段,干燥速率主要决定于水分和水汽在物料内部的传递速率。

与恒速干燥阶段相比,降速干燥阶段从物料中逐出的水分相对地要少些,但由于干燥速度较小,降速干燥阶段所用的干燥时间往往比恒速干燥阶段更长,甚至要长得多。

(3)临界含水量　恒速干燥速度曲线与降速干燥速度曲线的交点的对应含水量称为临界含水量,用 X_C 表示。临界含水量是恒速干燥阶段和降速干燥阶段的分水岭。确定临界含水量,不仅对于干燥速度和干燥时间的计算十分必要,而且由于影响两个阶段干燥速度的因素不同,确定临界含水量对于如何强化干燥过程的分析也有重要意义。如果物料最初的含水量小于临界含水量,则干燥过程不存在恒速阶段。

>>> 任务五　了解工业上常用干燥器

干燥器的形式很多,以适应多种多样的物料和产品规格的不同要求。下面对生产中常用的几种干燥器进行简介。

一、厢式干燥器

又称为盘架式干燥器,一般小型的称为烘箱,大型的称为烘房,是典型的间歇式常压干燥设备,其结构如图 6-17 所示,箱内盘架上有许多浅盘,浅盘内放有物料,新鲜空气由风机吸入,经加热器加热后沿挡板均匀地在各浅盘内的物料上方掠过,对物料干燥。增湿降温后的废气一部分由空气出口放空,另一部分循环使用,以提高热效率。经干燥一定时间达到产品质量要求时,将盘架推出卸料,完成干燥。

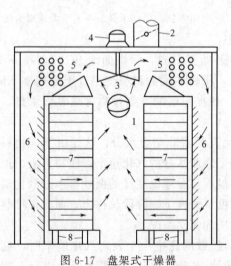

图 6-17　盘架式干燥器
1—空气进口;2—空气出口;3—风机;4—电动机;
5—加热器;6—挡板;7—盘架;8—移动轮

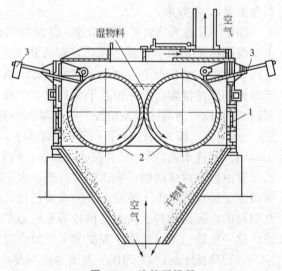

图 6-18　滚筒干燥器
1—外壳;2—滚筒;3—刮刀

厢式干燥器的主要优点是构造简单,设备投资少,适应性强。缺点是装卸物料的劳动强度大,由于物料是静止的,产品质量不易均匀且干燥时间长。适用于小规模、多品种、干燥条件变动大及干燥时间长的场合。

二、滚筒式干燥器

滚筒干燥器是一种间接加热的连续干燥器，属于热传导干燥器。图 6-18 所示为一双滚筒干燥器，两滚筒的旋转方向相反，部分表面浸在料槽中，从料槽中转出的那部分表面粘上了一薄层料浆，加热蒸汽通入筒内，通过筒壁将热量传给湿物料，滚筒转动一周，物料即被干燥，并由滚筒外侧的刮刀刮下，经螺旋输送器推出而收集。

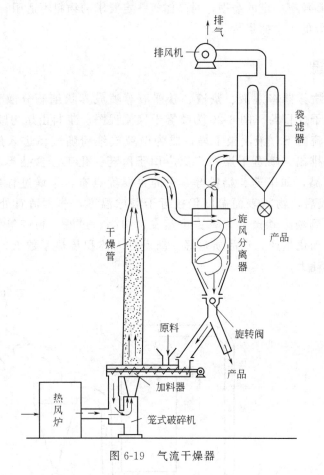

图 6-19　气流干燥器

滚筒干燥器的优点是干燥过程连续化，劳动强度低，设备紧凑，投资小，清洗方便。缺点是物料易受到过热，筒体外壁的加工要求较高，操作过程中由于粉尘飞扬而使操作环境恶化。它适用于悬浮液、溶液和稀糊状等流动性物料的干燥，不适用于含水量过低的热敏性物料。

三、气流式干燥器

气流干燥是气流输送技术在干燥中的一种应用，其结构如图 6-19 所示。气流干燥器的主体是直立干燥管，干燥管下部有笼式破碎机，其作用是对加料器送来的块状物料进行破碎。对于散粒状湿物料，不必使用破碎机。高速的热空气由底部进入，物料在干燥管中被高速上升的热气流分散并呈悬浮状，与热气流并流向上运动，湿物料在被输送过程中被干燥。

干燥产品随气流进入旋风分离器与废气分离后由下部收集，废气经袋式过滤器回收粉尘后排出。

气流干燥器适宜处理含非结合水及结块不严重的粒状物料。对于黏性和膏状物料，采用干料返混的方法和适宜的加料装置，也可正常操作。

气流干燥器的主要优点有：干燥速率快，干燥时间短，从湿物料投入到产品排出，只需1~2s。由于热风和湿物料并流操作，即使热空气温度高达700~800℃，而产品温度不超过70~90℃，所以适宜干燥热敏性和低熔点的物料。干燥器结构简单，占地面积小。缺点是：由于流速大，物料颗粒有一定的磨损，对晶体有一定要求的物料不适用。细粉物料回收较为困难，要求配置高效的粉尘捕集装置。

四、喷雾式干燥器

喷雾干燥是用喷雾器将溶液、浆液、悬浮液等喷成雾状细滴分散于热气流中，使水分迅速汽化而达到干燥目的。图 6-20 为喷雾干燥流程图。浆料由压力喷嘴喷成雾状液滴，与热空气混合后并流向下，液滴被干燥，成为微粒或细粉随气体进入旋风分离器中而被分出，废气经风机排出。喷雾干燥器广泛应用于医药、化工、食品等工业生产中，特别适用于高级颗粒产品，如医药、奶粉等。它的主要优点有：干燥过程进行得很快（仅为5~30s），干燥完成后，物料表面温度仍接近于湿球温度，非常适宜处理热敏性的物料。可以从料液直接得到粉末状产品，省去了蒸发、结晶、过滤、粉碎等多种工序。操作稳定，容易连续、自动化生产，产品质量好。缺点是因体积传热系数低，干燥器的容积大，热效率低，动力消耗大。

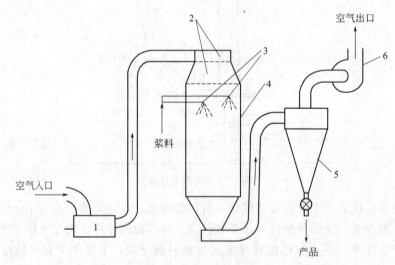

图 6-20　喷雾干燥流程
1—燃烧炉；2—空气分布器；3—压力式喷头；
4—干燥塔；5—旋风分离器；6—风机

五、沸腾床干燥器

沸腾床干燥器又称流化床干燥器，是流化原理在干燥操作中的应用。图 6-21 所示为单层圆筒沸腾床干燥器。散粒物料由床侧加料口加入，热风通过多孔气体分布板由底部进入床层同物料接触,只要热风气速保持在一定的范围,颗粒即能在床层内悬浮,并作上下翻动,气、固间进行传热和传质,使物料得到干燥。干燥后的颗粒由床的另一侧出料管卸出,废气由顶部排出,经气固分离设备后放空。

沸腾床干燥器结构简单,造价低,活动部件少,操作维修方便。与气流干燥相比,沸腾干燥气流阻力较低,物料磨损较轻,气固分离较容易以及传质效率高,并可控制物料在干燥器内的停留时间,以改变产品的含水量。其缺点是操作控制要求较严,由于床层中的颗粒的随机运动,可能引起返混和短路现象,部分物料未经充分干燥就离开干燥器,而另一部分又会因停留时间太长造成过度干燥。物料的干燥程度不够均匀。因此单层沸腾床干燥器仅适用于易干燥、处理量大、对干燥产品要求不太高的场合。

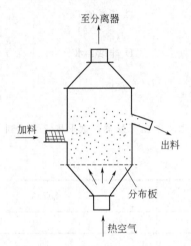

图 6-21 单层圆筒沸腾床干燥器

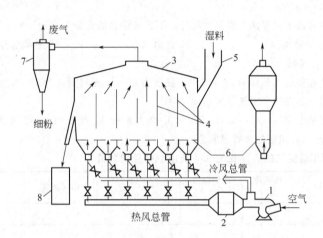

图 6-22 卧式多室沸腾干燥器
1—风机;2—预热器;3—干燥室;4—挡板;
5—料斗;6—多孔板;7—旋风分离器;8—干料桶

对于干燥要求较高或所需干燥时间较长的物料,可采用多层(或多室)沸腾床干燥器。多层沸腾床干燥器结构和板式塔相似,物料由上面第一层加入,热风由底层吹入,在床内进行逆向接触。颗粒由上一层经溢流管流入下一层,颗粒在每一层内可以互相混合,但层与层之间不互混,经干燥后物料由最底层卸出。热风自下而上通过各层由顶部排出。该干燥器结构复杂,流体阻力也较大。

卧式多室沸腾床干燥器如图 6-22 所示。它是在长方形床层中,用垂直挡板分隔为几个室,挡板下端距多孔分布板有一定距离,物料可以逐室流动,从最后一级排出。热空气分别通过各室,温度、流量均可调节。该干燥器操作稳定,气流阻力较小。

能 力 训 练

一、简答题

1. 表示湿空气性质的参数有哪些?如何确定湿空气的状态?
2. 测定湿球温度和绝热饱和温度时,若水的初温不同,对测定的结果是否有影响?为什么?
3. 如何区别结合水分和非结合水分?
4. 当空气的 t、H 一定时,某物料的平衡湿含量为 X^*,若空气的 H 下降,试问该物料的 X^* 有何变化?

二、填空题

1. 干燥这一单元操作,既属于传热过程,又属_____。

2. 在对流干燥器中，最常用的干燥介质是_____，它既是_____又是_____。
3. 在等速干燥阶段，干燥速率_____，物料表面始终保持被润湿，物料表面的温度等于_____。
4. 在恒定干燥条件下，恒速干燥阶段属于_____控制阶段，降速干燥阶段属于_____控制阶段。

三、选择题

1. 作为干燥介质的热空气，一般应是（　　）的空气。
   A. 饱和　　　　　　　B. 不饱和　　　　　　C. 过饱和　　　　　　D. 都可以
2. 预热干燥介质空气，目的是使空气_____，从而提高其干燥能力。
   A. 提高温度、降低湿度　　　　　　　　　　B. 提高温度、降低焓值
   C. 提高温度、降低水汽分压　　　　　　　　D. 提高温度、降低相对湿度
3. 当空气的 $t = t_{湿} = t_{露}$ 时，说明空气的相对湿度 φ（　　）。
   A. $=100\%$　　　　　B. $>100\%$；　　　　C. $<100\%$；　　　　D. 任意值
4. 用对流干燥方法干燥湿物料时，不能被除去的水分为（　　）。
   A. 结合水分　　　　　B. 自由水分　　　　　C. 平衡水分　　　　　D. 非结合水分

四、计算题

1. 已知湿空气总压为 50.65 kPa，温度为 60℃，相对湿度为 40%，试求：
   （1）湿空气中水气分压；（2）湿度。
2. 将某湿空气（$t_0 = 25℃$，$H_0 = 0.0204$ kg 水/kg 绝干气），经预热后送入常压干燥器，试求将它预热到 120℃ 时相应的相对湿度值。
3. 利用湿空气的 I-H 图查出下表中空格项的数值。

序号	干球温度 /℃	湿球温度 /℃	湿度 /(kg/kg 干气)	相对湿度	比焓 /(kJ/kg 干气)	水汽分压 /kPa	露点/℃
1	80	40					
2	40						25
3	20			70			
4			0.025		95		

4. 在一连续干燥器中，每小时处理湿物料 1200kg，经干燥后物料的含水量由 12% 降到 3%（均为湿基含水量）。以热空气为干燥介质，初始湿度 $H_1 = 0.009$ kg/kg 干空气，离开干燥器时 $H_2 = 0.05$ kg/kg 干空气。假设干燥过程中无物料损失，试求：（1）干燥产品量；（2）水分蒸发量；（3）绝干空气消耗量。
5. 在常压干燥器中，将某物料从含水量 5% 干燥到 0.5%（均为湿基）。干燥器生产能力为 1.5 kg 绝干料/s。热空气进入干燥器的温度为 127℃，湿度为 0.007 kg 水/kg 绝干气，出干燥器时温度为 82℃（空气在干燥器内为等焓变化）。试求：空气离开干燥器时的湿度及绝干空气消耗量。

项目七 认识反应器

【知识目标】
◎了解反应器的分类；
◎理解典型反应器的结构、特点及应用。

【能力目标】
◎能够认识典型反应器的内部结构、特点及应用。

>>> 任务一　了解反应器的基础知识

一、反应器在工业生产中的地位

化工生产过程可以概括为三个组成部分：原料的预处理、化学反应和产品的分离。如图7-1所示，原料的预处理和产品的分离都属于物理性操作，例如，提纯原料，除去对反应有害的杂质；加热原料使其达到化学反应要求的温度；采用蒸馏、吸收、萃取、吸附、结晶等方法提纯产品，这些都是物理性操作，即单元操作。而化学反应，则是用一种或几种物料通过反应转化为所需产品的过程，是整个化工生产的核心。由于产品及原材料不同，因而生产每一产品的工艺处理方法不尽相同，有的单元操作较多，有的较少，而有些单元操作则不需要，但化学反应过程在任何化工生产过程中都是必不可少的。为反应提供反应空间和反应条件的装置，即为反应器。所以，反应器是生产过程的核心设备。有人形象地把反应器比做化工生产的心脏。

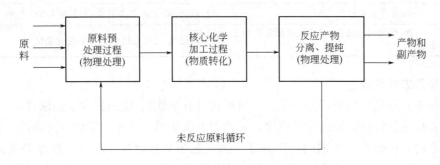

图7-1　典型的化学加工过程

二、反应器的分类

由于化学反应的种类繁多，操作条件差别很大，物料的相态也各不相同，因此，工业反应器的型式也是多种多样的。这样，要对工业反应器进行严格的分类是困难的。下面介绍几种常用的分类方法。

1. 按物料的相态分类

按物料的相态可将反应器分为均相和非均相反应器两大类。均相反应器又可分为气相反应器和液相反应器两种，非均相反应器中有气固、气液、液液、液固、气液固五种类型，见表 7-1。

表 7-1　按物料相态分类的反应器种类

反应器的种类		反应类型举例	适用设备的结构形式	反应特性
均相	气相	燃烧、裂解等	管式	无相界面，反应速率只与温度或浓度有关
	液相	中和、酯化、水解等	釜式	
非均相	气-液相	氧化、氯化、加氢等	釜式、塔式	有相界面，实际反应速率与相界面大小及相间扩散速率有关
	液-液相	磺化、硝化、烷基化等	釜式、塔式	
	气-固相	燃烧、还原、固相催化等	固定床、流化床	
	液-固相	还原、离子交换等	釜式、塔式	
	固-固相	水泥制造等	回转筒式	
	气-液-固相	加氢裂化、加氢脱硫等	固定床、流化床	

2. 按反应器的结构形式分类

按反应器的形状和结构可以把反应器分为釜式（槽式）、管式、塔式、固定床、流化床、移动床等各种反应器。釜式反应器应用十分广泛，通常用它进行液相的均相和非均相反应，有时也用来进行气-液相反应。管式反应器大多用于气相和液相均相反应过程，以及气固、气液非均相反应过程；固定床、流化床、移动床大多用于气固相反应过程。表 7-2 列出一些主要反应器结构型式、适用的相态和生产上的应用举例。

表 7-2　按反应器的结构形式分

结构形式	适用的相态	应用举例
反应釜	液相，气-液相，液-液相，液固相	甲苯的硝化，氯乙烯聚合，釜式法高压聚乙烯等
管式	气相，液相	轻质油裂解，管式法高压聚乙烯等
塔式	气-液相，气-液-固（催化剂）相	变换气的碳化，苯的烷基化，二甲苯的氧化，乙烯基乙炔合成
固定床	气-固（催化或非催化）相	SO_2 氧化，氨合成，乙苯脱氢，半水煤气的产生等
流化床	气-固（催化或非催化）相特别是催化剂易失活的反应	硫铁矿焙烧，萘氧化制苯酐，石油催化裂化

3. 按操作方式分类

按操作方式不同反应器可分为三类：间歇式（分批式）、连续式和半间歇式。

间歇式反应器的操作特点是反应物料一次加入反应器，经过一定反应时间后一次取出反应产物。它的特征是在反应期间，反应器内的工艺参数如温度、压力、浓度等随时间而变化。所以间歇反应是一个不稳定过程。间歇式操作是分批进行生产，每批生产都包括加料、反应、卸料、清洗等操作，因此设备利用率不高，工人劳动强度大，操作不易自动控制。一般均采用搅拌锅式反应器。它的优点是比较灵活，适合于生产小批量，多品种的产品。

连续式操作的特点是反应物不断地加入到反应器内，反应不断地进行，反应产物连续不断取出。反应器内工艺参数，如温度、压力及浓度等不随时间而改变，因此，它是一个稳定过程。连续式操作劳动生产率高，劳动强度小，便于实现自动控制和远距离控制，获得的产品质量也较稳定。一般用于产品品种比较单一而产量较大的场合。所以现代化大生产都采用连续式反应器。

半间歇操作是指一种反应物料分批加入,另一种物料连续加入,经一段反应时间后,取出反应产物。或分批加入反应物料,用蒸馏等方法连续移走部分产品。这种操作可以通过加料快慢来调节反应速率,对需严格控制反应物料的浓度、强放热反应、可逆反应等尤为适合。半连续操作适用于生产规模较小的产品,和间歇操作一样便于改变工艺条件和生产品种,反应器灵活性好。

4. 按传热特征分类

按反应器与外界有无热量交换,可以把反应器分为绝热式反应器和外部换热式反应器。绝热式反应器在反应进行过程中,不向反应区加入或从反应区取出热量,当反应吸热或放热强度较大时,常把绝热式反应器做成多段,在段间进行加热或冷却。此外尚有自热式反应器,利用反应本身的热量来预热原料,以达到反应所需的温度,此类反应器开工时需要外部热源。

按反应器内温度是否相等、恒定,可以把反应器分为恒温式(或等温式)反应器和非恒温式反应器。热交换能力极强(或热效应可以忽略的)的反应器可视为等温反应器。此类反应器多用于实验室中,工业上常见的为非等温非绝热反应器。

5. 按工艺过程的特点分类

在气固反应器中,按固体粒子流动情况可分为三类,颗粒固定不动的为固定床反应器,边反应边整体移动位置的为移动床反应器,固体颗粒像流体一样激烈运动的为流化床反应器,在化工生产中固定床和流化床反应器应用十分广泛。

上述反应器的分类方法,它们不是相互排斥的,而是互相补充的。对一个具体的反应器,可按不同的分类方法而属于不同的种类。例如乙烯在银催化下制环氧乙烷,常用的一种反应器为非均相的、连续式的、管式反应器,因为反应热效应大,与外界换热,所以又是换热式的;反应器中各点温差较大,所以又是非恒温的;催化剂颗粒固定不动,因而又是固定床反应器。

三、对反应器的要求

① 反应器要有足够的反应体积,以保证反应物在反应器中有充分的反应时间,来达到规定的转化率和产品的质量指标。

② 反应器的结构要保证反应物之间、反应物与催化剂之间有着良好的接触。

③ 反应器要有足够的传热面积,保证及时有效地输入或引出热量,使反应能在最适宜的温度下进行。

④ 反应器要有足够的机械强度和耐腐蚀能力,以保证反应过程安全可靠,反应器经济耐用。

⑤ 反应器要尽量做到易操作、易制造、易安装和易维护检修。

▶▶▶ 任务二 认识典型反应器

一、釜式反应器

釜式反应器又称槽型反应器或锅式反应器,是一种低高径比(约为2~3)的圆筒形反应器,主要用于液液相反应或液固反应,它可以在较大的压力和温度范围内使用,操作时温度、浓度容易控制,产品质量均一。适用于各种不同的生产规模,既可用于间歇操作又可用于连续操作,既可单釜操作,也可多釜串联使用;釜式反应器具有投资少、投产容易、操作灵活性大的优点。可以方便地改变反应内容。缺点:若需要较高转化率则需要的容积较大。通常在操作条件比较缓和的情况下,如常压、温度较低且低于物料沸点时,釜式反应器的应用最为普遍。

釜式反应器主要包括釜体、搅拌装置、换热装置、传动装置、工艺接管及密封装置等几个部分,釜式反应器的结构如图 7-2 所示。

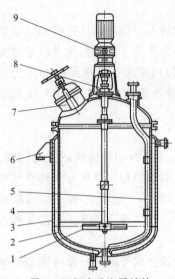

图 7-2 釜式反应器结构

1—搅拌器;2—罐体;3—夹套;4—搅拌轴;5—压出管;6—支座;7—人孔;8—轴封;9—传动装置

1. 釜体结构

釜体是釜式反应器的主体部分,由筒体及上、下封头组成。上、下封头常用的有 3 种基本形状:椭圆形、锥形、平板形。椭圆形封头较其他两种封头更耐压,而大多数化学反应都需要一定的压力,所以椭圆形封头在釜式反应器中应用得最广泛。在上封头上开有各种工艺接管孔、人孔、手孔、视镜及支座等部分。

2. 换热装置

为了保证反应过程所必需的温度,反应经常设有换热装置。工业上釜式反应器所采用的换热装置有夹套式、蛇管式、列管式、外热循环式、回流冷凝式以及直接加热等多种形式,最常用的是夹套及蛇管换热装置。

(1) 夹套换热器 夹套是套在反应器筒体外面能形成密封空间的容器,如图 7-3(a) 所示,夹套上设有加热、冷却介质的进出口。如加热介质是水蒸气,则进口管靠近夹套的上端,冷凝液从底部排出;如传热介质是液体,则进口管在底部,液体从底部进入,从上部流出,使传热介质充满整个夹套的空间。一般夹套高度应比釜内液面高出 50~100mm 左右,

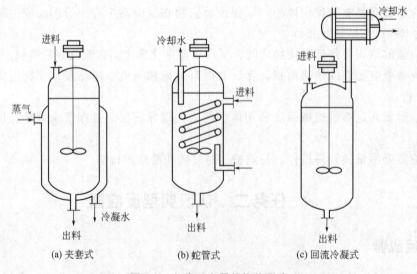

(a) 夹套式　　(b) 蛇管式　　(c) 回流冷凝式

图 7-3 釜式反应器的换热形式

以保证传热。夹套换热器因其结构简单、耐腐蚀，在釜式反应器的换热装置中应用广泛。

（2）蛇管式换热器　当工艺需要的传热面积大，单靠夹套传热不能满足要求时，或者是反应器内壁衬有橡胶、瓷砖等非金属材料时，可采用蛇管、插入套管等传热。蛇管浸没在物料中，热量损失少，且蛇管内传热介质流速高，传热效果好。图 7-3(b) 为蛇管换热器。当反应器的夹套和蛇管传热面积仍不能满足工艺要求，或无法在反应器内安装蛇管而夹套的传热面积又不能满足工艺要求时，可以通过泵将反应器内的料液抽出，经过外部换热器换热后再循环回反应器内。

此外，若反应在沸腾下或蒸发量大的场合进行，可使反应器内产生的蒸气通过外部的冷凝器加以冷凝，冷凝液返回反应釜中，这叫回流冷凝式，如图 7-3(c) 所示。

3. 搅拌装置

搅拌器的作用是保证反应物料均匀混合以及强化传热、传质过程，在进行多相反应时，可以保证相间接触良好。搅拌装置分机械搅拌和气流搅拌两种。对于液-固、液-液以及液相反应一般都采用机械搅拌器。在釜式反应器中进行气-液反应时，通常不用机械搅拌，而利用参与反应的气体或其他惰性气体进行搅拌。

常用搅拌器有桨式、框式、锚式、旋桨式、涡轮式和螺带式等。对于高黏度液体，可选用大直径、低转速的桨式、框式和锚式搅拌器。对于低黏度液体，可选用小直径、高转速搅拌器，如推进式、涡轮式。

二、管式反应器

管式反应器是一种呈管状、长径比很大（一般大于 50～100）的连续操作反应器。物料由反应器的一端流入，从另一端流出，在反应器内按一定的方向流动，物料在轴向的返混很小，因此，管式流动反应器最接近理想的活塞流反应器（也叫做平推流反应器，以 PFR 表示）。管式反应器多数用于连续气相反应场合，亦能用于液相反应。它的管径一般不太大，加之径向的充分混合，所以其物料的加热或冷却较为方便，温度易于控制，特别是便于要求分段控制温度的场合。

1. 管式反应器的结构和类型

管式反应器是由一根或多根管子串联或并联构成的反应器。最简单的是单根直管，如图 7-4(a) 所示；也可弯成各种形状的蛇管，如图 7-4(b) 所示；还可以是多根直管并联如图 7-4(c) 所示。

管式反应器可以是空管，如管式裂解炉，这类反应器的反应管道内除了反应流体外，没有其他填充物。通常，狭义的管式流动反应器，就是指这一类反应器。管式流动反应器还广泛地用于催化反应。在这种反应器内装填固体催化剂颗粒，故亦可归类于固定床催化反应器。如列管式固定床反应器。

管式流动反应器有时是绝热操作，有时也可通过管壁进行热交换。在绝热条件下操作，如果反应是放热的，沿着物料流动方向温度将会升高；如果反应是吸热的，则温度将沿流动方向降低。即使是放热反应，反应物在进入反应区之前，也往往需要预热，不然反应将太缓慢。但是，一旦反应开始，就需要通过管壁移去热量，否则温度上升过高，会引起一些并不希望的副反应。为了有效地移去（或提供）反应热，圆筒状管式反应器的直径应该取得小些，以缩短热量向器壁传递的距离。

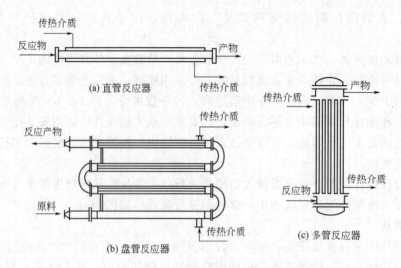

图 7-4　列管式反应器的类型

2. 管式反应器的特点

① 管式反应器容积小、比表面大、单位容积的传热面积大，特别适用于热效应较大的反应。

② 反应物在管式反应器中反应速度快、流速快，生产能力高，适用于大型化和连续化的化工生产。

③ 管式反应器的结构简单，可耐高温、高压，用于加压反应尤为合适。

④ 和釜式反应器相比较，其返混较小，在管内停留时间短，便于分段控制温度和浓度。

⑤ 在反应器内任意一截面上反应物浓度和反应速度不随时间变化，仅沿管长变化。

⑥ 但对于慢速反应，有需要管子长、压降大的缺点。

三、固定床反应器

固定床反应器又称填充床反应器，装填有固体催化剂或固体反应物用以实现多相反应过程。固体物通常呈颗粒状，粒径 2～15mm 左右，堆积成一定高度（或厚度）的床层。床层静止不动，流体通过床层进行反应。它与流化床反应器及移动床反应器的区别在于固体颗粒处于静止状态。固定床反应器主要用于实现气固相催化反应，如氨合成塔、二氧化硫接触氧化器、烃类蒸气转化炉等。在液固相催化反应以及气固或液固非催化反应过程中，固定床反应器也有应用。如向红热的焦炭中通入水蒸气以产生水煤气，这时固体颗粒本身参与反应属固相加工过程。又如蓄热式裂解炉，固体物质不参与反应仅起蓄热和供热作用，是使气相物料转为气相产物的气相加工过程。另外，涓流床反应器也可归属于固定床反应器，气、液相并流向下通过床层，呈气液固相接触。

1. 固定床反应器的分类

固定床反应器有三种基本形式。

（1）轴向绝热式固定床反应器　轴向绝热式固定床反应器如图 7-5 所示。这种反应器结构最简单，它实际上就是一个圆筒形的容器，下部设置一多孔筛板。催化剂均匀堆置其上形成床层。预热到一定温度的反应物料自上而下通过床层进行反应，在反应过程中反应物和外界无热量交换（少量散热常可忽略）。

(2) 径向绝热式固定床反应器　径向绝热式固定床反应器如图 7-6 所示。径向反应器的结构较轴向反应器复杂，催化剂装载于两个同心圆筒构成的环隙中，流体沿径向通过催化剂床层，可采用离心流动或向心流动，中心管和床层外环隙中流体的流向可以相同，也可以相反。床层同外界无热交换。径向反应器与轴向反应器相比，流体流动的距离较短，流道截面积较大，流体的压力降较小。以上两种反应器通称为绝热式固定床反应器。适用于反应热效应不大，或反应系统能承受绝热条件下由反应热效应引起的温度变化的场合。

(3) 列管式固定床反应器　列管式固定床反应器如图 7-7 所示。这种反应器由多根管径通常为 25～50mm 的反应管并联构成，有时管数可多达数万根。管内（或管间）装催化剂，载热体流经管间（或管内），在化学反应的同时进行换热。但传热效果较差，在反应管的各个不同高度，催化剂层的温度是不均匀的。因此，不能充分发挥全部催化剂的作用，降低了反应器的生产能力。

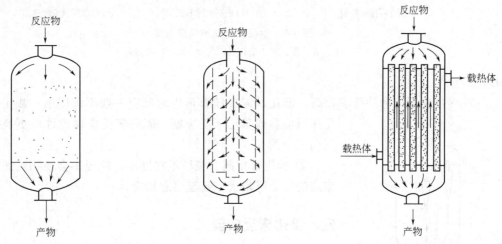

图 7-5　轴向绝热式固定床反应器　　图 7-6　径向绝热式固定床反应器　　图 7-7　列管式固定床反应器

此外，尚有由上述基本形式串联组合而成的反应器，称为多级固定床反应器，如图 7-8 所示，图中 (a) 为间接换热式，把催化剂层分为若干段，在段间进行热交换，使反应物流在进入下一段床层前升高或降低到合适的温度。也可采用掺入冷（或热）反应物或某种载热体的方式，通常称为冷激，如图 (b)、(c) 所示，冷激式反应器结构简单，但当冷激物料为反应物时，会降低反应的推动力。

2. 固定床反应器的特点

(1) 固定床反应器的优点

① 除了特别薄的浅层固定床外，反应物流的流动近似于活塞流，返混小，反应推动力大，有利于提高转化率，当反应伴有串联副反应时可得较高选择性。

② 对化学反应的适应性强，反应物流与催化剂接触时间的可调范围广，从慢反应到快反应都可适用。

③ 结构简单，对催化剂强度的要求相对较低，催化剂机械损耗小。

(2) 固定床反应器的缺点

① 传热性能差，难以迅速移除（或补充）反应热，催化剂床层内温度均匀性差。对于强放热反应，即使是列管式反应器也可能出现"飞温"（反应温度失去控制，急剧上升，超过允许范围）危险。通常，只适用于热效应不太大的化学反应，不适合于需要高传热速率的

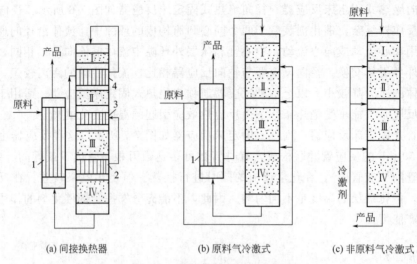

(a) 间接换热器　　　　(b) 原料气冷激式　　　(c) 非原料气冷激式

图 7-8　多段固定床绝热反应器

Ⅰ、Ⅱ、Ⅲ、Ⅳ—催化剂；1、2、3、4—换热器

化学反应。

② 对催化剂寿命的要求较高，催化剂需要频繁再生的反应一般不宜使用，常代之以流化床反应器或移动床反应器。固定床反应器容许的更换催化剂周期至少为 0.5～1 年。

③ 所用催化剂的粒径不宜过小，粒径小会使物料通过固定床层的压力降增大，甚至引起堵塞。

四、流化床反应器

流体（液体或气体）自下而上通过固体颗粒床层，到流体速度增加到一定程度时，颗粒被流体托起作悬浮运动，这种现象叫固体流态化。利用流态化技术进行化学反应的装置叫流化床反应器。流化床反应器可进行气-固相或液-固相及气-液-固三相操作。在气-固流化床中，流化气体常以气泡形式通过床层，犹如水的沸腾，所以流化床亦常称为沸腾床。气-固流化床反应器在工业上应用得最为广泛和成熟。我们讨论的也是气-固流化床反应器。

1. 流化床反应器的基本结构

气固流化床的结构型式很多，常用的型式一般都是由壳体、气体分布板、内部构件（如挡板、挡网等）、内换热器、气固分离装置、固体颗粒加入和卸出装置所组成，如图 7-9 所示。图为一圆筒形壳体的流化床装置，气体从底部进口管进入，进入气体分布板后，产生气泡继续上升，由于内部构件的存在，破碎了已形成的气泡，使气、固两相得到更好的接触，对于有化学反应的过程，常需设置内换热器以吸收反应的生成热（或供给反应所需热量）。在流化床层的上部，是具有一定高度的空

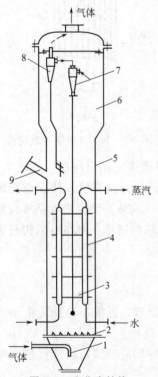

图 7-9　流化床结构

1—气体进口管；2—分布板和风帽；3—挡板；4—内换热器；5—壳体；6—扩大段；7—第一级旋风分离器；8—第二级旋风分离器；9—催化剂加入管

间，气泡在床面破裂而溅出的颗粒就在这一段空间中，在这一段空间中常装设两级旋风分离器，被气流带走的小颗粒或粉尘在旋风分离器中进行气固分离，分离出的固体经旋风分离器下部的料腿返回床层中去。由于这一段空间也会有一部分颗粒，只是与流化床层相比，颗粒浓度很小，故称为稀相段，下面的流化床段称为密相段。

2. 流化床反应器的类型

流化床反应器的结构型式很多，一般可分为以下几种类型。

（1）按床层中是否设置内部构件分类　按床层中是否设置内部构件，可分为自由床和限制床。如图 7-10 所示，床中不设置内部构件以限制气体和固体流动的称自由床，反之则为限制床。限制床多采用挡板、挡网等作为内部构件。内部构件可增进气固接触效率，减少气体返混，改善气体的停留时间分布。自由床一般适用于反应器热效应不大、副反应不太严重的反应过程，换热只需由外壁进行的情况。对于反应热效应高且具有串联副反应的过程，则宜采用限制床。

（2）按固体颗粒是否在系统内循环分类　按固体颗粒是否在系统内循环，可分为单器流化床和双器流化床。单器流化床多用于催化剂使用寿命较长的气固相催化反应过程；双器流化床多用于催化剂使用寿命较短容易失活的气固相催化反应过程，如图 7-11 所示的催化裂化反应器。催化裂化采用硅铝催化剂，重质油在催化剂上裂解获得轻质油和气态烃，同时发生结焦反应，使催化剂丧失活性，为使催化裂化过程能连续进行，就必须设法将沉积在催化剂表面上的焦炭烧去，烧焦过程在再生器中进行。

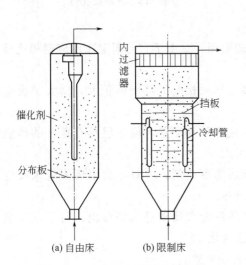

图 7-10　自由床和限制床反应器

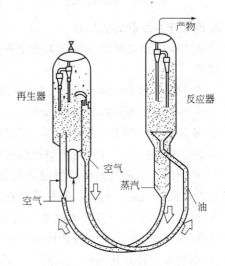

图 7-11　双器流化床反应器

（3）按床层外形分类　按床层类型，可分为圆筒形和圆锥形流化床。圆筒形流化床如图 7-10 所示，结构简单，制造容易，设备容积利用率高，目前工业上应用广泛。圆锥形流化床如图 7-12 所示，其结构比较复杂，制作比较困难，但由于它的截面自下而上逐渐扩大，可应用于气体体积增加的反应过程，由于锥形床制作困难，工业上应用较少。

（4）按反应器层数分类　按反应器层数，可分为单层流化床和多层流化床。单层流化床中催化剂单层放置，床层温度、粒度分布和气体浓度都趋于均一。化工装置多数是单层床，当过程对温度和浓度的分布有特定的要求或对热能的回收有较高的要求时，就需要采用多层流化床。图 7-13 为一多层流化床反应器，反应器分为五层，上部三层为预热段，顶层石灰石温度为500℃,第二层为730℃,第三层为850℃。第四层为燃烧室,其中温度高达1015℃。热量靠喷入的燃料油燃烧后产生。底层是空气预热段,也是生石灰冷却段,温度约为360℃。

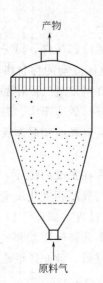

图7-12 锥形流化床

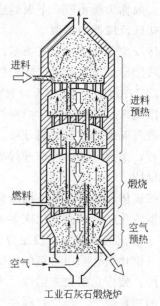

图7-13 多层流化床

3. 流化床反应器的优缺点

流化床反应器之所以在化学工业中得到广泛的应用,是由于它与固定床反应器相比具有以下优点。

① 流化床所使用的固体颗粒比固定床小得多,气固相间的接触面积大,增大了反应速度,又提高了催化剂的内表面利用率。

② 流体和固体颗粒的剧烈运动,强烈冲刷换热管件和器壁,使床层具有良好的传热性能,所需传热面积小,可以迅速地把热量导出或引入。

③ 由于流体与颗粒间的剧烈搅动混合,使床层温度均匀。一般不会出现固定床反应器中经常遇到的"飞温"现象。避免了物料的局部过热。

④ 流化床层呈现着拟流体流动的特性,固体颗粒能方便地进入和移出。对于催化剂易于失活的反应,可使反应过程和催化剂再生过程连续化。

⑤ 流化床设备结构简单,投资省,适合于大规模生产。

流化床由于气流和固体颗粒间的剧烈搅动也产生一些缺点。

① 固体颗粒与流体的返混严重,再加上气体常呈大气泡状态,使气固接触变差,导致转化率下降。

② 催化剂颗粒磨损大,增加了催化剂的损耗;由于气速较大,带出了大量的较细颗粒,需增设除尘和回收装置。增加了投资及操作费用。

③ 由于催化剂颗粒与器壁的剧烈碰撞,易于造成设备及管道的磨蚀,增大了设备损耗。

一般流化床反应器适用于热效应大的反应;要求有均一的催化反应温度并需要精确控制温度的反应;催化剂使用寿命短及有爆炸危险的场合。不适用于要求转化率高的场合和要求催化剂床层有温度分布场合。

能 力 训 练

简答题
1. 说明化学反应器的分类方法有哪些？
2. 反应器的操作方式有哪些？
3. 简述什么是流态化？流化床反应器的优缺点？
4. 釜式反应器的换热形式有哪些？各有什么特点？
5. 固定床反应器的基本形式有哪些？"飞温"现象是什么？

项目八 合成氨生产工艺

【知识目标】
◎了解氨的性质、用途，原料气制备的主要设备；
◎理解制气、净化和氨合成的基本原理；
◎掌握不同原料的制气方法、特点和条件，原料气净化方法、特点和要求合成塔的结构特点。

【能力目标】
◎分析、判断和选择合成氨制气、净化、合成的工艺条件。

>>> 任务一 了解合成氨工艺

一、合成氨工业在国民经济中的意义

合成氨（NH_3）工业是氮肥工业的基础，主要用于农业。以氨为主要原料可以制造各种氮素肥料，如尿素、硝酸铵、碳酸氢铵、硫酸铵、氯化铵等。还可以将氨加工制成各种含氮复合肥料。此外，液氨本身就是一种高效氮素肥料，可以直接施用。合成氨工业在国民经济中占有十分重要的地位，氨及氨加工工业已成为现代化学工业的一个重要部门。

二、合成氨生产的基本过程

合成氨指由氮和氢在高温高压和催化剂存在下直接合成的氨，生产过程包括三个主要步骤即：原料气的制备、原料气的净化、原料气的压缩和氨的合成。

第一步是原料气的制备。将煤和天然气等原料制成含氢和氮的粗原料气。对于固体原料，通常采用气化的方法制取合成气；渣油可采用部分氧化的方法获得合成气；对气态烃类和石脑油，工业中利用二段蒸汽转化法制取合成气。

氮气来源于空气。将空气中的氧与可燃性物质反应而除去，剩下的氮与氢混合，获得氢氮混合气；或者在低温下将空气液化，再利用氮与氧沸点的不同进行分离，得到纯的氮气。

氢气来源于水和含有烃类化合物的各种燃料。目前工业上普遍用焦炭、煤、天然气、轻油、重油等原料，在高温下与水蒸气反应的方法制氢。

第二步是原料气的净化。一般方法制取的氢氮原料气中部含有硫化物、一氧化碳、二氧化碳等杂质。这些杂质不但能腐蚀设备，而且能使氨合成催化剂中毒。因此，把氢氮原料气送入合成塔之前，必须进行净化处理，除去各种杂质，获得纯净的氢氮混合气。

原料气的净化一般包括：脱除硫化物，一氧化碳的变换，脱除二氧化碳，清除残余的一

氧化碳和二氧化碳。

第三步是原料气的压缩和氨的合成。将纯净的氢氮混合气压缩到高压，并在高温和有催化剂存在的条件下合成为氨。

>>> 任务二　学习原料气的制备

一、固体燃料气化法

固体燃料气化是用气化剂对固体燃料进行热加工，生成可燃性气体的过程，简称造气。固体燃料为各种煤和焦炭；气化剂有空气、富氧空气、氧和水蒸气等。气化后得到的可燃性气体称为煤气。进行气化的设备称为煤气发生炉。

目前，工业上以固体燃料为原料，制取合成氨原料气的方法，主要有以下几种：固定床间歇气化法、固定床连续气化法、沸腾床气化法、气流床连续气化法。

以下仅介绍固定床间歇气化法与气流床连续气化法。

1. 固定床间歇气化法

用水蒸气和空气为气化剂，交替通过固定燃料层，使燃料气化，得到半水煤气。具体的生产过程是将固体燃料由煤气炉顶部加入，从炉底通入空气，这一过程称为吹风阶段。生成的气体（称为吹风气）大部分放空、小部分回收。然后向燃料层通入蒸汽与碳反应，生成的水煤气与回收的吹风气混合得到半水煤气，通入蒸汽的过程称为制气阶段。

如果吹风阶段将吹风气全部放空，在制气阶段向蒸汽中加入适量空气，也可制得半水煤气。间歇式制半水煤气的工作循环如图8-1所示。

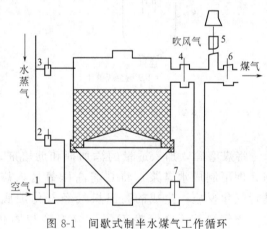

图8-1　间歇式制半水煤气工作循环
1～7—阀门

为了提高煤气的产量和质量，制气过程不能单以吹风和制气循环进行。采用吹风阶段送入空气，制气阶段送入蒸汽和适量空气的生产流程时，每个工作循环一般包括以下五个阶段。

① 吹风阶段。空气从炉底吹入，自下而上以提高煤层温度，然后将吹风气经回收热量后放空。

② 蒸汽一次上吹。水蒸气自下而上送入煤层进行气化反应，此时煤层下部温度下降，而上部温度升高，被煤气带走的显热增加。

③ 蒸汽下吹。水蒸气自上而下吹入煤层继续进行气化反应，使煤层温度趋于均匀。制得煤气从炉底引出系统。

④ 蒸汽二次上吹。蒸汽下吹制气后煤层温度已显著下降，且炉内尚有煤气，如立即吹入空气势必引起爆炸。为此，先以蒸汽进行二次上吹，将炉子底部煤气排净，为下一步吹风创造条件。

⑤ 空气吹净。目的是回收存在炉子上部及管道中残余的煤气，此部分吹风气应加以回

收,作为半水煤气中 N_2 的来源。

以常压固定床间歇式气化煤气制取工艺对煤种要求苛刻,仅适用优质无烟煤和冶金焦,而且产气量低、总能耗高。

2. 气流床连续气化法

德士古造气技术,是气流床连续气化法的一种。如图 8-2 和图 8-3 所示为直立圆筒形结构,分为上中下三部分,上部为反应室,中部为激冷室或废热锅炉,下部为灰渣锁斗。

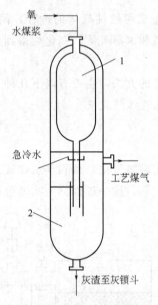

图 8-2 急冷德士古气化炉
1—气化炉;2—急冷室

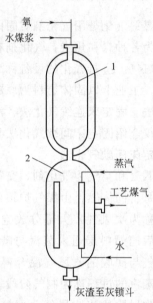

图 8-3 废热锅炉德士古气化炉
1—气化炉;2—废热锅炉

将煤磨碎,加入适量的添加剂和助熔剂,而后将煤水混合物充分湿磨后,送至振动筛,即可制成水煤浆;将其与高压氧送入烧嘴,充分混合,喷入气化炉中。在高温下进行气化反应,生成的高温煤气经气化炉底部的激冷室激冷或废热锅炉冷却回收热量后,煤气送往 CO 变换工序。熔渣冷却固化进入破渣机破碎后进入锁斗,定期排入渣池。

德士古煤气化法原料煤种广泛,可利用劣质煤,且炉内耐火材料可以连续使用两年。该法气化强度高,可直接获得低含量烃的原料气,无需加入蒸汽,不足之处是由于入炉水分大,氧耗较高。

二、烃类蒸气转化法

烃类蒸气转化法是以天然气和石脑油为原料生产合成氨最经济的方法。具有不用氧气、投资省和能耗低的优点。流程包括一、二段转化炉,原料气预热,余热回收与利用。

在一段转化炉,大部分烃类与蒸汽在催化剂作用下转化成 H_2、CO、CO_2,接着一段转化气进入二段转化炉,在此加入空气,一部分 H_2 燃烧放出热量,床层温度升至 1200℃ 左右,继续进行甲烷的转化反应;二段转化炉出口温度约 1000℃ 左右,二段转化目的是降低转化气中残余甲烷含量。

1. 一段转化反应

$$CH_4 + H_2O(g) \longrightarrow CO + 3H_2$$

$$CO + H_2O(g) \longrightarrow CO_2 + H_2$$

在某种条件下可能发生如下反应：

$$CH_4 \longrightarrow C + 2H_2$$

该反应既消耗原料，同时析出的炭黑沉积在催化剂表面，会使催化剂失去活性和破裂，故应尽量避免。工业上一般通过提高水蒸气含量和选择高性能的催化剂来避免析炭。

2. 二段转化反应

催化剂床层顶部空间燃烧反应：

$$2H_2 + O_2 \longrightarrow 2H_2O(g)$$

$$CO + O_2 \longrightarrow 2CO_2$$

催化剂床层中进行甲烷转化和变换反应：

$$CH_4 + H_2O(g) \longrightarrow CO + 3H_2$$

$$CO + H_2O(g) \longrightarrow CO_2 + H_2$$

烃类蒸气转化反应是吸热的可逆反应，即使高温，其反应速度仍然很低，需用催化剂来加快反应的进行。由于存在析炭问题，这样就要求催化剂除具有高活性、高强度外，还要具有较好的热稳定性和抗析炭能力。

三、重油部分氧化法

重油是350℃以上馏程的石油炼制产品，以烷烃、环烷烃和芳香烃为主。根据炼制方法不同，分为常压重油、减压重油、裂化重油。

重油部分氧化是指重质烃类和氧气进行部分燃烧，使部分烃类化合物发生热裂解及裂解产物的转化反应，最终获得以 H_2 和 CO 为主要组分，并含有少量 CO_2 和 CH_4 的合成气。

1. 重油部分氧化化学反应

如果氧量充足，则会发生完全燃烧反应。如果氧量低于完全氧化理论量，则发生部分氧化，放热量少于完全燃烧。当油与氧混合不均匀时，或油滴过大时，处于高温的油会发生烃类热裂解，反应较复杂，这些副反应最终会导致结焦。所以，渣油部分氧化过程中总是有炭黑生成。

为了降低炭黑和甲烷的生成，以提高原料油的利用率和合成气产率，一般要向反应系统添加水蒸气，因此在渣油部分氧化的同时，还有烃类的水蒸气转化以及焦炭的气化，生成更多的 CO 和 H_2。氧化反应放出的热量正好提供给吸热的转化和气化反应。渣油中含有的硫、氮等有机化合物反应后生成 H_2S、NH_3、HCN、COS 等少量副产物。最终生成的水煤气中四种主组分 CO、H_2O、H_2、CO_2 之间存在的平衡关系要由变换反应平衡来决定。

2. 工艺流程

重油部分氧化法制取合成气的工艺流程由四个部分组成：原料重油和气化剂（氧和蒸汽）的预热；重油的气化；出口高温合成气的热能回收；炭黑清除与回收。主要按照热能回收方式的不同，分为德士古公司开发的激冷工艺与谢尔公司开发的废热锅炉工艺。这两种工艺的基本流程相同，只是在操作压力和热能回收方式上有所不同。

图8-4为典型的德士古重油部分氧化急冷工艺流程。原料重油及由空气分离装置来的氧

气与水蒸气经预热后进入气化炉燃烧室,油通过喷嘴雾化后,在燃烧室发生剧烈反应,产物气经水洗塔得到合成气。

激冷流程具有以下特点:工艺流程简单,无废热锅炉,设备紧凑,操作方便,热能利用完全,可比废热锅炉流程在更高的压力下气化。不足之处是高温热能未能产生高压蒸汽。此流程若采用高变催化剂,则要求原料油含硫量低,否则需用耐硫变换催化剂。

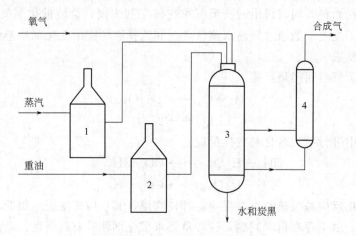

图 8-4 德士古急冷工艺流程
1—蒸汽预热器;2—重油预热器;3—气化炉;4—水洗塔

图 8-5 为典型的谢尔重油部分氧化废热锅炉工艺流程。原料重油经高压油泵提压后,与预热后的氧气和高压过热蒸汽混合,进入喷嘴,进入气化炉进行气化反应,生成合成气。

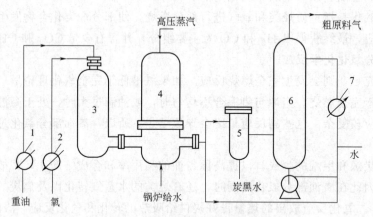

图 8-5 谢尔废热锅炉工艺流程
1—重油预热器;2—氧预热器;3—气化炉;4—废热锅炉;
5—炭黑捕集器;6—冷凝洗涤塔;7—水冷却器

从气化炉出来的高温气体进入火管式废热锅炉回收热量后,温度下降。通过炭黑捕集器、洗涤塔将大部分炭黑洗涤和回收,离开气化工序去脱硫装置。

废热锅炉流程具有以下特点:利用高温热能产出高压蒸汽,使用比较方便灵活;对原料重油含硫量无限制,下游工序可采取先脱硫、后变换的流程。不足之处是废热锅炉结构复杂,材料及制作要求高。

任务三 学习原料气的净化

一、原料气的脱硫

合成氨原料气中，一般总含有一定数量的无机硫化物（主要是 H_2S），其次是有机硫化物如 CS_2、COS、RSH、RSR 和 C_4H_4S 等。

硫化氢对合成氨生产有着严重的危害，它不但能与铁反应生成硫化亚铁，并放出氢气腐蚀管道与设备，而且进入变换和合成系统，使铁催化剂中毒；进入铜洗系统，会使铜液中的低价铜生成硫化亚铜沉淀，使操作恶化，铜耗增加。因此，半水煤气中的无机硫化物和有机硫化物必须在进入变换与合成系统之前除去。脱除硫化物的过程简称脱硫。脱硫的方法很多，根据所用脱硫剂的物理状态不同，可将脱硫方法分为干法和湿法两大类。

1. 干法脱硫

所谓干法脱硫系采用固体吸收剂或吸附剂来脱除硫化氢或有机硫的方法。常见的干法脱硫有以下几种。

（1）活性炭法 活性炭问世于第一次世界大战，20 世纪 70 年代采用过热蒸汽再生活性炭技术获得成功，使此法脱硫更趋完善。至今我国许多小氮肥厂仍在使用活性炭脱硫。活性炭法主要脱除 H_2S、RSH、CS_2、COS 等。

（2）氧化铁法 氧化铁法至今仍用于焦炉气脱硫。作为脱硫剂的氢氧化铁只有其 α-水合物和 γ-水合物才具有活性。脱硫剂是以铁屑或沼铁矿、锯木屑、熟石灰拌水调制，并经干燥而制成。使用时必须加水润湿，水量以 30%～50% 为宜。氧化铁法主要脱除 H_2S、RSH、COS 等。

（3）氧化锌法 氧化锌脱硫剂被公认为干法脱硫中最好的一种，以其脱硫精度高、硫容量大、使用性能稳定可靠等优点，被广泛用于合成氨、制氢等原料气中的硫化氢和多种有机硫的脱除。它可将原料气中的硫化物脱除到 0.5～0.05cm^3/m^3 数量级，可以保证下游工序所用含有镍、铜、铁以及贵金属催化剂免于硫中毒。氧化锌脱硫剂一般用过后不再生，将其废弃，只回收锌。

（4）钴钼加氢脱硫法 钴钼加氢法是能将原料气中有机硫全部加氢转化为无机硫的处理方法，其基本原理是在 300～400℃ 温度下，采用钴钼加氢脱硫催化剂，使有机硫与 H_2 反应生成容易脱除的 H_2S 和烃。然后再用 ZnO 吸收 H_2S，脱硫后即可达到硫化物在 0.5cm^3/m^3 以下的目的。以天然气、油田气为原料的工厂，其烃类转化所用的催化剂对硫十分敏感，要求硫化物脱除到 0.5cm^3/m^3 以下。因此，在烃类转化以前，首先应将烃类原料气中的硫化物脱除。

干法脱硫的方法很多，各有其特点，干法脱硫净化度高，不仅能脱除 H_2S，还能脱除各种有机硫化物。干法脱硫脱硫剂难于或不能再生，且系间歇操作，设备庞大，因此不适于用作对大量硫化物的脱除。

2. 湿法脱硫

采用溶液吸收硫化物的脱硫方法通称为湿法脱硫，适用于含大量硫化氢气体的脱除。湿法脱硫液可以再生循环使用并回收富有价值的硫黄。

湿法脱硫方法众多，可分为化学吸收法、物理吸收法和物理-化学吸收法三类。按再生方式又可分为循环法和氧化法。循环法是将吸收硫化氢后的富液在加热降压或汽提条件下解吸硫化氢，溶液循环使用。氧化法是将吸收硫化氢后的富液用空气进行氧化，同时将液相中的 HS^- 氧化成单质硫，分离后溶液循环使用。

上述过程是在催化剂的作用下进行的。工业上使用的催化剂有对苯二酚、蒽醌二磺酸钠（简称 ADA）、萘醌、栲胶和螯合铁等。

目前应用较广的改良 ADA 法就属于氧化法脱硫。改良 ADA 法脱硫范围较宽，精度较高。但其成分复杂，溶液费用较高。

二、一氧化碳变换

各种方法制取的原料气都含有 CO，其体积分数一般为 12%～40%，且对氨合成催化剂有毒害作用，因此原料气送往合成工序之前必须将一氧化碳彻底清除。生产中一般分两次除去。先利用一氧化碳与水蒸气作用生成氢和二氧化碳的变换反应除去大部分一氧化碳，再采用铜氨液洗涤法、液氮洗涤法或甲烷化法脱除变换气中残余的微量一氧化碳。

反应后的气体称为变换气。CO 变换的程度用变换率来表示，工业上 CO 变换率可以通过测定变换炉进出口气体中的 CO 含量，就可确定反应的变换率。通过变换反应既能把一氧化碳转变为易除去的二氧化碳，同时又可制得等体积的氢。因此一氧化碳变换既是原料气的净化过程，又是原料气制备的继续。

在工业生产中，一氧化碳的变换反应在催化剂存在下进行。高温变换以三氧化二铁为主体催化剂，温度 350～550℃，变换后仍含有 2%～4% 的一氧化碳。低温变换用活性高的氧化铜催化剂，温度 180～260℃，残余一氧化碳可降至 0.2%～0.4%。

三、二氧化碳的脱除

变换后的气体含有大量的二氧化碳，还有少量一氧化碳等其他有害气体，会使氨合成催化剂中毒；二氧化碳还是一种重要的化工原料。在合成氨生产中，原料气中二氧化碳的脱除往往兼有净化气体和回收二氧化碳两个目的。

脱除气体中二氧化碳的过程称为"脱碳"。工业上常用的是吸收法。根据所用吸收剂的性质不同，可分为物理吸收和化学吸收两类。

物理吸收法是利用二氧化碳能溶解于水或有机溶剂这一性质来完成的。采用的方法有水洗法、低温甲醇洗涤法、碳酸丙烯酯法和聚乙二醇二甲醚法等。吸收剂的最大吸收能力由二氧化碳在该溶剂中的溶解度来决定。吸收二氧化碳后的溶液再生较为简单，一般单靠减压解吸即可。物理吸收的特点是热耗低、CO_2 回收率不高。仅适合于 CO_2 有富余的合成氨厂。

化学吸收法是用氨水、碳酸钾、有机胺等碱性溶液为吸收剂，基于二氧化碳是酸性气体，能与溶液中的碱性物质进行化学反应而将其吸收。化学吸收法的特点是选择性好，净化度高，CO_2 的纯度和回收率高，常用的化学吸收法可将 CO_2 降至 0.2% 以下。

改良热钾碱法，也称本菲尔法，是一种被广泛采用的化学吸收法。该法采用热碳酸钾吸收二氧化碳，由于提高温度可提高吸收速率，热碳酸钾法因此而得名。碳酸钾溶液吸收二氧化碳后，应进行再生以使溶液循环使用。

加压利于二氧化碳的吸收,故吸收在加压下操作;减压加热利于二氧化碳的解吸,再生过程是在减压和加热的条件下完成的。

为提高吸收能力,降低再生热耗,吸收溶液中,除碳酸钾外,还加入活化剂空间位阻胺AMP、二乙醇胺DEA或ACT-1。为减少对设备的腐蚀,加入了缓蚀剂五氧化二钒或偏钒酸钾,为防止再生塔起泡,加入了消泡剂聚醚型、聚硅氧烷型和高级醇类等。

四、原料气的精制

经CO变换和CO_2脱除后原料气中尚含有少量残余的CO和CO_2。为了防止对氨合成催化剂的毒害,原料气在合成以前,还有一个最终净化步骤。

由于CO不是酸性,也不是碱性的气体,在各种无机、有机溶液中的溶解度又很小,所以要脱除少量CO并不容易。最初采用铜氨液吸收法,以后又研究成功了深冷分离法和甲烷化法等。

1. 铜氨液吸收法

铜氨液吸收法是在高压和低温下用铜盐的氨溶液吸收CO的方法,可使CO含量降至$10cm^3/m^3$以下。此法是先吸收CO并生成新的络合物,然后将已吸收CO的溶液在减压和加热条件下再生。通常把铜氨液吸收CO的操作称"铜洗",铜盐氨溶液称为"铜氨液"或简称"铜液",净化后的气体称为"铜洗气"或"精炼气"。

铜氨液吸收法大多采用醋酸铜氨液,主要成分是醋酸二氨合铜(低价铜)、醋酸四氨合铜(高价铜)、醋酸铵和游离氨。能吸收CO的是低价铜,高价铜起着稳定低价铜的作用,该溶液除能吸收一氧化碳外,还可以吸收二氧化碳、硫化氢和氧,所以铜洗是脱除少量CO和CO_2的有效方法之一,而且在铜洗流程中也可以起到脱除硫化氢的最后把关作用。

(1) 吸收反应

吸收CO的反应: $Cu(NH_3)_2Ac + CO + NH_3 \longrightarrow [Cu(NH_3)_3CO]Ac$

吸收CO_2的反应: $2NH_3 + CO_2 + H_2O \longrightarrow (NH_4)_2CO_3$

生成碳酸铵继续吸收CO_2: $(NH_4)_2CO_3 + CO_2 + H_2O \longrightarrow 2NH_4HCO_3$

吸收H_2S的反应: $2NH_4OH + H_2S \longrightarrow (NH_4)_2S + 2H_2O$

$2Cu(NH_3)_2Ac + 2H_2S \longrightarrow Cu_2S\downarrow + 2NH_4Ac + (NH_4)_2S$

因此,在铜液除去CO的同时,也有脱除H_2S的作用。但当原料气中H_2S含量过高,由于生成Cu_2S沉淀,易于堵塞管道、设备,还会增大铜液黏度和使铜液起泡。这样既增加铜液消耗,又会造成带液事故。因此,要求进铜洗系统的H_2S含量愈低愈好。

(2) 铜氨液的再生 铜液的再生包括两方面:一是把吸收的CO、CO_2完全解吸出来;二是将被氧化的高价铜进行还原为低价铜,同时调整总铜以恢复铜比,使铜液循环使用。

铜液从铜洗塔出来后,经减压并加热至沸腾,使被吸收的CO、CO_2解吸出来。此外,进行高价铜还原为能吸收CO的低价铜反应,即高价铜被溶解态的CO还原为低价铜过程,溶解态的CO易被高价铜氧化成CO_2,此再生方法称之为"湿法燃烧反应"。再生后铜液循环使用。

$Cu(NH_3)_3CO^+ + 2Cu(NH_3)_4^{2+} + 4H_2O \longrightarrow 3Cu(NH_3)_2^+ + 2CO_2 + 2NH_4^+ + 3NH_4OH$

2. 甲烷化法

甲烷化法是在催化剂存在下使少量 CO、CO_2 与氢反应生成 CH_4 和 H_2O 的一种净化工艺。甲烷化法可将气体中碳的氧化物（$CO+CO_2$）的含量脱除到 $10cm^3/m^3$ 以下。

甲烷化反应系甲烷蒸气转化反应的逆反应，所用的催化剂都是以镍为活性组分。其反应是在较低温度下进行的，要求催化剂有很高活性。因此，甲烷化催化剂中的镍含量要比甲烷蒸气转化为高，有时还加入稀土元素作为促进剂。

该法消耗氢，同时生成甲烷，因此，只有当原料气中（$CO+CO_2$）<0.7% 时，可采用此法。低温变换催化剂，为这种操作方便、费用低廉的甲烷化工艺提供了应用条件。甲烷化法工艺简单、操作方便、费用低，但原料气中惰性气体含量高。

3. 深冷液氮洗涤法

以上两种方法，净化后氢氮混合气尚含有少量甲烷和氩。这些气体能降低氢、氮气体的分压，从而影响氨合成的反应速率。深冷分离法是一种物理吸收法，是在深度冷冻条件下用液氮吸收分离少量 CO，而且也能脱除甲烷和大部分氩，这样可以获得只含有惰性气体 $100cm^3/m^3$ 以下的氢氮混合气。这是此法的一个突出优点。对于采用节能型的天然气二段转化工艺由于添加过量空气而带入过量的氮，用深冷分离法也可脱除。

深冷液氮洗涤法需要液体氮，从全流程经济性考虑，应与设有空气分离装置的重油部分氧化、煤纯氧气化制备原料气或与焦炉气分离制氢的流程结合使用。

▶▶▶ 任务四　学习合成氨工艺操作条件

实际生产中，合成工艺参数的选择除了考虑平衡氨含量、反应速率、催化剂使用特性，还必须考虑系统的生产能力、原料和能量消耗等，以达到良好的技术经济指标。氨合成的工艺参数一般包括温度、压力、空速、氢氮比、惰性气体含量和初始氨含量等。

一、氨合成催化剂

1. 催化剂组成

氨合成催化剂以熔铁为主，还原前主要成分是四氧化三铁，有磁性，另外添加从 Al_2O_3、K_2O、SiO_2、MgO、CaO 等助催化剂以提高催化剂的活性、抗毒性和耐热性等。20 世纪 70 年代末期，为了降低温度和压力，在催化剂中加入钴和稀土元素。用电炉将它们熔融生成固熔体，制成不规则的催化剂。其中二价铁和三价铁的比例对活性影响很大，最适宜的 FeO 含量在 24%~38% 的范围内。

2. 催化剂的还原与活性保持

氨合成催化剂在还原之前没有活性，使用前必须经过还原。确定还原条件的原则一方面是使 Fe_3O_4 充分还原为 α-Fe，另一方面是还原生成的铁结晶不因重结晶面长大，以保证有最大的比表面积和更多的活性中心。为此，宜选取合适的还原温度、压力、空速和还原气组成。

催化剂还原也可以在塔外进行，即催化剂的预还原。预还原催化剂不但可以缩短还原时间 1/4~1/2，提前产氨，而且保证催化剂还原彻底，延长催化剂寿命，取得长期的经济效益。

氨合成催化剂的毒物有多种，影响氨合成催化剂的活性。因此必须将毒物脱除才能保持其良好的活性。

二、氨合成温度

与其他可逆放热反应一样，氨合成反应存在着最适宜温度，它取决于反应气体的组成、压力以及所用催化剂的活性。

在实际工业生产中，不可能完全按最适宜温度进行。反应初期，反应物浓度高，反应速率很高，能很快放出反应热量，使温度迅速上升至最适宜温度，再继续反应，则将超过最适宜温度。故工业上需一边反应一边冷却，采用间接换热式或直接的冷激式方法冷却，只是尽可能地接近最适宜温度而已。

三、氨合成压力

几十年来，氨合成操作压力变化很大，早期各国普遍采用 30～35MPa 压力，到 20 世纪 50 年代提高到 40～50MPa。此后，由于蒸汽透平驱动的离心压缩机采用和合理利用大型装置，操作压力降至 15～24MPa。随着合成氨工艺的改进，例如采用多级氨冷以及按不同蒸发压力分级，由离心式氨压缩机抽吸，使冷冻功耗明显降低；采用径向合成塔，填充高活性催化剂均有效提高合成率并降低循环机功耗。此时合成压力可降低至 10～15MPa，又不引起总功耗的上升。目前国内中、小型合成氨厂均采用 20～32MPa 压力。

四、空间速度

空间速度直接影响氨合成系统的生产能力，空速太小，生产能力低。空速过高，减少了气体在催化剂床层的停留时间，合成率降低，循环气量要增大、能耗增加，同时气体中氨含量下降，增加了分离产物的困难。过大的空速对催化剂床层稳定操作不利，导致温度下降，影响正常生产。故空速的选择一般根据合成压力、反应器的结构和动力价格综合考虑。低压法常取 5000～10000h^{-1}，中压法取 1500～30000h^{-1}，而高压法可达 60000h^{-1}。

五、合成塔进口气体组成

合成塔进口气体组成包括氢氮比、惰性气体含量和初始氨含量。

最适宜氢氮比与反应偏离平衡的状况有关。当接近平衡时，氢氮比为 3，可获得最大平衡氨含量；当远离平衡时，氢氮比为 1 最适宜。生产实践证明，最适宜的循环氢氮比应略低于 3，通常在 2.5～2.9 间，而对含钴催化剂，该氢氮比在 2.2 左右。

惰性气体的存在，无论从化学平衡、反应动力学还是动力消耗讲，都是不利的。但要维持较低的惰性气体含量需要大量地排放循环气，导致原料气单耗增高。生产中必须根据新鲜气中惰性气体含量、操作压力、催化剂活性等综合考虑。

进塔氨含量的高低，需综合考虑氨冷凝的冷负荷和循环机的功耗。通常操作压力为 25～30MPa 时采用一级氨冷，进塔氨含量控制在 3%～4%；而在 20MPa 合成时采用二级氨冷，15MPa 下合成时采用三级氨冷，此时进塔氨含量可降至 1.5%～2.0%。

任务五　掌握合成氨系统工艺流程

一、合成氨系统工艺流程

根据氨合成的工艺特点，工艺过程系采用循环流程。其中包括氨的合成、分离、氢氮原料气的压缩，未反应气体补压后循环利用、热量的回收以及排放部分循环气以维持循环气中惰性气体的平衡等。

在工艺流程的设计中，要合理地配置上述各环节。重点是合理地确定循环压缩机、新鲜原料气的补入、氨分离的冷凝级数（冷凝法）、冷热交换器的安排和热能回收的方式等。

1. 中小型合成氨厂流程

在该类流程中，新鲜气与循环气均由往复式压缩机加压，设置水冷器与氨冷器两次冷却，氨合成反应热仅用于预热进塔气体。如图 8-6 所示。

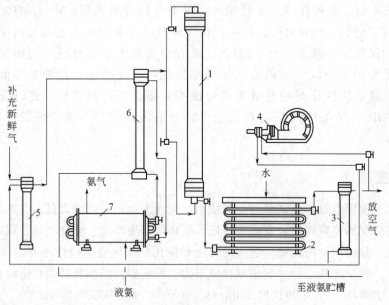

图 8-6　中小型氨合成工艺流程

1—氨合成塔；2—水冷器；3—氨分离器；4—循环压缩机；
5—滤油器；6—冷凝塔；7—氨冷器

合成塔出口气经水冷器冷却至常温，其中部分氨被冷凝，液氨在氨分离器中分出。为降低惰性气体含量，循环气在氨分离后部分放空，大部分循环气进循环压缩机补充压力后进滤油器，新鲜原料气也在此处补入。而后气体进冷凝塔的上部热交换器与分离液氨后的低温循环气换热降温，经氨冷器冷却到 $-8 \sim 0 \, ℃$，使气体中绝大部分氨冷凝下来，在氨冷凝塔的下部将气液分开。分离出液氨的低温循环气经冷凝塔上部热交换器与来自循环压缩机的气体换热，被加热到 $10 \sim 30 \, ℃$ 进氨合成塔，从而完成循环过程。

这种流程的特点：放空气位置设在惰性气体含量最高、氨含量较低的部位以减少氨损失和原料气消耗；循环压缩机位于第一、第二氨分离之间，循环气温度较低，有利于压缩作业；新鲜气在滤油器中补入，在第二次氨分离时可以进一步达到净化目的，可除去油污以及

带入的微量 CO_2 和水分。

对 15MPa 下操作的小型合成氨厂，因为操作压力低，水冷后很少有氨冷凝下来，为保证合成塔入口氨含量的要求，设置有两个串联的氨冷器和氨分离器。

2. 大型氨厂流程

图 8-7 为凯洛格传统流程。在该类流程中采用蒸汽透平驱动的带循环段的离心式压缩机，气体中不含油雾，可以直接把它配置于氨合成塔之前。氨合成反应热除预热进塔气体外，还用于加热锅炉给水或副产高压蒸汽，热量回收较好。

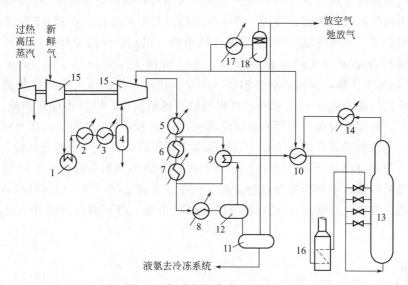

图 8-7 凯洛格氨合成工艺流程

1—新鲜气甲烷化气换热器；2、5—水冷却器；3、6～8—氨冷却器；
4—冷凝液分离器；9—冷热换热器；10—热热换热器；11—低压氨分离器；
12—高压氨分离器；13—氨合成塔；14—锅炉给水预热器；15—离心压缩机；
16—开工加热炉；17—放空气氨冷器；18—放空气分离器

新鲜气在离心压缩机的第一缸中压缩，经新鲜气甲烷化气换热器、水冷却器及氨冷却器逐步冷却到 8℃。除去水分后新鲜气进入压缩机第二缸继续压缩并与循环气在缸内混合，压力升到 15.3MPa，温度为 69℃，经过水冷却器，气体温度降至 38℃。而后，气体分为两路，一路约 50% 的气体经过两级串联氨冷器 6 和 7。一级氨冷器 6 中液氨在 13℃ 下蒸发，将气体进一步冷却到 1℃。另一路气体与高压氨分离器来的 −23℃ 的气体在冷热换热器内换热，降温至 −9℃，而来自氨分离器的冷气体则升温到 24℃。两路气体汇合后温度为 −4℃，再经过第三级氨冷器，利用 −33℃ 下蒸发的液氨进一步冷却到 −23℃，然后送往高压氨分离器。分离液氨后含氨 2% 的循环气经冷热交换器和热热换热器预热至 141℃ 进轴向冷激式氨合成塔。高压氨分离器中的液氨经减压后进入冷冻系统。

该流程除回收反应热预热锅炉给水外，还具有如下一些特点：采用三级氨冷，逐级将气体降温至 −23℃，冷冻系统的液氨亦分三级闪蒸，三种不同压力的氨蒸气分别返回离心式氨压缩机相应的压缩级中，这比全部氨气一次压缩至高压、冷凝后一次蒸发到同样压力的冷冻系数大、功耗小；流程中弛放气排放位于压缩机循环段之前，此处惰性气体含量最高，但氨含量也最高，由于回收排放气中的氨，故对氨损失影响不大；此外，氨冷凝在压缩机循环段之后进行，可以进一步清除气体中夹带的密封油、CO_2 等杂质。缺点是循环功耗较大。

二、氨合成反应器

氨合成塔是整个合成氨生产工艺中最主要的设备，必须在接近最适宜温度下操作，力求小的系统阻力降，以减少循环气的压缩功耗，结构上应简单可靠，满足合成反应高温高压操作的需要。

1. 结构特点

在氨合成的温度、压力条件下，氢、氮气对碳钢具有明显的腐蚀作用。为避免腐蚀，合成塔通常都由内件和外筒两部分组成。进入合成塔的气体先经过内件和外筒之间的环隙。内件外面设有保温层（或死气层），以减少向外筒散热。因而，外筒主要承受高压而不承受高温，可用普通低合金钢或优质低碳钢制成。正常情况下，寿命达 40～50 年。内件虽在 500℃ 左右的温度下操作，但只承受高温而不承受高压，承受的压力为环隙气流和内件气流的压差，此压差一般为 0.5～2.0MPa，可用镍铬不锈钢制作。内件由催化剂筐、热交换器、电加热器三个主要部分构成。大型氨合成塔的内件一般不设电加热器，由塔外供热炉供热。

氨合成塔的结构形式繁多。工业上，按降温方式不同，可分为冷管冷却型、冷激型和中间换热型。一般而言冷管冷却型用于 $\phi500～1000mm$ 的小型氨合成塔；冷激型具有结构简单、制造容易的特点；中间换热型氨合成塔是当今世界的发展趋势，但其结构较复杂。近年来将传统的塔内气流由轴向流动改为径向流动以减少压力降，降低压缩功耗已受到了普遍重视。

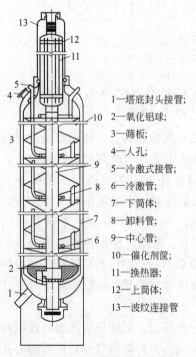

图 8-8　轴向冷激式氨合成塔

1—塔底封头接管；2—氧化铝球；3—筛板；4—人孔；5—冷激式接管；6—冷激管；7—下筒体；8—卸料管；9—中心管；10—催化剂筐；11—换热器；12—上筒体；13—波纹连接管

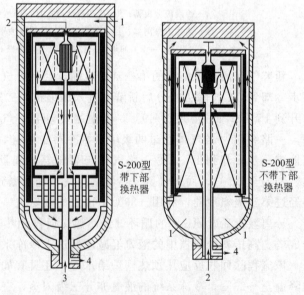

图 8-9　TopsøeS-200 型氨合成塔

1—主线进口；2—冷气进口；3—冷副线；4—气体

2. 主要形式

（1）连续换热式（冷管冷却型）　连续换热式又叫内部换热式，特点是在催化剂床层中设置冷却管，通过冷却管进行床层内冷、热气流的间接换热，以达到调节床层温度的目的。

（2）冷激式　这类合成塔催化剂床层分为若干段，在段间通入未预热的氢、氮混合气直接冷却，故称为多段直接冷激式氨合成塔。以床层内气体流动方向的不同，可分为沿中心轴方向流动的轴向塔和沿半径方向流动的径向塔。图 8-8 为凯洛格四层轴向冷激式氨合成塔。

（3）中间换热式　图 8-9 为 TopsøeS-200 型氨合成的两种型式（带下部换热器型和不带换热器型）。

该塔采用了径向中间冷气换热的 TopsøeS-200 型内件，代替原有层间冷激的 TopsøeS-100 型内件。由于取消了层间冷激，不存在因冷激降低氨浓度的不利因素，使合成塔出口氨浓度有较大提高。

能 力 训 练

简答题
1. 合成氨生产主要原料有哪几种？对应的典型方法是什么？
2. 为什么以煤为原料采用空气与水蒸气同为气化剂不能实现连续制取半水煤气？怎样实现连续制气？
3. 间歇法制气一个循环由哪几个阶段组成？各阶段的作用与时间分配。
4. 什么是烃类蒸气转化法？其特点是什么？
5. 既然加压对烃类蒸气转化反应平衡不利，为什么实际生产中要采用加压的转化方式？
6. 烃类蒸气转化为什么要分为两段进行？
7. 重油气化过程中的水蒸气具有哪几方面的作用？
8. 为什么要脱硫？脱硫方法通常可分为哪几类？每一类中的典型方法有哪几种？其主要特点是什么？
9. 何谓脱碳？其方法可分为哪几类？并指出各类典型方法适合于怎样的工艺流程中。
10. 原料气精制的方法有哪几类几种？各种方法适合于怎样的流程中？

项目九 增塑剂生产工艺

增塑剂（Plasticizer Phthalate），或称塑化剂、可塑剂，它是一种添加剂，其作用是增加材料的柔软性或使材料液化。

增塑的技术和应用实际起源于人类的原始发明：古时候黏土加水制陶瓷，皮革用鲸油柔软，硝酸纤维加焦油做屋顶材料等，上述各种制品中的水、鲸油、焦油等就起到了增塑的作用，即为增塑剂。

增塑剂的添加对象包含了橡胶、PVC塑料、混凝土、水泥与石膏等等。同一种塑化剂使用在不同的对象上，其效果往往并不相同。塑化剂添加至材料中，依据使用的功能、环境不同，可以制造出具有不同韧性、不同软硬度、不同光泽的成品，其中愈软的塑化成品所需添加的塑化剂愈多。如PVC（聚氯乙烯）制品添加量达到50%左右。一般常使用的保鲜膜，一种是无添加剂的PE（聚乙烯）材料，但其黏性较差；另一种就是聚氯乙烯保鲜膜，加入大量的塑化剂后，PVC材质变得既柔软且黏度增大，非常适合生鲜食品的包装；混凝土使用塑化剂（减水剂），可以增加混合物的工作性能，方便施工，不易产生蜂窝，从而可减少加入水的比例，增加强度；在墙壁材料中加入塑化剂可以增加混合物的液化程度，减少水的量，从而减少了干燥墙面所需时间，加快了施工进度。

增塑剂的种类达20000多种，目前商品化的有500多种，但我国工业增塑剂品种较为单一，市场占有率较低。增塑剂研究报告指出：主要产品有邻苯二甲酸酯类、对苯二甲酸酯、二元酸酯类、烷基磺酸酯、环氧酯、氯化石蜡、磷酸酯类等。以邻苯二甲酸酯类增塑剂的生产和消费最大，在实际消费中约占总消费的90%左右，尤其是邻苯二甲酸二辛酯（DOP）占总消费量的70%左右。

增塑剂按其作用方式可以分为两大类型，即内增塑剂和外增塑剂。内增塑剂实际上是聚合物的一部分。一般内增塑剂是在聚合物的聚合过程中所引入的第二单体。由于第二单体共聚在聚合物的分子结构中，降低了聚合物分子链的有规度，即降低了聚合物分子链的结晶度。例如氯乙烯-醋酸乙烯共聚物比氯乙烯均聚物更加柔软。内增塑剂的使用温度范围比较窄，而且必须在聚合过程中加入，因此内增塑剂用得较少。外增塑剂是一个低分子量的化合物或聚合物，把它添加在需要增塑的聚合物内，可增加聚合物的塑性。外增塑剂一般是一种高沸点的较难挥发的液体或低熔点的固体，而且绝大多数都是酯类有机化合物。通常它们不与聚合物起化学反应，和聚合物的相互作用主要是在升高温度时的溶胀作用，与聚合物形成一种固体溶液。外增塑剂性能比较全面且生产和使用方便，应用很广。现在人们一般说的增塑剂都是指外增塑剂。邻苯二甲酸二辛酯（DOP）和邻苯二甲酸二丁酯（DBP）、二异丁酯（DIBP）都是外增塑剂。本节以邻苯二甲酸二辛酯为例来介绍增塑剂的生产工艺。

任务一 了解邻苯二甲酸二辛酯的生产工艺

邻苯二甲酸二辛酯即邻苯二甲酸（2-乙基）己酯[Dioctyl phthalate，英文别名：Bis(2-ethylhexyl)phthalate；Di-2-ethylhexyl phthalate]，行业上常被称为DOP，是国内外塑料助剂行业中工业化产量较大的一种助剂，是聚氯乙烯（PVC）制品、各类医用和生活塑料制品等不可缺少的主要增塑剂。除了醋酸纤维素、聚醋酸乙烯酯外，它与绝大多数工业上用的合成树脂和橡胶均有良好的相容性。

DOP的混合性能好，增塑效率高，挥发性较低，迁移性小，且低温柔软性好，电绝缘性能高，耐热性和耐寒性良好，具有良好的综合性能。DOP作为一种主要增塑剂，广泛应用于聚氯乙烯（PVC）的各种软质制品的加工，例如薄膜、薄板、人造革、电缆料和模塑品等。除大量用于PVC树脂外，还广泛用于各种纤维素树脂、不饱和聚酯、环氧树脂、醋酸乙烯树脂和某些合成橡胶中。但由于它易被油脂迁移，故不适用于脂肪性食品的包装材料。

一、基本物性

1. 产品名称：邻苯二甲酸二辛酯

学名：邻苯二甲酸-2-乙基己酯

英文简称：DOP

2. 产品的分子式、结构式、相对分子质量

分子式：$C_{24}H_{38}O_4$

结构式：

$$\begin{array}{c}\text{O}C_2H_5\\ \parallel|\\ \text{—C—O—CH}_2\text{—CH—(CH}_2)_3\text{—CH}_3\\ \text{—C—O—CH}_2\text{—CH—(CH}_2)_3\text{—CH}_3\\ \parallel|\\ \text{O}C_2H_5\end{array}$$

相对分子质量：390.62

3. 产品的理化性质

① 性状。无色或微黄色非水溶性的油状液体，能与乙醇、丙酮等有机溶剂相混溶，不溶于水。

② 物理常数。

沸点：370℃（1.01325×10^5 Pa，760mmHg）

折光率：1.4859（20℃）

闪点：218.33℃（开杯）

黏度：81.4mPa·s（20℃）

相对密度：0.9861（20℃）

燃点：241℃

冰点：-55℃

熔点：-16℃

流动点：-41℃

体积电阻：$1×10^{11}\Omega\cdot cm$

4. 常见的规格

通用级广泛用于塑料、橡胶、油漆及乳化剂等工业中，用其增塑的 PVC 可用于制造人造革、农用薄膜、包装材料、电缆等；绝缘级除具有通用级的全部性能外，还具有很好的电绝缘性能，主要用于生产电线、电缆和绝缘套管等；食品级主要用于生产食品包装材料；医用级 DOP，主要用于生产医疗卫生制品，如一次性医疗器具及医用包装材料等。

绝缘级 DOP 产品质量指标服从国家标准 GB 11406—2001。见表 9-1。

表 9-1　邻苯二甲酸二辛酯（GB 11406—2001）

指标名称	指标	产品等级		
		优级品	一级品	合格品
色度(Pt-Co)/号	≤	30	40	60
纯度/%	≥	99.5	99.0	99.0
密度(20℃)/(g/cm³)		0.982~0.988	0.982~0.988	0.982~0.988
酸度(以苯二甲酸计)/%	≤	0.010	0.015	0.030
水分/%	≤	0.10	0.15	0.15
闪点/℃	≥	196	192	192
热处理后色度(Pt-Co)/号	≤	40	—	—
体积电阻率/($×10^{11}\Omega\cdot cm$)	≥	1.0		
热处理后酸度(以苯二甲酸计)/%	≤	0.025		
热处理后体积电阻率/($×10^{11}\Omega\cdot cm$)	≥	1.0		

5. DOP 的包装、储存及运输

用槽罐车装运，铁桶封装保存，应存放于通风、干燥处，远离火源。

6. 健康危害

吸入和食入后会引起呼吸急促和心率的加快，如大量被吸收后可能引起中央神经系统的紊乱和肠胃不适。

7. 应急处理

DOP 泄漏后，应迅速撤离泄漏污染区人员至安全区，并进行隔离，严格限制出入。切断火源。建议应急处理人员戴自给式呼吸器，穿一般作业工作服。不要直接接触泄漏物。尽可能切断泄漏源。防止流入下水道、排洪沟等限制性空间。小量泄漏：用砂土、蛭石或其他惰性材料吸收。大量泄漏：构筑围堤或挖坑收容。用泵转移至槽车或专用收集器内，回收或运至废物处理场所处置。

二、工艺路线

目前，DOP 生产主要有以下几种工艺。

（1）以催化剂分类　酸性催化剂生产工艺（硫酸或对甲基苯磺酸）；非酸催化剂生产工艺（金属氧化物、中性催化剂或酯类）；无催化剂工艺。

（2）以各个工序的生产方式分类　可分为：连续法（各工艺单元均连续）；半连续法（脱醇、中和连续）；间歇法。

目前，国内以硫酸为催化剂的生产工艺正在逐步被非酸催化剂的生产工艺取代，按生产方式可分为连续型生产工艺和间歇型生产工艺。

三、工艺条件和主要设备

1. 工艺条件

（1）反应温度　酯化反应温度即为辛醇与水的共沸温度，通过共沸物的汽化带走反应热及水分，反应易控制。反应温度高可促进化学平衡正向进行，提高反应速率，但反应温度增加，产品色泽加深从而影响产品质量。一般以硫酸作催化剂，反应温度为140～150℃；采用非酸性催化剂反应温度为200～235℃，大于240℃时DOP产生裂解反应。

（2）原料配比　酯化是可逆反应，为促使反应向生成酯的方向进行，提高反应转化率，可采取使反应物过量的方法，促使反应平衡向右移动。由于辛醇价格较低并能与水形成共沸混合物，过量辛醇可将水带出反应系统，降低生成物浓度，因此，一般辛醇过量，辛醇与苯酐的配比为（2.2～2.5）∶1（摩尔比）。但辛醇过量太多，大量的辛醇在酯化系统内部循环不仅增加了热量的消耗且增加了冷凝器冷凝负荷及分离回收的负担。故一般辛醇与苯酐的配比为2.3∶1（摩尔比）。

2. 主要设备

整个生产过程中，酯化是龙头，也是核心，其关键设备是酯化反应器。反应器的选用取决于反应是采取间歇工艺还是连续工艺。这个问题首先取决于生产规模。当液相反应而生产量不大时，采用间歇操作比较有利。间歇操作流程与控制相对简单，反应器各部分的组成和温度均匀一致，反应平稳，应对生产条件的突然变化时，工艺处理较为简捷，故间歇生产工艺在行业上采用较多。间歇工艺通常采用带有搅拌和传热装置（夹套和釜内蛇管热交换）的釜式设备——反应釜，如果采用酸性催化剂，为了防腐和保证产物纯度，可以采用衬搪玻璃的反应釜；若采用非酸性催化剂则采用不锈钢反应釜较好。

连续操作的反应器有不同的型式。

① 管式反应器，反应物的流动形式可看成是平推流，较少返混。也就是说流体的每一部分在管道中停留时间都是一样的。这种特征从化学动力学来考虑是可取的，但对传热和传质要求较高的反应来说则不宜采用。

② 搅拌釜（看成是全混釜），流动形式接近返混。釜内各部分组成和温度完全一样，但其中物料的停留时间却参差不齐，分布不均。这种情况在多釜串联反应后，可使停留时间分布的特性向平推流转化。但如果产量不大时，多釜串联在投资的经济效益上是不合算的。

③ 分级的塔式反应器，实质上也是变相的多釜串联。塔式反应器结构比较复杂，但紧凑，总投资较阶梯式串联反应器低。采用酸性催化剂时，由于反应混合物停留时间较短，选用塔式酯化器比较合理。

④ 阶梯式串联反应器结构较简单，操作也较方便，但总投资较塔式反应器高，占地面积较大，能量消耗也较大。采用非酸性催化剂或不用催化剂时，由于反应混合物停留时间较长，所以选用阶梯式串联反应器较合适。目前，齐鲁石化采用的是这种形式。

四、工艺流程

1. 酸性催化剂间歇生产邻苯二甲酸辛酯工艺流程

酸性催化剂间歇生产邻苯二甲酸二辛酯生产工艺由酯化、中和、脱醇和压滤工序等工序

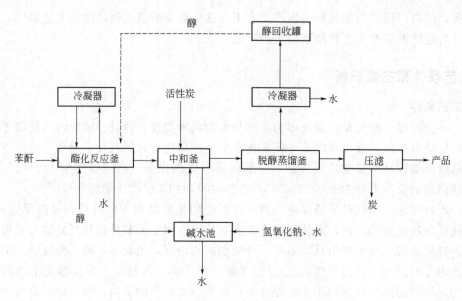

图 9-1 酸法邻苯二甲酸二辛酯生产工艺流程

组成，如图 9-1 所示。

邻苯二甲酸酐与辛醇以 1∶2.3 的质量比投入酯化釜，于 140~145℃左右进行减压酯化反应。操作系统的真空度维持在 0.080~0.085MPa，酯化时加入总物料量 3‰左右的硫酸，总物料量 1‰~3‰的活性炭，酯化时间一般为 5~7h。酯化合格后，物料用泵打至中和釜。反应混合物用 5%碱液中和，再经 80~85℃除盐热水洗涤，合格后将水放净后，脱醇釜备真空，将物料抽至脱醇釜。分离后粗酯在 130~140℃与负压下即真空度 0.085MPa 的工艺条件下进行用 0.2MPa 的直接蒸汽进行脱醇处理，直到闪点为 195℃为止，然后干脱 0.5h 进行脱低沸物、脱水处理。一般在脱醇工序为了保证产品色度，要补加一定量的活性炭。脱醇工序完成后经压滤而得成品。如果要获得更好质量的产品，脱醇后可先进行高真空精馏而后再压滤。

2. 非酸性催化剂间歇生产邻苯二甲酸二辛酯（图 9-2）

邻苯二甲酸酐与辛醇以 1∶2.3 的质量比投入反应釜，在总物料量 0.25‰~0.3‰的非酸性催化剂（钛酸四丁酯、氯化亚锡等）的作用下，于 230~235℃左右进行常压酯化反应。酯化时间一般为 3~4h。酯化合格后，脱醇釜备真空将物料抽至脱醇釜，平衡蒸馏脱醇，再降温至 150℃，用 0.2MPa 的直接蒸汽脱醇，闪点合格后进入后处理工序。降温至 80~90℃，加入活性炭和碱液，脱色、降酸度，合格后升温脱水和低沸物。完成后经压滤工序脱除活性炭和其他机械类杂质而得成品。

间歇式生产的优点是设备简单、投资少，各工序控制灵活方便，且除生产二辛酯外，可改变生产品种生产其他产品如二丁酯、二异丁酯等。用一套系统，可生产多种产品；其缺点是产品单耗高，能量消耗量大，劳动生产率低，产品质量不够稳定。

间歇式生产工艺一般适合于多品种、小批量的生产。

3. 非酸性催化剂连续生产邻苯二甲酸二辛酯

非酸性催化剂连续生产邻苯二甲酸二辛酯，单酯转化率高，副反应少，简化了中和、水洗工序，废水量减少，产品质量稳定，原料及能量消耗低，装置生产能力大，适合于高吨位的生产。

项目九 增塑剂生产工艺

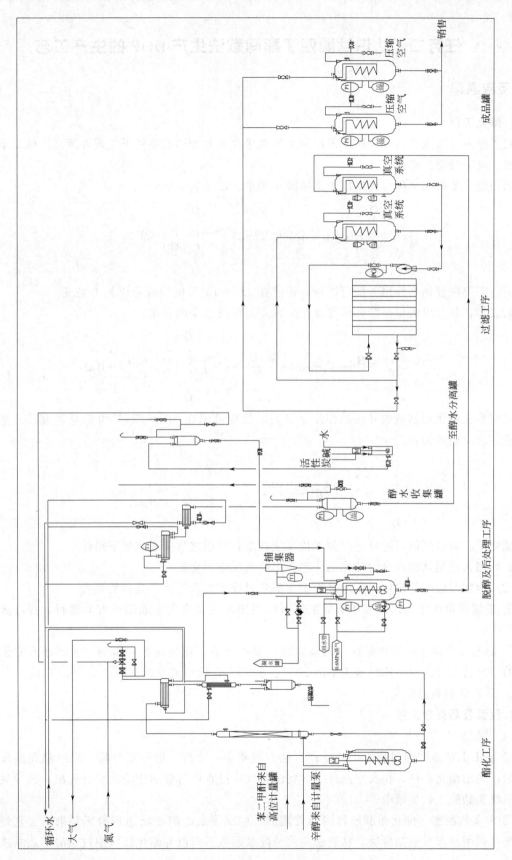

图 9-2 非酸法邻苯二甲酸二辛酯工艺流程

>>> 任务二 认识钛酸四丁酯间歇法生产 DOP 的生产工艺

一、反应原理

1. 酯化工序

此工序主要反应是酯化反应即苯酐和辛醇在催化剂和加热的条件下生成邻苯二甲酸二辛酯和水。反应分两步进行。

第一步：苯酐和辛酯反应生成苯二甲酸单辛酯，以下式表示：

$$\text{苯酐} + C_8H_{17}OH \xrightarrow[\Delta]{120\sim130℃} \text{邻苯二甲酸单辛酯}$$

此反应不需要在催化剂作用下即可进行，温度在 120~130℃ 时反应可以基本完成。

第二步：苯二甲酸单辛酯和辛醇反应生成苯二甲酸二辛酯和水：

$$\text{单辛酯} + C_8H_{17}OH \xrightarrow[\Delta]{C_{12}H_{28}O_4Ti} \text{二辛酯} + H_2O$$

该反应需要在催化剂钛酸四异丙酯作用下进行，反应液温在 225~235℃ 可以基本完成。酯化反应的总反应式为：

$$\text{苯酐} + 2C_8H_{17}OH \xrightleftharpoons[\Delta]{C_{12}H_{28}O_4Ti} \text{DOP} + H_2O$$

酯化反应为典型的可逆反应，为加快反应速度，反应过程中采取如下措施。

（1）加入适量钛酸四异丙酯作催化剂，以降低反应活化能。

（2）增加反应醇的浓度，反应过程中使醇超过反应的理论量，其目的是：

① 根据质量作用定律，增加辛醇浓度可以促使可逆反应向生成酯的方向进行，提高苯酐转化率；

② 醇与反应体系中的水形成共沸物，经冷凝冷却后利用冷凝液中辛醇和水不溶及它们密度的差异将水分出（共沸组成为辛醇 20%、水 80%，该组成下的共沸点为 99.1℃）；

③ 采取常压高温酯化。

2. 脱醇及后处理工序

（1）脱醇

① 采用平衡蒸馏即闪蒸的工艺处理方法。闪蒸是一个醇、酯分离过程，采取酯化酸度合格后，利用酯化余热，在真空条件下，将酯化反应过程中过量醇中的大部分脱出，经冷凝冷却后收集到醇水收集罐中。

② 水蒸气脱醇。酯化粗酯经过闪蒸处理后，脱除剩余的醇才能达到国标要求。工艺处理方法是利用水蒸气蒸馏原理，从釜底蒸汽分配盘通入活蒸汽与酯化反应中过量醇形成共沸

物而蒸出，经冷却后将水分出；为使过量醇脱干净，又可在较低温度下操作，保证成品质量，故采取减压蒸馏操作。

活蒸汽是脱醇的一个重要条件，通入量过小醇脱不干净，但通入量过大不仅会影响系统真空度，还会增加脱出醇中夹带的酯的含量，不利于酯化色泽且会引起酯的水解，增大成品酸度，降低酯的收率。因此，通入量要适当。

（2）后处理工序　降低产品的酸度与色度。此工序是为了中和未反应完全的单酯酸，使粗酯酸度合格，同时改善成品色泽、破除催化剂的处理过程。

① 降低酸度是一个化学过程。主反应为碳酸钠与未反应完全的单酯酸进行中和反应，其反应式为：

$$Na_2CO_3 + H_2O + \underset{\text{邻苯}}{\text{C-O-}C_8H_{17}}\text{C-OH} \longrightarrow \underset{\text{邻苯}}{\text{C-O-}C_8H_{17}}\text{C-ONa} + NaHCO_3$$

副反应为邻苯二甲酸二辛酯的皂化反应，处理时，处理剂加入量过多，物料呈碱性，在操作温度下会发生酯的皂化反应，其反应式为：

$$\underset{\text{邻苯}}{\text{C-O-}C_8H_{17}}\text{C-O-}C_8H_{17} + 2Na_2CO_3 + 2H_2O \longrightarrow \underset{\text{邻苯}}{\text{C-ONa}}\text{C-ONa} + 2C_8H_{17}OH + 2NaHCO_3$$

此反应严重降低了酯的收率，而且使成品黏稠，在滤网上形成一层胶质膜，很难过滤，给后续工序造成困难。故在生产过程中，应尽量减少碱水在物料中的停留时间，防止或尽量减少发生皂化反应，如果发生了皂化反应，可在过滤时加入助滤剂如硅藻土等。最好是能够避免，故选择碱的加入量时应谨慎。

② 降低色度是物理过程。常压加入物料量总量3‰～5‰的活性炭，利用活性炭的吸附作用，降低产品的色度。然后升温脱水至体电合格。

3. 过滤工序

此工序是二辛酯成品精制的最后一个过程，通过密闭不锈钢网板式过滤机将后处理成品中的活性炭及其他机械杂质除去，制得成品，然后打入成品罐。此过程是一个物理净化过程，没有任何化学反应。

二、工艺流程

非酸催化剂生产邻苯二甲酸二辛酯的生产过程分以下几个工序。

（1）酯化工序　邻苯二甲酸酐和2-乙基己醇在催化剂钛酸四异丙酯的作用下，经过常压加热脱水得到邻苯二甲酸二辛酯粗酯。

（2）后处理工序　酯化合格后，打料过程中利用酯化反应余热，通过平衡蒸馏将醇蒸出。此过程将酯化反应中过量醇的大部分脱出，液温在180℃时。然后降温至150～155℃，在真空状态，然后从釜底蒸汽分配盘通入活蒸汽，利用负压下降低回收醇沸点并利用醇水共沸的原理，将过量醇从反应体系中脱出。经检验合格后，降温至85～90℃，常压下加入配制好的活性炭碱液，脱色并降低产品的酸度，最后脱水，从而得到精酯。

（3）过滤工序　后处理合格物料，在此工序经过网板式密闭过滤机过滤去除杂质，得到无色透明无机械杂质的油状液体即合格成品。

以上几个工序可表示为：

酯化──→ 后处理工序（闪蒸、脱醇、降酸度、脱色、脱水）──→ 过滤──→ 成品

三、工艺条件（包括物料配比、反应参数等）

1. 酯化工序

(1) 原料配比　摩尔比：苯酐：辛醇＝1：2.6；

　　　　　　　重量比：苯酐：辛醇＝1：2.3

　　　　　　　催化剂为总投料量的 0.24‰

注：①开车第一锅投料前釜内适当升温并通氮气，辛醇用量为 11800kg；②正常生产时，回收辛醇与工业辛醇以 1：2.8 的比例加入，根据回收醇情况，可适当增减其用量；③回收醇中酯含量高于 5% 时，回收醇用量计算式为"回收醇用量（kg）＝3500/[100%－酯含量(%)]"；④投料时辛醇分次加入，既保证反应的需要，又避免大量醇在系统内循环。先将工业辛醇一次性投入，反应温度达到 120℃ 后，用计量泵自塔顶加入回收醇。

(2) 工艺参数

投料时油温：240～250℃

加催化剂时液温：110～120℃

投苯酐时液温：110～120℃

酯化终点：液温 230～235℃

汽相温度：195～210℃

终点酸度：≤0.030%（以苯二甲酸计）

色泽：实测

2. 后处理工序

(1) 打料闪蒸工艺参数　闪蒸系统真空度不低于 0.080MPa。

(2) 脱醇工艺参数

系统真空度：不低于 0.080MPa；

通入活蒸汽液温：150～155℃；

通入活蒸汽压力：0.15～0.20MPa；

通入活蒸汽时间：通 30～40min，干蒸 10min；再通 20min，再干蒸 20min，取样验闪点。

脱醇合格时物料闪点：≥195℃

脱醇合格时物料酸度：≤0.010%（以苯二甲酸计）。

(3) 中和脱色

① 处理剂配比　碱为物料重量的 0.15‰～0.35‰；

　　　　　　　活性炭为物料重量的 0.5‰～9‰；

　　　　　　　水为物料重量的 6‰～9‰。

② 工艺参数　加碱液时液温：85～90℃；

　　　　　　　中和时间控制在：45～60min；

　　　　　　　系统压力：常压；

　　　　　　　处理合格时酸度：≤0.010%（以苯二甲酸计）；

处理后色度：≤30# (Pt-Co)。

(4) 脱水　在系统真空度≥0.080MPa的条件下，升温至130℃，干蒸30min至体电≥$1.0×10^{11}Ω·cm$。即合格可降温至110℃，常压下，打料至压滤工序。

3. 过滤工序

要求成品外观为透明、无可见机械杂质的油状液体。

4. 关于回收醇的质量问题

回收醇的质量问题与工业辛醇的质量、酯化反应的状态、各工序工艺指标的控制有关。可用色谱监测回收醇的醛、醚及杂质含量，保证成品质量。

回收醇使用要求：①醛及杂质含量≤5%；②外观透明，色度≤50#。超出这个指标，回收醇必须经过蒸馏处理后才能使用。

四、主要设备简介

1. 酯化釜

(1) 用途　本设备为带有加热装置的釜式反应器，采用间歇操作方式，原料苯酐、辛醇在催化剂钛酸四异丙酯的作用下，经常压、高温加热，发生酯化反应，生成邻苯二甲酸二辛酯。

(2) 结构尺寸及材料

① 3#、4# 反应釜。$\phi 2800×3000×14$，外有伴热管，内有不锈钢双层盘管加热，加热面积$A=90m^2$，$V=25.2m^3$。

② 2# 反应釜。$\phi 2600×3600×12$，$V=24.3m^3$，外有伴热管，内有不锈钢双层盘管加热，加热面积$A=90m^2$。

搅拌：桨式（型式），60r/min。

(3) 操作条件

釜内介质：辛醇、苯酐、钛酸四异丙酯、水、二辛酯。

釜内温度230~250℃，压力≤0.003MPa。

外伴热及内盘管介质：导热油（300℃），加热面积$90m^2$，压力≤0.5MPa。

(4) 生产能力　30000t/a。

2. 后处理釜

(1) 用途　将酯化得到的粗酯进行脱醇、脱色、降酸度处理。

(2) 结构尺寸及材质　盘管为双层不锈钢，加热面积$A=60m^2$。

3#、4# 处理釜　不锈钢 $\phi 2800×2800×16$，$V=24m^3$。

2# 处理釜　不锈钢 $\phi 2600×3600×12$，$V=24.3m^3$；搅拌为桨式，85r/min。

(3) 操作条件　釜内介质：辛醇、二辛酯、水、（活性炭）、Na_2CO_3。

釜内温度≤200℃，压力-0.1MPa。

盘管内介质：饱和水蒸气，压力≤0.6MPa。

(4) 生产能力　与年产30000t/a酯化装置配套。

五、生产过程中不正常现象及处理方法

生产过程中不正常现象及处理方法见表9-2。

表 9-2　生产过程中不正常现象及处理方法

异常现象	原　因	处理方法	防范措施
液酐备不上，来酐放不下	①管路堵，蒸汽未开 ②泵坏	①检查液酐乏汽是否打开 ②疏通放酐管路和备酐管路 ③检查泵是否运转正常	①检查完系统乏汽管路后再备液酐 ②定期对泵进行维护修理 ③先盘轴，后开泵
酯化釜起压	①回收醇中水未放干净 ②投料时釜温太高 ③投料后升温太快 ④冷却水不足	①投料后发现起压关闭油加热节门，待稳定再缓慢打开 ②投料后升温不易太快要稳，操作人员要随时调节油加热节门 ③检查冷却水是否充足	①投料前回收醇一定把水放净 ②按规定的温度投料 ③保证冷却水管路畅通
酯化后期酸度不降	①回收醇水未放净造成缺醇 ②水收集罐放水时将醇放走造成系统缺醇 ③酯化过程中分水罐放水阀未关严，跑水、跑醇，造成系统缺醇 ④缺催化剂	①适量补醇 ②适量补加催化剂	①投料前回收醇水一定要放净 ②酯化过程不许随意加水 ③投料时催化剂一定要保证数量准确
温度升不上去	①温度表不准 ②分水罐水位过高或上一锅未放水	①找仪表值班人校核仪表 ②及时适量放水	①开工前检查表并定期对仪表进行校验 ②投料前检查分水罐是否放水
脱醇、脱水时起压	冷却水不足	①检查冷却水是否充足 ②检查整个系统节门是否开、关正确，真空是否开打	①开车前检查冷却水管路是否畅通 ②脱醇、脱水时保证负压操作
脱醇时返酸	①通活蒸汽时液温度过高，蒸汽量过大 ②通活蒸汽时间过长	①检查仪表是否准确 ②开冷却水降温、降低通活汽时液温及蒸汽压力	①定期对仪表进行检修、校验 ②严格操作
脱水时返酸	①盘管漏 ②处理剂量不足 ③取样时料未搅拌均匀	①停车检修盘管 ②物料搅拌均匀后重新取样 ③适量补加处理剂	①定期对盘管进行检修、水压试验 ②将处理剂搅拌均匀后再加入
酸度不降	①处理剂未加进去 ②化验时未过滤 ③酯化来料酸度大	①检查放处理剂管路是否畅通 ②过滤后再验酸度 ③根据酯化酸度情况适量补加处理剂	①提前降处理剂备好、搅拌均匀 ②严禁用真空抽处理剂 ③将料滤净后再验酸度 ④酯化打料时一定验准酸度
体电不合格	①酸度大 ②水未脱净	①补加碱水重新降酸度 ②继续升温脱水	①加处理剂前化验酸度，按规定量加处理剂，严格操作 ②开工前检查系统真空度，保证设备正常运转
过滤速度慢	①粗酯温度低 ②物料中含碳量大 ③过滤泵压力低 ④管路不畅通或罐底堵 ⑤料部分皂化，催化剂破坏不完全	①提高粗酯温度 ②及时停车吹压滤机扒炭 ③检查过滤泵或调节泵回流节门 ④疏通管路或节门 ⑤清理罐内积炭 ⑥加助滤剂	①保证粗酯过滤温度 ②维修好过滤泵 ③保持管路通畅 ④定期罐内除炭

续表

异常现象	原 因	处 理 方 法	防 范 措 施
过滤后收集小罐有碳	①网板胶圈密封不严 ②不锈钢网板破 ③物料未充满滤机 ④碳饼薄厚不均 ⑤回流时间短 ⑥物料温度低	①更换密封胶圈 ②更换或补修网板 ③开车后一定要溢流管满料再倒 ④及时扒炭 ⑤继续打回流至合格再收集 ⑥提高物料温度	①设备定期检查 ②严格操作 ③正常开车,不许存凉料,后处理,保证打料温度
扒炭困难	①压缩空气压力低 ②除渣振头掉 ③滤饼太厚、太薄 ④滤饼未吹干	①保证压缩空气正常共给 ②修理振头 ③打盖清炭	①严格工艺操作 ②设备定期检查 ③开工前了解物料含炭情况

六、三废排放点及控制指标

排放标准：pH6～9

油含量≤100mg/L

COD≤2600mg/L

要求没经过处理的水不准排放。

七、包装规格及储运要求

包装：200kg 铁桶包装（或槽装）。

规格：(200±0.5)kg/桶。

储运要求：拧紧桶盖，保证产品标志清楚，不准野蛮卸装。

附　录

一、常用单位的换算

1. 长度

m(米)	in(英寸)	ft(英尺)	yd(码)	m(米)	in(英寸)	ft(英尺)	yd(码)
1	39.3701	3.2808	1.09361	0.30480	12	1	0.33333
0.025400	1	0.073333	0.02778	0.9144	36	3	1

2. 体积

m^3	L(升)	ft^3	m^3	L(升)	ft^3
1	1000	35.3147	0.02832	28.3161	1
0.001	1	0.03531			

3. 力

N(牛顿)	kgf[千克(力)]	lbf[磅(力)]	dyn(达因)	N(牛顿)	kgf[千克(力)]	lbf[磅(力)]	dyn(达因)
1	0.102	0.2248	1×10^5	4.448	0.4536	1	4.4481×10^5
9.80665	1	2.2046	9.80665×10^5	1×10^{-5}	1.02×10^{-6}	2.248×10^{-6}	1

4. 压力

Pa	kgf/cm^2	atm	mmHg	mmH_2O	bar	lbf/in^2(磅/英寸^2)
1	1.02×10^{-5}	0.99×10^{-5}	0.0075	0.102	1×10^{-5}	14.5×10^{-5}
1×10^5	1.02	0.9869	750.1	10197	1	14.5
98.07×10^3	1	0.9678	735.56	1×10^4	0.9807	14.2
1.01325×10^5	1.0332	1	760	1.0332×10^4	1.013	14.697
133.3	0.1361×10^{-2}	0.00132	1	13.6	98.07	0.01934
9.807	0.0001	0.9678×10^{-4}	0.0736	1	1.333×10^{-3}	1.423×10^{-3}
6894.8	0.0703	0.068	51.71	703	0.06895	1

5. 黏度

Pa·s	P(泊)	cP(厘泊)	mPa·s	Pa·s	P(泊)	cP(厘泊)	mPa·s
1	10	1000	1000	0.001	0.01	1	1
0.1	1	100	100				

6. 功率

W	kgf·m/s	hp(马力)	kcal/s	W	kgf·m/s	hp(马力)	kcal/s
1	0.10197	1.341×10^{-3}	0.2389×10^{-3}	745.69	76.0375	1	0.17803
9.8067	1	0.01315	0.2342×10^{-2}	4186.8	426.85	5.6135	1

二、某些气体的重要物理性质

名称	化学式	密度(0℃, 101.3kPa)/(kg/m^3)	比热容/[kJ/(kg·℃)]	黏度 $\mu\times10^5$/(Pa·s)	沸点(101.3 kPa)/℃	汽化热/(kJ/kg)	临界点 温度/℃	临界点 压力/kPa	热导率/[W/(m·℃)]
空气		1.293	1.009	1.73	−195	197	−140.7	3768.4	0.0244
氧气	O_2	1.429	0.653	2.03	−132.98	213	−118.82	5036.6	0.0240
氮气	N_2	1.251	0.745	1.70	−195.78	199.2	−147.13	3392.5	0.0228
氢气	H_2	0.0899	10.13	0.842	−252.75	454.2	−239.9	1296.6	0.163
氦气	He	0.1785	3.18	1.88	−268.95	19.5	−267.96	228.94	0.144
氩气	Ar	1.7820	0.322	2.09	−185.87	163	−122.44	4862.4	0.0173
氯气	Cl_2	3.217	0.355	1.29(16℃)	−33.8	305	+144.0	7708.9	0.0072
氨	NH_3	0.771	0.67	0.918	−33.4	1373	+132.4	11295	0.0215
一氧化碳	CO	1.250	0.754	1.66	−191.48	211	−140.2	3497.9	0.0226
二氧化碳	CO_2	1.976	0.653	1.37	−78.2	574	+31.1	7384.8	0.0137
硫化氢	H_2S	1.539	0.804	1.166	−60.2	548	+100.4	19136	0.0131
甲烷	CH_4	0.717	1.70	1.03	−161.58	511	−82.15	4619.3	0.0300
乙烷	C_2H_6	1.357	1.44	0.850	−88.5	486	+32.1	4948.5	0.0180
丙烷	C_3H_8	2.020	1.65	0.795(18℃)	−42.1	427	+95.6	4355.0	0.0148
正丁烷	C_4H_{10}	2.673	1.73	0.810	−0.5	386	+152	3798.8	0.0135
正戊烷	C_5H_{12}	—	1.57	0.874	36.08	151	+197.1	3342.9	0.0128
乙烯	C_2H_4	1.261	1.222	0.935	+103.7	481	+9.7	5135.9	0.0164
丙烯	C_3H_6	1.914	2.436	0.835(20℃)	−47.7	440	+91.4	4599.0	—
乙炔	C_2H_2	1.171	1.352	0.935	−83.66(升华)	829	+35.7	6240.0	0.0184
氯甲烷	CH_3Cl	2.303	0.582	0.989	−24.1	406	+148	6685.8	0.0085
苯	C_6H_6	—	1.139	0.72	+80.2	394	+288.5	4832.0	0.0088
二氧化硫	SO_2	2.927	0.502	1.17	−10.8	394	+157.5	7879.1	0.0077
二氧化氮	NO_2	—	0.315	—	+21.2	712	+158.2	10130	0.0400

三、某些液体的重要物理性质

名称	化学式	密度(20℃)/(kg/m³)	沸点(101.3 kPa)/℃	汽化热/(kJ/kg)	比热容(20℃)/[kJ/(kg·℃)]	黏度(20℃)/(mPa·s)	热导率(20℃)/[W/(m·℃)]	体积膨胀系数 $\beta \times 10^4$ (20℃)/℃$^{-1}$	表面张力 $\sigma \times 10^3$ (20℃)/(N/m)
水	H_2O	998	100	2258	4.183	1.005	0.599	1.82	72.8
氯化钠盐水(25%)	—	1186(25℃)	107		3.39	2.3	0.57(30℃)	(4.4)	
氯化钙盐水(25%)	—	1228	107	—	2.89	2.5	0.57	(3.4)	
硫酸	H_2SO_4	1831	340(分解)	—	1.47(98%)		0.38	5.7	
硝酸	HNO_3	1513	86	481.1		1.17(10℃)			
盐酸(30%)	HCl	1149			2.55	2(31.5%)	0.42		
二硫化碳	CS_2	1262	46.3	352	1.005	0.38	0.16	12.1	32
戊烷	C_5H_{12}	626	36.07	357.4	2.24(15.6℃)	0.229	0.113	15.9	16.2
己烷	C_6H_{14}	659	68.74	335.1	2.31(15.6℃)	0.313	0.119		18.2
庚烷	C_7H_{16}	684	98.43	316.5	2.21(15.6℃)	0.411	0.123		20.1
辛烷	C_8H_{18}	763	125.67	306.4	2.19(15.6℃)	0.540	0.131		21.3
三氯甲烷	$CHCl_3$	1489	61.2	253.7	0.992	0.58	0.138(30℃)	12.6	28.5(10℃)
四氯化碳	CCl_4	1594	76.8	195	0.850	1.0	0.12		26.8
1,2-二氯乙烷	$C_2H_4Cl_2$	1253	83.6	324	1.260	0.83	0.14(60℃)		30.8
苯	C_6H_6	879	80.10	393.9	1.704	0.737	0.148	12.4	28.6
甲苯	C_7H_8	867	110.63	363	1.70	0.675	0.138	10.9	27.9
邻二甲苯	C_8H_{10}	880	144.42	347	1.74	0.811	0.142		30.2
间二甲苯	C_8H_{10}	864	139.10	343	1.70	0.611	0.167	10.1	29.0
对二甲苯	C_8H_{10}	861	138.35	340	1.704	0.643	0.129		28.0
苯乙烯	C_8H_9	911(15.6℃)	145.2	352	1.733	0.72			
氯苯	C_6H_5Cl	1106	131.8	325	1.298	0.85	1.14(30℃)		32
硝基苯	$C_6H_5NO_2$	1203	210.9	396	1.47	2.1	0.15		41
苯胺	$C_6H_5NH_2$	1022	184.4	448	2.07	4.3	0.17	8.5	42.0
苯酚	C_6H_5OH	1050(50℃)	181.8(融点40.9℃)	511		3.4(50℃)			
萘	$C_{16}H_8$	1145(固体)	217.9(融点80.2℃)	314	1.80(100℃)	0.59(100℃)			
甲醇	CH_3OH	791	64.7	1101	2.48	0.6	0.212	12.2	22.6
乙醇	C_2H_5OH	789	78.3	846	2.39	1.15	0.172	11.6	22.8
乙醇(95%)		804	78.2			1.4			
乙二醇	$C_2H_4(OH)_2$	1113	197.6	780	2.35	23			47.7
甘油	$C_3H_5(OH)_3$	1261	290(分解)	—		1499	0.59	5.3	63
乙醚	$(C_2H_5)_2O$	714	34.6	360	2.34	0.24	0.14	16.3	8
乙醛	CH_3CHO	783(18℃)	20.2	574	1.9	1.3(18℃)			21.2
糠醛	$C_5H_4O_2$	1168	161.7	452	1.6	1.15(50℃)			43.5
丙酮	CH_3COCH_3	792	56.2	523	2.35	0.32	0.17		23.7
甲酸	HCOOH	1220	100.7	494	2.17	1.9	0.26		27.8
醋酸	CH_3COOH	1049	118.1	406	1.99	1.3	0.17	10.7	23.9
醋酸乙酯	$CH_3COOC_2H_5$	901	77.1	368	1.92	0.48	0.14(10℃)		
煤油		780~820				3	0.15	10.0	
汽油		680~800				0.7~0.8	0.19(30℃)	12.5	

四、干空气的物理性质（101.33kPa）

温度 $t/℃$	密度 $\rho/(kg/m^3)$	比热容 c_p /[kJ/(kg·℃)]	热导率 $k\times10^2$ /[W/(m·℃)]	黏度 $\mu\times10^5$ /(Pa·s)	普朗特数 Pr
−50	1.584	1.013	2.035	1.46	0.728
−40	1.515	1.013	2.117	1.52	0.728
−30	1.453	1.013	2.198	1.57	0.723
−20	1.395	1.009	2.279	1.62	0.716
−10	1.342	1.009	2.360	1.67	0.712
0	1.293	1.005	2.442	1.72	0.707
10	1.247	1.005	2.512	1.77	0.705
20	1.205	1.005	2.593	1.81	0.703
30	1.165	1.005	2.675	1.86	0.701
40	1.128	1.005	2.756	1.91	0.699
50	1.093	1.005	2.826	1.96	0.698
60	1.060	1.005	2.896	2.01	0.696
70	1.029	1.009	2.966	2.06	0.694
80	1.000	1.009	3.047	2.11	0.692
90	0.972	1.009	3.128	2.15	0.690
100	0.946	1.009	3.210	2.19	0.688
120	0.898	1.009	3.338	2.29	0.686
140	0.854	1.013	3.489	2.37	0.684
160	0.815	1.017	3.640	2.45	0.682
180	0.779	1.022	3.780	2.53	0.681
200	0.746	1.026	3.931	2.60	0.680
250	0.674	1.038	4.288	2.74	0.677
300	0.615	1.048	4.605	2.97	0.674
350	0.566	1.059	4.908	3.14	0.676
400	0.524	1.068	5.210	3.31	0.678
500	0.456	1.093	5.745	3.62	0.687
600	0.404	1.114	6.222	3.91	0.699
700	0.362	1.135	6.711	4.18	0.706
800	0.329	1.156	7.176	4.43	0.713
900	0.301	1.172	7.630	4.67	0.717
1000	0.277	1.185	8.041	4.90	0.719
1100	0.257	1.197	8.502	5.12	0.722
1200	0.239	1.206	9.153	5.35	0.724

五、水的物理性质

温度/℃	饱和蒸汽压/kPa	密度/(kg/m³)	焓/(kJ/kg)	比热容/[kJ/(kg·℃)]	热导率 $k\times 10^2$/[W/(m·℃)]	黏度 $\mu\times 10^5$/(Pa·s)	体积膨胀系数 $\beta\times 10^4$/℃$^{-1}$	表面张力 $\sigma\times 10^5$/(N/m)	普朗特数 Pr
0	0.6082	999.9	0	4.212	55.13	179.21	−0.63	75.6	13.66
10	1.2262	999.7	42.04	4.191	57.45	130.77	+0.70	74.1	9.52
20	2.3346	998.2	83.90	4.183	59.89	100.50	1.82	72.6	7.01
30	4.2474	995.7	125.69	4.174	61.76	80.07	3.21	71.2	5.42
40	7.3766	992.2	167.51	4.174	63.38	65.60	3.87	69.6	4.32
50	12.34	988.1	209.30	4.174	64.78	54.94	4.49	67.7	3.54
60	19.923	983.2	251.12	4.178	65.94	46.88	5.11	66.2	2.98
70	31.164	977.8	292.99	4.187	66.76	40.61	5.70	64.3	2.54
80	47.379	971.8	334.94	4.195	67.45	35.65	6.32	62.6	2.22
90	70.136	965.3	376.98	4.208	68.04	31.65	6.95	60.7	1.96
100	101.33	958.4	419.10	4.220	68.27	28.38	7.52	58.8	1.76
110	143.31	951.0	461.34	4.238	68.50	25.89	8.08	56.9	1.61
120	198.64	943.1	503.67	4.260	68.62	23.73	8.64	54.8	1.47
130	270.25	934.8	546.38	4.266	68.62	21.77	9.17	52.8	1.36
140	361.47	926.1	589.08	4.287	68.50	20.10	9.72	50.7	1.26
150	476.24	917.0	632.20	4.312	68.38	18.63	10.3	48.6	1.18
160	618.28	907.4	675.33	4.346	68.27	17.36	10.7	46.6	1.11
170	792.59	897.3	719.29	4.379	67.92	16.28	11.3	45.3	1.05
180	1003.5	886.9	763.25	4.417	67.45	15.30	11.9	42.3	1.00
190	1255.6	876.0	807.63	4.460	66.99	14.42	12.6	40.0	0.96
200	1554.77	863.0	852.43	4.505	66.29	13.63	13.3	37.7	0.93
210	1917.72	852.8	897.65	4.555	65.48	13.04	14.1	35.4	0.91
220	2320.88	840.3	943.70	4.614	64.55	12.46	14.8	33.1	0.89
230	2798.59	827.3	990.18	4.681	63.73	11.97	15.9	31	0.88
240	3347.91	813.6	1037.49	4.756	62.80	11.47	16.8	28.5	0.87
250	3977.67	799.0	1085.64	4.844	61.76	10.98	18.1	26.2	0.86
260	4693.75	784.0	1135.04	4.949	60.48	10.59	19.7	23.8	0.87
270	5503.99	767.9	1185.28	5.070	59.96	10.20	21.6	21.5	0.88
280	6417.24	750.7	1236.28	5.229	57.45	9.81	23.7	19.1	0.89
290	7443.29	732.3	1289.95	5.485	55.82	9.42	26.2	16.9	0.93
300	8592.94	712.5	1344.80	5.736	53.96	9.12	29.2	14.4	0.97
310	9877.6	691.1	1402.16	6.071	52.3	8.83	32.9	12.1	1.02
320	11300.3	667.1	1462.03	6.573	50.59	8.3	38.2	9.81	1.11
330	12879.6	640.2	1526.19	7.243	48.73	8.14	43.3	7.67	1.22
340	14615.8	610.1	1594.75	8.164	45.71	7.75	53.4	5.67	1.38
350	16538.5	574.4	1671.37	9.504	43.03	7.26	66.8	3.81	1.60
360	18667.1	528.0	1761.39	13.984	39.54	6.67	109	2.02	2.36
370	21040.9	450.5	1892.43	40.319	33.73	5.69	264	0.471	6.80

六、饱和水蒸气表（以温度为准）

温度/℃	绝对压力 /(kgf/cm²)	/kPa	蒸汽的密度/(kg/m³)	焓 液体 /(kcal/kg)	/(kJ/kg)	焓 蒸汽 /(kcal/kg)	/(kJ/kg)	汽化热 /(kcal/kg)	/(kJ/kg)
0	0.0062	0.6082	0.00484	0	0	595	2491.1	595	2491.1
5	0.0089	0.8730	0.00680	5.0	20.94	597.3	2500.8	592.3	2479.9
10	0.0125	1.2262	0.00940	10.0	41.87	599.6	2510.4	589.6	2468.5
15	0.0174	1.7068	0.01283	15.0	62.80	602.0	2520.5	587.0	2457.7
20	0.0238	2.3346	0.01719	20.0	83.74	604.3	2530.1	584.3	2446.3
25	0.0323	3.1684	0.02304	25.0	104.67	606.6	2539.7	581.6	2435.0
30	0.0433	4.2474	0.03036	30.0	125.60	608.9	2549.3	578.9	2423.7
35	0.0573	5.6207	0.03960	35.0	146.54	611.2	2559.0	576.2	2412.4
40	0.0752	7.3766	0.05114	40.0	167.47	613.5	2568.6	573.5	2401.1
45	0.0977	9.5837	0.06543	45.0	188.41	615.7	2577.8	570.7	2389.4
50	0.1258	12.340	0.0830	50.0	209.34	618.0	2587.4	568.0	2378.1
55	0.1605	15.743	0.1043	55.0	230.27	620.2	2596.7	565.2	2366.4
60	0.2031	19.923	0.1301	60.0	251.21	622.5	2606.3	562.0	2355.1
65	0.2550	25.014	0.1611	65.0	272.14	624.5	2615.5	559.7	2343.4
70	0.3177	31.164	0.1979	70.0	293.08	626.8	2624.3	556.8	2331.1
75	0.393	38.551	0.2416	75.0	314.01	629.0	2633.5	554.0	2319.5
80	0.483	47.379	0.2929	80.0	334.94	631.1	2642.3	551.2	2307.8
85	0.590	57.875	0.3531	85.0	355.88	633.2	2651.1	548.2	2295.2
90	0.715	70.136	0.4229	90.0	376.81	635.3	2659.9	545.3	2283.1
95	0.862	84.556	0.5039	95.0	397.75	637.4	2668.7	542.4	2270.9
100	1.033	101.33	0.5970	100.0	418.68	639.4	2677.0	539.4	2258.4
105	1.232	120.85	0.7036	105.1	440.03	641.3	2685.0	536.3	2245.4
110	1.461	143.31	0.8254	110.1	460.97	643.3	2693.4	533.1	2232.0
115	1.724	169.11	0.9635	115.2	482.32	645.2	2701.3	531.0	2219.1
120	2.025	198.64	1.1199	120.3	503.67	647.0	2708.9	526.6	2205.2
125	2.367	232.19	1.296	125.4	525.02	648.8	2716.4	523.5	2191.8
130	2.755	270.25	1.494	130.5	546.38	650.6	2723.9	520.1	2177.6
135	3.192	313.11	1.715	135.6	567.73	652.3	2731.0	516.7	2163.3
140	3.685	361.47	1.962	140.7	589.08	653.9	2737.7	513.2	2148.7
145	4.238	415.72	2.238	145.9	610.85	655.5	2744.4	509.7	2134.0
150	4.855	476.24	2.543	151.0	632.21	657.0	2750.7	506.0	2118.5
160	6.303	618.28	3.252	161.4	675.75	659.9	2762.9	498.5	2087.1
170	8.080	792.59	4.113	171.8	719.29	662.4	2773.3	490.6	2054.0
180	10.23	1003.5	5.145	182.3	763.25	664.6	2782.5	482.3	2019.0
190	12.80	1255.6	6.378	192.9	807.64	666.4	2790.1	473.5	1982.4
200	15.85	1554.77	7.840	203.5	852.01	667.7	2795.5	464.2	1943.5
210	19.55	1917.72	9.567	214.3	897.23	668.6	2799.3	454.4	1902.5
220	23.66	2320.88	11.60	225.1	942.45	669.0	2801.0	443.9	1858.5
230	28.53	2798.59	13.98	236.1	988.50	668.8	2800.1	432.7	1811.6
240	34.13	3347.91	16.76	247.1	1034.56	668.0	2796.8	420.8	1761.8
250	40.55	3977.67	20.01	258.3	1081.45	664.0	2790.1	408.1	1708.6
260	47.85	4693.75	23.82	269.6	1128.76	664.2	2780.5	394.5	1651.7
270	56.11	5503.99	28.27	281.1	1176.91	661.2	2768.9	380.1	1591.4
280	65.42	6417.24	33.47	292.7	1225.48	657.3	2752.0	364.6	1526.5
290	75.88	7443.29	39.60	304.4	1274.46	652.6	2732.3	348.1	1457.4
300	87.6	8592.94	46.93	316.6	1325.54	646.8	2708.0	330.2	1382.5
310	100.7	9877.96	55.59	329.3	1378.71	640.1	2680.0	310.8	1301.3
320	115.2	11300.3	65.95	343.0	1436.07	632.5	2648.2	289.5	1212.1
330	131.3	12879.6	78.53	357.5	1446.78	623.5	2610.5	266.6	1116.2
340	149.0	14615.8	93.98	373.3	1562.93	613.5	2568.6	240.2	1005.7
350	168.6	16538.5	113.2	390.8	1636.20	601.1	2516.7	210.3	880.5
360	190.3	18667.1	139.6	413.0	1729.15	583.4	2442.6	170.3	713.0
370	214.5	21040.9	171.0	451.0	1888.25	549.8	2301.9	98.2	411.1
374	225	22070.9	322.6	501.1	2098.0	501.1	2098.0	0	0

七、饱和水蒸气表（以用 kPa 为单位的压力为准）

绝对压力/kPa	温度/℃	蒸汽的密度/(kg/m³)	焓/(kJ/kg) 液体	焓/(kJ/kg) 蒸汽	汽化热/(kJ/kg)
1.0	6.3	0.00773	26.48	2503.1	2476.8
1.5	12.5	0.01133	52.26	2515.3	2463.0
2.0	17.0	0.01486	71.21	2524.2	2452.9
2.5	20.9	0.01836	87.45	2531.8	2444.3
3.0	23.5	0.02179	98.38	2536.8	2438.4
3.5	26.1	0.02523	109.30	2541.8	2432.5
4.0	28.7	0.02867	120.23	2546.8	2426.6
4.5	30.8	0.03205	129.00	2550.9	2421.9
5.0	32.4	0.03537	135.69	2554.0	2418.3
6.0	35.6	0.04200	149.06	2560.1	2411.0
7.0	38.8	0.04864	162.44	2566.3	2403.8
8.0	41.3	0.05514	172.73	2571.0	2398.2
9.0	43.3	0.06156	181.16	2574.8	2393.6
10.0	45.3	0.06798	189.59	2578.5	2388.9
15.0	53.5	0.09956	224.03	2594.0	2370.0
20.0	60.1	0.13068	251.51	2606.4	2854.9
30.0	66.5	0.19093	288.77	2622.4	2333.7
40.0	75.0	0.24975	315.93	2634.1	2312.2
50.0	81.2	0.30799	339.80	2644.3	2304.5
60.0	85.6	0.36514	358.21	2652.1	2393.9
70.0	89.9	0.42229	376.61	2659.8	2283.2
80.0	93.2	0.47807	390.08	2665.3	2275.3
90.0	96.4	0.53384	403.49	2670.8	2267.4
100.0	99.6	0.58961	416.90	2676.3	2259.5
120.0	104.5	0.69868	437.51	2684.3	2246.8
140.0	109.2	0.80758	457.67	2692.1	2234.4
160.0	113.0	0.82981	473.88	2698.1	2224.2
180.0	116.6	1.0209	489.32	2703.7	2214.3
200.0	120.2	1.1273	493.71	2709.2	2204.6
250.0	127.2	1.3904	534.39	2719.7	2185.4
300.0	133.3	1.6501	560.38	2728.5	2168.1
350.0	138.8	1.9074	583.76	2736.1	2152.3
400.0	143.4	2.1618	603.61	2742.1	2138.5
450.0	147.7	2.4152	622.42	2747.8	2125.4
500.0	151.7	2.6673	639.59	2752.8	2113.2
600.0	158.7	3.1686	670.22	2761.4	2091.1
700.0	164.7	3.6657	696.27	2767.8	2071.5
800.0	170.4	4.1614	720.96	2773.7	2052.7
900.0	175.1	4.6525	741.82	2778.1	2036.2
1×10^3	179.9	5.1432	762.68	2782.5	2019.7
1.1×10^3	180.2	5.6339	780.34	2785.5	2005.1
1.2×10^3	187.8	6.1241	797.92	2788.5	1990.6
1.3×10^3	191.5	6.6141	814.25	2790.9	1976.7
1.4×10^3	194.8	7.1038	829.06	2792.4	1963.7
1.5×10^3	198.2	7.5935	843.86	2794.5	1950.7
1.6×10^3	201.3	8.0814	857.77	2796.0	1938.2
1.7×10^3	204.1	8.5674	870.58	2797.1	1926.5
1.8×10^3	206.9	9.0533	833.39	2798.1	1914.8
1.9×10^3	209.8	9.5392	896.21	2799.2	1903.0
2×10^3	212.2	10.0388	907.32	2799.7	1892.4

续表

绝对压力/kPa	温度/℃	蒸汽的密度/(kg/m³)	焓/(kJ/kg) 液体	焓/(kJ/kg) 蒸汽	汽化热/(kJ/kg)
3×10^3	233.7	15.0075	1005.4	2798.9	1793.5
4×10^3	250.3	20.0969	1082.9	2789.8	1706.8
5×10^3	263.8	25.3663	1146.9	2776.2	1629.2
6×10^3	275.4	30.8494	1203.2	2759.5	1556.3
7×10^3	285.7	36.5744	1253.2	2740.8	1487.6
8×10^3	294.8	42.5768	1299.2	2720.5	1403.7
9×10^3	303.2	48.8945	1343.5	2699.1	1356.6
10×10^3	310.9	55.5407	1384.0	2677.1	1293.1
12×10^3	324.5	70.3075	1463.3	2631.2	1167.7
14×10^3	336.5	87.3020	1567.9	2583.2	1043.4
16×10^3	347.2	107.8010	1615.8	2531.1	915.4
18×10^3	356.9	134.4813	1699.8	2466.0	766.1
20×10^3	365.6	176.5961	1817.8	2364.2	544.9

八、水在不同温度下的黏度

温度/℃	黏度/(mPa·s)	温度/℃	黏度/(mPa·s)	温度/℃	黏度/(mPa·s)
0	1.7921	33	0.7523	67	0.4233
1	1.7313	34	0.7371	68	0.4174
2	1.6728	35	0.7225	69	0.4117
3	1.6191	36	0.7085	70	0.4061
4	1.5674	37	0.6947	71	0.4006
5	1.5188	38	0.6814	72	0.3952
6	1.4728	39	0.6685	73	0.3900
7	1.4284	40	0.6560	74	0.3849
8	1.3860	41	0.6439	75	0.3799
9	1.3462	42	0.6321	76	0.3750
10	1.3077	43	0.6207	77	0.3702
11	1.2713	44	0.6097	78	0.3655
12	1.2363	45	0.5988	79	0.3610
13	1.2028	46	0.5883	80	0.3565
14	1.1709	47	0.5782	81	0.3521
15	1.1403	48	0.5683	82	0.3478
16	1.1111	49	0.5588	83	0.3436
17	1.0828	50	0.5494	84	0.3395
18	1.0559	51	0.5404	85	0.3355
19	1.0299	52	0.5315	86	0.3315
20	1.0050	53	0.5229	87	0.3276
20.2	1.0000	54	0.5146	88	0.3239
21	0.9810	55	0.5064	89	0.3202
22	0.9579	56	0.4985	90	0.3165
23	0.9359	57	0.4907	91	0.3130
24	0.9142	58	0.4832	92	0.3095
25	0.8973	59	0.4759	93	0.3060
26	0.8737	60	0.4688	94	0.3027
27	0.8545	61	0.4618	95	0.2994
28	0.8360	62	0.4550	96	0.2962
29	0.8180	63	0.4483	97	0.2930
30	0.8007	64	0.4418	98	0.2899
31	0.7840	65	0.4355	99	0.2868
32	0.7679	66	0.4293	100	0.2838

九、液体的黏度共线图

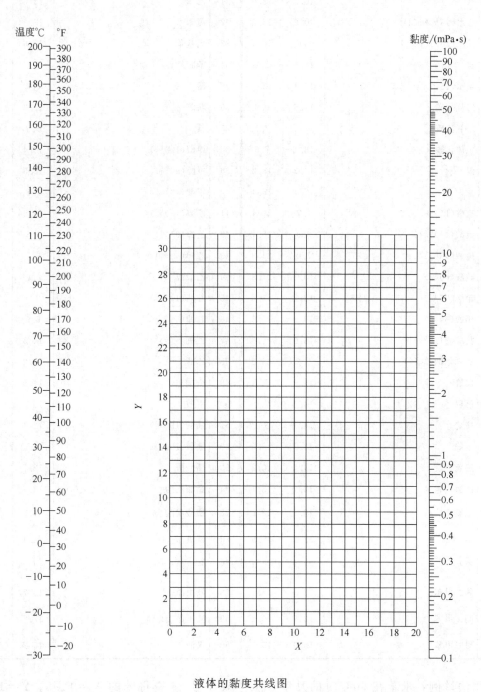

液体的黏度共线图

液体黏度共线图的坐标值列于下表。

序号	名　　称	X	Y	序号	名　　称	X	Y
1	水	10.2	13.0	31	乙苯	13.2	11.5
2	盐水(25%NaCl)	10.2	16.6	32	氯苯	12.3	12.4
3	盐水(25%$CaCl_2$)	6.6	15.9	33	硝基苯	10.6	16.2
4	氨	12.6	2.2	34	苯胺	8.1	18.7
5	氨水(26%)	10.1	13.9	35	酚	6.9	20.8
6	二氧化碳	11.6	0.3	36	联苯	12.0	18.3
7	二氧化硫	15.2	7.1	37	萘	7.9	18.1
8	二硫化碳	16.1	7.5	38	甲醇(100%)	12.4	10.5
9	溴	14.2	18.2	39	甲醇(90%)	12.3	11.8
10	汞	18.4	16.4	40	甲醇(40%)	7.8	15.5
11	硫酸(110%)	7.2	27.4	41	乙醇(100%)	10.5	13.8
12	硫酸(100%)	8.0	25.1	42	乙醇(95%)	9.8	14.3
13	硫酸(98%)	7.0	24.8	43	乙醇(40%)	6.5	16.6
14	硫酸(60%)	10.2	21.3	44	乙二醇	6.0	23.6
15	硝酸(95%)	12.8	13.8	45	甘油(100%)	2.0	30.0
16	硝酸(60%)	10.8	17.0	46	甘油(50%)	6.9	19.6
17	盐酸(31.5%)	13.0	16.6	47	乙醚	14.5	5.3
18	氢氧化钠(50%)	3.2	25.8	48	乙醛	15.2	14.8
19	戊烷	14.9	5.2	49	丙酮	14.5	7.2
20	己烷	14.7	7.0	50	甲酸	10.7	15.8
21	庚烷	14.1	8.4	51	醋酸(100%)	12.1	14.2
22	辛烷	13.7	10.0	52	醋酸(70%)	9.5	17.0
23	三氯甲烷	14.4	10.2	53	醋酸酐	12.7	12.8
24	四氯化碳	12.7	13.1	54	醋酸乙酯	13.7	9.1
25	二氯乙烷	13.2	12.2	55	醋酸戊酯	11.8	12.5
26	苯	12.5	10.9	56	氟里昂-11	14.4	9.0
27	甲苯	13.7	10.4	57	氟里昂-12	16.8	5.6
28	邻二甲苯	13.5	12.1	58	氟里昂-21	15.7	7.5
29	间二甲苯	13.9	10.6	59	氟里昂-22	17.2	4.7
30	对二甲苯	13.9	10.9	60	煤油	10.2	16.9

用法举例：求苯在60℃时的黏度，从本表序号26查得苯的$X=12.5$，$Y=10.9$。把这两个数值标在前页共线图的X-Y坐标上得一点，把这点与图中左方温度标尺上50℃的点取成一直线，延长，与右方黏度标尺相交，由此交点定出60℃苯的黏度为$0.42\text{mPa}\cdot\text{s}$。

十、101.33kPa 压力下气体的黏度

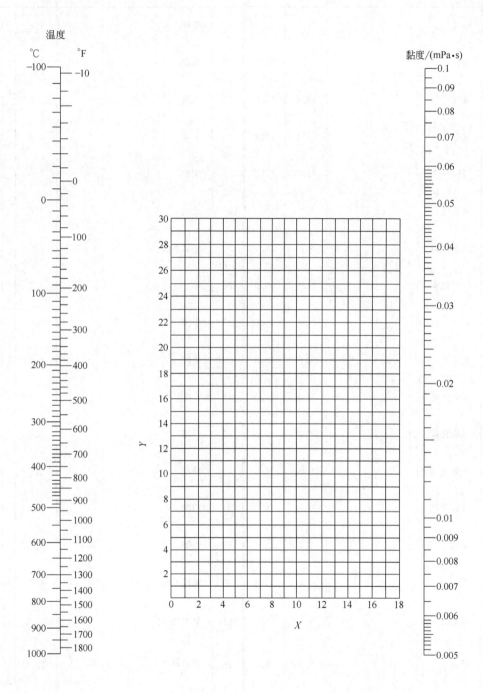

气体黏度共线图坐标值列于下表。

序号	名称	X	Y	序号	名称	X	Y
1	空气	11.0	20.0	21	乙炔	9.8	14.9
2	氧气	11.0	21.3	22	丙烷	9.7	12.9
3	氮气	10.6	20.0	23	丙烯	9.0	13.8
4	氢气	11.2	12.4	24	丁烯	9.2	13.7
5	$3H_2+1N_2$	11.2	17.2	25	戊烷	7.0	12.8
6	水蒸气	8.0	16.0	26	己烷	8.6	11.8
7	二氧化碳	9.5	18.7	27	三氯甲烷	8.9	15.7
8	一氧化碳	11.0	20.0	28	苯	8.5	13.2
9	氨气	8.4	16.0	29	甲苯	8.6	12.4
10	硫化氢	8.6	18.0	30	甲醇	8.5	15.6
11	二氧化硫	9.6	17.0	31	乙醇	9.2	14.2
12	二硫化碳	8.0	16.0	32	丙醇	8.4	13.4
13	一氧化二氮	8.8	19.0	33	醋酸	7.7	14.3
14	一氧化氮	10.9	20.5	34	丙酮	8.9	13.0
15	氟气	7.3	23.8	35	乙醚	8.9	13.0
16	氯气	9.0	18.4	36	醋酸乙酯	8.5	13.2
17	氯化氢	8.8	18.7	37	氟里昂-11	10.6	15.1
18	甲烷	9.9	15.5	38	氟里昂-12	11.1	16.0
19	乙烷	9.1	14.5	39	氟里昂-21	10.8	15.3
20	乙烯	9.5	15.1	40	氟里昂-22	10.1	17.0

十一、液体的比热容

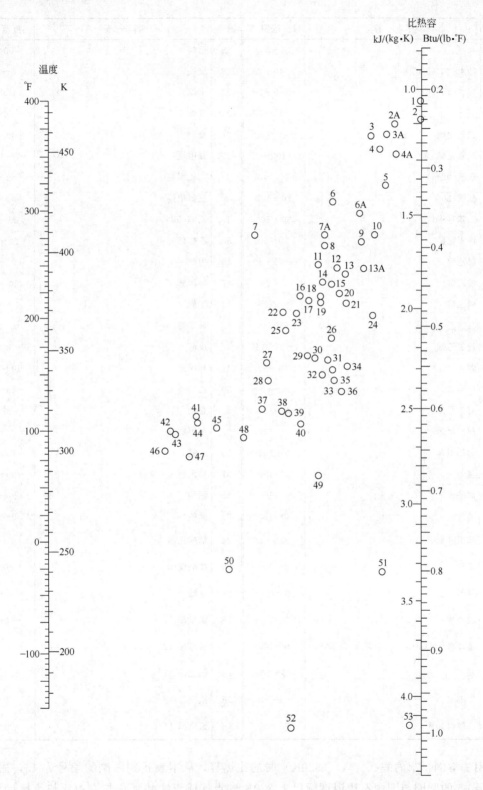

液体比热容共线图中的编号列于下表。

编号	名　称	温度范围/℃	编号	名　称	温度范围/℃
53	水	10~200	35	己烷	−80~20
51	盐水(25%NaCl)	−40~20	28	庚烷	0~60
49	盐水(25%CaCl$_2$)	−40~20	33	辛烷	−50~25
52	氨	−70~50	34	壬烷	−50~25
11	二氧化硫	−20~100	21	癸烷	−80~25
2	二氧化碳	−100~25	13A	氯甲烷	−80~20
9	硫酸(98%)	10~45	5	二氯甲烷	−40~50
48	盐酸(30%)	20~100	4	三氯甲烷	0~50
22	二苯基甲烷	30~100	46	乙醇(95%)	20~80
3	四氯化碳	10~60	50	乙醇(50%)	20~80
13	氯乙烷	−30~40	45	丙醇	−20~100
1	溴乙烷	5~25	47	异丙醇	20~50
7	碘乙烷	0~100	44	丁醇	0~100
6A	二氯乙烷	−30~60	43	异丁醇	0~100
3	过氯乙烯	−30~140	37	戊醇	−50~25
23	苯	10~80	41	异戊醇	10~100
23	甲苯	0~60	39	乙二醇	−40~200
17	对二甲苯	0~100	38	甘油	−40~20
18	间二甲苯	0~100	27	苯甲醇	−20~30
19	邻二甲苯	0~100	36	乙醚	−100~25
8	氯苯	0~100	31	异丙醚	−80~200
12	硝基苯	0~100	32	丙酮	20~50
30	苯胺	0~130	29	醋酸	0~80
10	苯甲基氯	−30~30	24	醋酸乙酯	−50~25
25	乙苯	0~100	26	醋酸戊酯	−20~70
15	联苯	80~120	20	吡啶	−40~15
16	联苯醚	0~200	2A	氟里昂-11	−20~70
16	道舍姆 A(Dowtherm A)(联苯-联苯醚)	0~200	6	氟里昂-12	−40~15
14	萘	90~200	4A	氟里昂-21	−20~70
40	甲醇	−40~20	7A	氟里昂-22	−20~60
42	乙醇(100%)	30~80	3A	氟里昂-113	−20~70

用法举例：求丙醇在47℃（320K）时的比热容，从本表找到丙酮的编号为45，通过图中标号45的圆圈与图中左边温度标尺上320K的点连成直线并延长与右边比热容标尺相交，由此交点定出320K时丙醇的比热容为2.71kJ/(kg·K)。

十二、101.33kPa 压力下气体的比热容

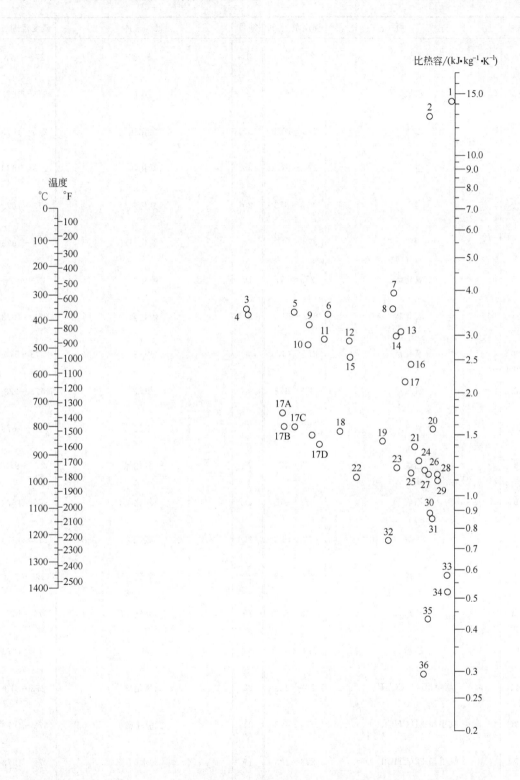

气体比热容共线图的编号列于下表。

编号	气体	温度范围/K	编号	气体	温度范围/K
10	乙炔	273~473	1	氢气	273~873
15	乙炔	473~673	2	氢气	873~1673
16	乙炔	673~1673	35	溴化氢	273~1673
27	空气	273~1673	30	氯化氢	273~1673
12	氨	273~873	20	氟化氢	273~1673
14	氨	873~1673	36	碘化氢	273~1673
18	二氧化碳	273~673	19	硫化氢	273~973
24	二氧化碳	673~1673	21	硫化氢	973~1673
26	一氧化碳	273~1673	5	甲烷	273~573
32	氯气	273~473	6	甲烷	573~973
34	氯气	473~1673	7	甲烷	973~1673
3	乙烷	273~473	25	一氧化氮	273~973
9	乙烷	473~873	28	一氧化氮	973~1673
8	乙烷	873~1673	26	氮气	273~1673
4	乙烯	273~473	23	氧气	273~773
11	乙烯	473~873	29	氧气	773~1673
13	乙烯	873~1673	33	硫	573~1673
17B	氟里昂-11(CCl_3F)	273~423	22	二氧化硫	272~673
17C	氟里昂-21($CHCl_2F$)	273~423	31	二氧化硫	673~1673
17A	氟里昂-22($CHClF_2$)	273~423	17	水	273~1673
17D	氟里昂-113($CCl_2F\text{-}CClF_2$)	273~423			

十三、蒸发潜热（汽化热）

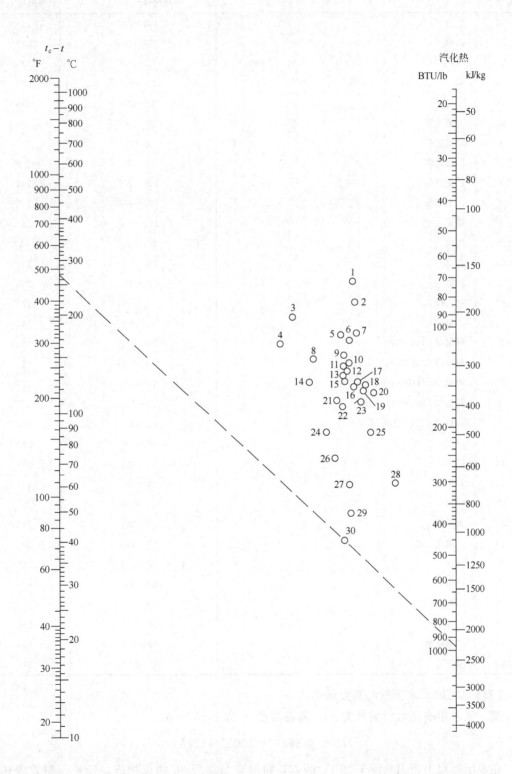

蒸发潜热共线图的编号列于下表。

编 号	化 合 物	范围(t_c-t)/℃	临界温度 t_c/℃
18	醋酸	100~225	321
22	丙酮	120~210	235
29	氨	50~200	133
13	苯	10~400	289
16	丁烷	90~200	153
21	二氧化碳	10~100	31
4	二硫化碳	140~275	273
2	四氯化碳	30~250	283
7	三氯甲烷	140~275	263
8	二氯甲烷	150~250	216
3	联苯	175~400	527
25	乙烷	25~150	32
26	乙醇	20~140	243
28	乙醇	140~300	243
17	氯乙烷	100~250	187
13	乙醚	10~400	194
2	氟里昂-11(CCl_3F)	70~250	198
2	氟里昂-12(CCl_2F_2)	40~200	111
5	氟里昂-21($CHCl_2F$)	70~250	178
6	氟里昂-22($CHClF_2$)	50~170	96
1	氟里昂-113($CCl_2F-CClF_2$)	90~250	214
10	庚烷	20~300	267
11	己烷	50~225	235
15	异丁烷	80~200	134
27	甲醇	40~250	240
20	氯甲烷	70~250	143
19	一氧化二氮	25~150	36
9	辛烷	30~300	296
12	戊烷	20~200	197
23	丙烷	40~200	96
24	丙醇	20~200	264
14	二氧化硫	90~160	157
30	水	10~500	374

【例】 求100℃水蒸气的蒸发潜热。

解 从表中查出水的编号为30，临界温度 t_c 为274℃，故

$$t_c-t=374℃-100℃=274℃$$

在温度标尺上找出相应于274℃的点，将该点与编号30的点相连，延长与蒸发潜热标尺相交，由此读出100℃时水的蒸发潜热为2257kJ/kg。

十四、某些有机液体的相对密度（液体密度与 4℃水的密度之比）

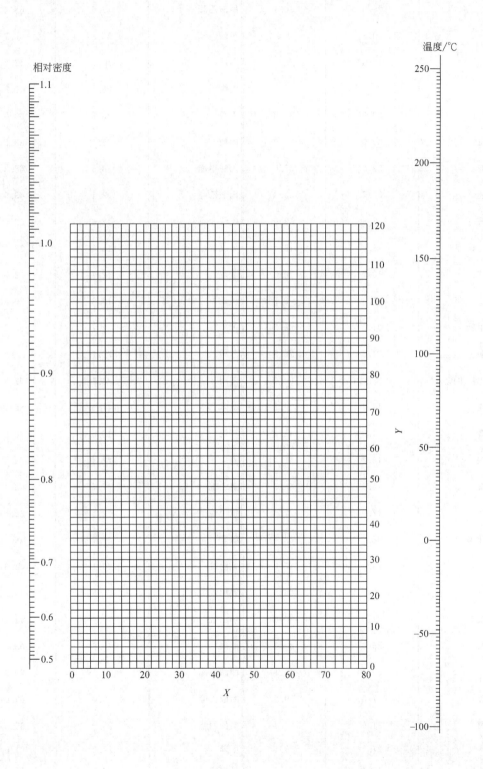

有机液体相对密度共线图的坐标值。

有机液体	X	Y	有机液体	X	Y
乙炔	20.8	10.1	甲酸乙酯	37.6	68.4
乙烷	10.8	4.4	甲酸丙酯	33.8	66.7
乙烯	17.0	3.5	丙烷	14.2	12.2
乙醇	24.2	48.6	丙酮	26.1	47.8
乙醚	22.8	35.8	丙醇	23.8	50.8
乙丙醚	20.0	37.0	丙酸	35.0	83.5
乙硫醇	32.0	55.5	丙酸甲酯	36.5	68.3
乙硫醚	25.7	55.3	丙酸乙酯	32.1	63.9
二乙胺	17.8	33.5	戊烷	12.6	22.6
二氧化碳	78.6	45.4	异戊烷	13.5	22.5
异丁烷	13.7	16.5	辛烷	12.7	32.5
丁酸	31.3	78.7	庚烷	12.6	29.8
丁酸甲酯	31.5	65.5	苯	32.7	63.0
异丁酸	31.5	75.9	苯酚	35.7	103.8
丁酸(异)甲酯	33.0	64.1	苯胺	33.5	92.5
十一烷	14.4	39.2	氯苯	41.9	86.7
十二烷	14.3	41.4	癸烷	16.0	38.2
十三烷	15.3	42.4	氨	22.4	24.6
十四烷	15.8	43.3	氯乙烷	42.7	62.4
三乙烷	17.9	37.0	氯甲烷	52.3	62.9
三氯化磷	38.0	22.1	氯苯	41.7	105.0
己烷	13.5	27.0	氰丙烷	20.1	44.6
壬烷	16.2	36.5	氰甲烷	27.8	44.9
六氢吡啶	27.5	60.0	环己烷	19.6	44.0
甲乙醚	25.0	34.4	醋酸	40.6	93.5
甲醇	25.8	49.1	醋酸甲酯	40.1	70.3
甲硫醇	37.3	59.6	醋酸乙酯	35.0	65.0
甲硫醚	31.9	57.4	醋酸丙酯	33.0	65.5
甲醚	27.2	30.1	甲苯	27.0	61.0
甲酸甲酯	46.4	74.6	异戊醇	20.5	52.0

十五、离心泵规格（摘录）

（一）IS 型单级单吸离心泵性能表（摘录）

型号	转速 n /(r/min)	流量 m³/h	流量 L/s	扬程 H /m	效率 η /%	功率/kW 轴功率	功率/kW 电机功率	必需汽蚀余量 $(NPSH)_r$/m	质量（泵/底座）/kg
IS80-50-250	2900	30	8.33	84	52	13.2	22	2.5	90/110
		50	13.9	80	63	17.3		2.5	
		60	16.7	75	64	19.2		3.0	
	1450	15	4.17	21	49	1.75	3	2.5	90/64
		25	6.94	20	60	2.22		2.5	
		30	8.33	18.8	61	2.52		3.0	
IS80-50-315	2900	30	8.33	128	41	25.5	37	2.5	125/160
		50	13.9	125	54	31.5		2.5	
		60	16.7	123	57	35.3		3.0	
	1450	15	4.17	32.5	39	3.4	5.5	2.5	125/66
		25	6.94	32	52	4.19		2.5	
		30	8.33	31.5	56	4.6		3.0	
IS100-80-125	2900	60	16.7	24	67	5.86	11	4.0	49/64
		100	27.8	20	78	7.00		4.5	
		120	33.3	16.5	74	7.28		5.0	
	1450	30	8.33	6	64	0.77	1.5	2.5	49/46
		50	13.9	5	75	0.91		2.5	
		60	16.7	4	71	0.92		3.0	
IS100-80-160	2900	60	16.7	36	70	8.42	15	3.5	69/110
		100	27.8	32	78	11.2		4.0	
		120	33.3	28	75	12.2		5.0	
	1450	30	8.33	9.2	67	1.12	2.2	2.0	69/64
		50	13.9	8.0	75	1.45		2.5	
		60	16.7	6.8	71	1.57		3.5	
IS100-65-200	2900	60	16.7	54	65	13.6	22	3.0	81/110
		100	27.8	50	76	17.9		3.6	
		120	33.3	47	77	19.9		4.8	
	1450	30	8.33	13.5	60	1.84	4	2.0	81/64
		50	13.9	12.5	73	2.33		2.0	
		60	16.7	11.8	74	2.61		2.5	
IS100-65-250	2900	60	16.7	87	61	23.4	37	3.5	90/160
		100	27.8	80	72	30.0		3.8	
		120	33.3	74.5	73	33.3		4.8	
	1450	30	8.33	21.3	55	3.16	5.5	2.0	90/66
		50	13.9	20	68	4.00		2.0	
		60	16.7	19	70	4.44		2.5	

（二）Y型离心油泵性能表

型号	流量 /(m³/h)	扬程 /m	转速 /(r/min)	功率/kW 轴	功率/kW 电机	效率 /%	汽蚀余量/m	泵壳许用应力 /Pa	结构型式	备注
50Y-60	12.5	60	2950	5.95	11	35	2.3	1570/2550	单级悬臂	
50Y-60A	11.2	49	2950	4.27	8			1570/2550	单级悬臂	
50Y-60B	9.9	38	2950	2.39	5.5	35		1570/2550	单级悬臂	
50Y-60×2	12.5	120	2950	11.7	15	35	2.3	2158/3138	两级悬臂	
50Y-60×2A	11.7	105	2950	9.55	15			2158/3138	两级悬臂	
50Y-60×2B	10.8	90	2950	7.65	1			2158/3138	两级悬臂	
50Y-60×2C	9.9	75	2950	5.9	8			2158/3138	两级悬臂	
65Y-60	25	60	2950	7.5	11	55	2.6	1570/2550	单级悬臂	
65Y-60A	22.5	49	2950	5.5	8			1570/2550	单级悬臂	
65Y-60B	19.8	38	2950	3.75	5.5			1570/2550	单级悬臂	
65Y-100	25	100	2950	17.0	32	40	2.6	1570/2550	单级悬臂	
65Y-100A	23	85	2950	13.3	20			1570/2550	单级悬臂	泵壳许用应力内的分子表示第Ⅰ类材料相应的许用应力数，分母表示第Ⅱ、Ⅲ类材料相应的许用应力数
65Y-100B	21	70	2950	10.0	15			1570/2550	单级悬臂	
65Y-100×2	25	200	2950	34	55	40	2.6	2942/3923	两级悬臂	
65Y-100×2A	23.3	175	2950	27.8	40			2942/3923	两级悬臂	
65Y-100×2B	21.6	150	2950	22.0	32			2942/3923	两级悬臂	
65Y-100×2C	19.8	125	2950	16.8	20			2942/3923	两级悬臂	
80Y-60	50	60	2950	12.8	15	64	3.0	1570/2550	单级悬臂	
80Y-60A	45	49	2950	9.4	11			1570/2550	单级悬臂	
80Y-60B	39.5	38	2950	6.5	8			1570/2550	单级悬臂	
80Y-100	50	100	2950	22.7	32	60	3.0	1961/2942	单级悬臂	
80Y-100A	45	85	2950	18.0	25			1961/2942	单级悬臂	
80Y-100B	39.5	70	2950	12.6	20			1961/2942	单级悬臂	
80Y-100×2	50	200	2950	45.4	75	60	3.0	2942/3923	单级悬臂	
80Y-100×2A	46.6	175	2950	37.0	55	60	3.0	2942/3923	两级悬臂	
80Y-100×2B	43.2	150	2950	29.5	40				两级悬臂	
80Y-100×2C	39.6	125	2950	22.7	32				两级悬臂	

注：与介质接触的且受温度影响的零件，根据介质的性质需要采用不同性质的材料，所以分为三种材料，但泵的结构相同。第Ⅰ类材料不耐腐蚀，操作温度在−20～200℃之间，第Ⅱ类材料不耐硫腐蚀，操作温度在−45～400℃之间，第Ⅲ类材料耐硫腐蚀，操作温度在−45～200℃之间。

十六、无机盐水溶液在 101.33kPa 压力下的沸点

沸点水溶液	101	102	103	104	105	107	110	115	120	125	140	160	180	200	220	240	260	280	300	340
						溶液的质量分数/%														
$CaCl_2$	5.66	10.31	14.16	17.36	20.00	21.24	29.33	35.68	40.83	45.80	57.89	68.94	75.86							
KOH	4.49	8.51	11.97	14.82	17.01	20.88	25.65	31.97	36.51	40.23	48.05	54.89	60.41	64.91	68.73	72.46	75.76	78.95	81.63	86.63
KCl	8.42	14.31	18.96	23.02	26.57	32.02		(近于 108.5℃)												
K_2CO_3	10.31	18.37	24.24	28.57	32.24	37.69	43.97	50.86	56.04	60.40	66.94									
KNO_3	13.19	23.66	32.23	39.20	45.10	54.65	65.34	79.53												
$MgCl_2$	4.67	8.42	11.66	14.31	16.59	20.32	24.41	29.48	33.07	36.02	38.61		(近于 133℃)							
$MgSO_4$	14.31	22.78	28.31	32.23	35.32	42.86														
NaOH	4.12	7.40	10.15	12.51	14.53	18.32	23.08	26.21	33.77	37.58	48.32	60.13	69.97	77.53	84.03	88.89	93.02	93.92	98.47	(近于 314℃)
NaCl	6.19	11.03	14.67	17.69	20.32	25.09	28.92													
$NaNO_3$	8.26	15.61	21.87	27.53	32.43	40.47	49.87	60.94	68.94											
Na_2SO_4	15.26	24.81	30.73	31.83	33.86		(近于 103.2℃)													
Na_2CO_3	9.42	17.22	23.72	29.18	33.12															
$CuSO_4$	26.95	39.98	40.83	44.47	45.12		(近于 104.2℃)													
$ZnSO_4$	20.00	31.22	37.89	42.92	46.15															
NH_4NO_3	9.09	16.66	23.08	29.08	34.21	42.53	51.92	63.24	71.26	77.11	87.09	93.20	96.00	97.61	96.80					
NH_4Cl	6.10	11.35	15.96	19.80	22.89	28.37	35.98	46.95												
$(NH_4)_2SO_4$	13.34	23.14	30.65	36.71	41.79	49.73	49.77	53.55		(近于 108.2℃)										

注：括号内的温度指饱和溶液的沸点。

参 考 文 献

[1] 张宏丽，等. 制药单元操作技术：上. 北京：化学工业出版社，2010.
[2] 张宏丽，等. 单元操作实训. 第二版. 北京：化学工业出版社，2012.
[3] 姚玉英. 化工原理（上、下）. 天津：天津大学出版社，2003.
[4] 李祥新，等. 化工单元操作. 北京：高等教育出版社，2009.
[5] 张浩勤，等. 化工原理（上、下）. 北京：化学工业出版社，2011.
[6] 李居参，等. 化工单元操作实用技术. 北京：高等教育出版社，2008.
[7] 田伟军，等. 合成氨生产. 北京：化学工业出版社，2012.
[8] 林玉波. 合成氨生产工艺. 北京：化学工业出版社，2011.
[9] 沈春林. 增塑剂生产工艺、方法、技术. 北京：化学工业出版社，2010.
[10] 王壮坤. 流体输送与传热技术. 北京：化学工业出版社，2009.
[11] 柴方平. 泵选用手册. 北京：机械工业出版社，2009.
[12] 吴俊生，等. 精馏设计、操作和控制. 北京：中国石化出版社，1997.
[13] 涂晋林. 化学工业中的吸收操作——气体吸收工艺与工程. 上海：华东理工大学出版社，1994.
[14] 刘同卷. 干燥工. 北京：化学工业出版社，2011.
[15] 周高宁. 反应器操作. 北京：石油工业出版社，2011.
[16] 罗宏伟. 化工行业常见技术工种操作规范与国家职业技能鉴定标准. 北京：化学工业出版社，2008.